U0260061

"十三五"国家重点图书出版规划项目
中国特色畜禽遗传资源保护与利用丛书

贵州香猪

吴曙光　钱　宁　主编

中国农业出版社
北　京

图书在版编目（CIP）数据

贵州香猪 / 吴曙光，钱宁主编．—北京：中国农业出版社，2020.1

（中国特色畜禽遗传资源保护与利用丛书）

国家出版基金项目

ISBN 978-7-109-26622-3

Ⅰ．①贵…　Ⅱ．①吴…　②钱…　Ⅲ．①养猪学　Ⅳ．①S828

中国版本图书馆 CIP 数据核字（2020）第 033730 号

内容提要：本书从贵州香猪的品种起源、保护及开发利用等方面进行了全面的介绍。主要内容包括贵州香猪品种起源与形成过程、品种特征与性能、品种保护、品种繁育、营养需要与常用饲料、饲养管理技术、保健与疾病防治、养殖场建设与环境控制、开发利用及医学实验动物贵州小型猪的选育等。本书可为科研工作者、高校教师、学生及相关领域的专家学者提供必要的参考。

中国农业出版社出版

地址：北京市朝阳区麦子店街 18 号楼

邮编：100125

责任编辑：王森鹤　　文字编辑：张庆琼

版式设计：杨　婧　　责任校对：周丽芳

印刷：北京通州皇家印刷厂

版次：2020 年 1 月第 1 版

印次：2020 年 1 月北京第 1 次印刷

发行：新华书店北京发行所

开本：720mm×960mm　1/16

印张：15.25　　插页：2

字数：264 千字

定价：98.00 元

本书编写人员

主　编　吴曙光　钱　宁

副主编　杨秀江　陈正林　姚　刚

参　编　赵　海　陈明飞

审　稿　黄瑞华　张桂香

出版说明

我国是世界上畜禽遗传资源最为丰富的国家之一。多样化的地理生态环境、长期的自然选择和人工选育，造就了众多体型外貌各异、经济性状各具特色的畜禽遗传资源。入选《中国畜禽遗传资源志》的地方畜禽品种达 500 多个、自主培育品种达 100 多个，保护、利用好我国畜禽遗传资源是一项宏伟的事业。

国以农为本，农以种为先。习近平总书记高度重视种业的安全与发展问题，曾在多个场合反复强调，“要下决心把民族种业搞上去，抓紧培育具有自主知识产权的优良品种，从源头上保障国家粮食安全”。近年来，我国畜禽遗传资源保护与利用工作加快推进，成效斐然：完成了新中国成立以来第二次全国畜禽遗传资源调查；颁布实施了《中华人民共和国畜牧法》及配套规章；发布了国家级、省级畜禽遗传资源保护名录；资源保护条件能力建设不断提升，支持建设了一大批保种场、保护区和基因库；种质创制推陈出新，培育出一批生产性能优越、市场广泛认可的畜禽新品种和配套系，取得了显著的经济效益和社会效益，为畜牧业发展和农牧民脱贫增收作出了重要贡献。然而，目前我国系统、全面地介绍单一地方畜禽遗传资源的出版物极少，这与我国作为世界畜禽遗传资源大国的地位极不相称，不利于优良地方畜禽遗传资源的合理保护和科学开发利用，也不利于加快推进现代畜禽种业建设。

为普及对畜禽遗传资源保护与开发利用的技术指导，助力做大做强优势特色畜牧产业，抢占种质科技的战略制高点，在农业农村部种业管理司领导下，由全国畜牧总站策划、中国农业出版社出版了这套“中国特色畜禽遗传资源保护与利用丛书”。该丛书立足于全国畜禽遗传资源保护与利用工作的宏观布局，组织以国家畜禽遗传资源委员会专家、各地方畜禽品种保护与利用从业专家为主体的作者队伍，以每个畜禽品种作为独立分册，收集汇编了各品种在管、产、学、研、用等相关行业中积累形成的数据和资料，集中展现了畜禽遗传资源领域最新的科技知识、实践经验、技术进展与成果。该丛书覆盖面广、内容丰富、权威性高、实用性强，既可为加强畜禽遗传资源保护、促进资源开发利用、制定产业发展相关规划等提供科学依据，也可作为广大畜牧从业者、科研教学工作者的作业指导书和参考工具书，学术与实用价值兼备。

丛书编委会

2019年12月

序言

我国是世界畜禽遗传资源大国，具有数量众多、各具特色的畜禽遗传资源。这些丰富的畜禽遗传资源是畜禽育种事业和畜牧业持续健康发展的物质基础，是国家食物安全和经济产业安全的重要保障。

随着经济社会的发展，人们对畜禽遗传资源认识的深入，特色畜禽遗传资源的保护与开发利用日益受到国家重视和全社会关注。切实做好畜禽遗传资源保护与利用，进一步发挥我国特色畜禽遗传资源在育种事业和畜牧业生产中的作用，还需要科学系统的技术支持。

“中国特色畜禽遗传资源保护与利用丛书”是一套系统总结、翔实阐述我国优良畜禽遗传资源的科技著作。丛书选取一批特性突出、研究深入、开发成效明显、对促进地方经济发展意义重大的地方畜禽品种和自主培育品种，以每个品种作为独立分册，系统全面地介绍了品种的历史渊源、特征特性、保种选育、营养需要、饲养管理、疫病防治、利用开发、品牌建设等内容，有些品种还附录了相关标准与技术规范、产业化开发模式等资料。丛书可为大专院校、科研单位和畜牧从业者提供有益学习和参考，对于进一步加强畜禽遗传资源保护，促进资源可持续利用，加快现代畜禽种业建设，助力特色畜牧业发展等都具有重要价值。

中国科学院院士
中国农业大学教授 吴常信

2019年12月

前言

贵州香猪是我国独具特色的地方猪种之一，是国家明确重点保护的猪种资源，为国家二级保护畜种，是黔疆大地奉献给人类的珍贵礼物，是从江地区少数民族在特殊的自然环境和经济社会条件下，经过长期人工驯化逐渐形成的。贵州香猪体型小，管理粗放，耐湿热，抗病能力强，早熟易肥，皮薄骨细，肉质鲜嫩，风味浓郁。贵州香猪不仅是开发高端猪肉产品的优质原材料，还是医学研究用实验动物的原种资源，具有重要的经济价值和科学价值。

随着农业产业结构的调整，贵州省大力发展绿色农业、特色农业、高效农业。贵州省制定了香猪产业发展规划及实施方案，建设完成香猪原产区遗传资源保护核心区，以“政府引导，企业主体，市场运作，风险可控”为原则，按照“强龙头，创品牌，带农户”的发展思路，以“政府平台公司＋实体龙头公司＋合作社＋农户（贫困户）”的“2＋N”订单生产经营模式推行产业发展，从“种苗—饲料—养殖—环保—屠宰加工—分销—餐桌”全产业链打造香猪标志品牌，壮大香猪产业龙头企业，做大做强贵州香猪特色优势产业。

在医学研究用实验动物的科学研究方面，以贵州香猪为原种培育了贵州小型猪、中国农大小型猪等实验小型猪，系统性地进行了生物学基础研究，积累了丰富的背景研究资料，应用于心血管疾病、器官组织移植、代谢性疾病、皮肤病、消化系统疾病、泌尿系统疾病、口腔疾病等方面，取得了良好的研究成果。其中贵州小型猪作为国内最早培育成功的实验用小型猪之一，对我国实验动物科学发展及生物医学发展起到了良好的推动作用。

编者以贵州香猪的原产地保种工作、产业发展和以贵州香猪为原种培育的实验用小型猪——贵州小型猪的研究概况为主，参照有关材料编写了《贵州香猪》，供香猪产业综合发展方向研究开发的专家、学者及企业人员阅读。由于编者水平有限，本书难免有不足之处，敬请读者批评指正。

编　者

2018年12月

出版说明
序言
前言

目录

第一章
贵州香猪品种起源与形成过程

第一节　产区自然生态条件

贵州香猪产于贵州省从江县、三都水族自治县、榕江县、剑河县等地区，其主产区主要分布在从江县宰便、加鸿、刚边、加榜、加勉、秀塘、东朗等乡镇；三都水族自治县巫不、都江、羊福、坝街等乡镇；榕江县计划、定威、八开3个乡镇；剑河县南加、南寨、南明、磻溪、观么、久仰6个乡镇。这些地区处于云贵高原向广西丘陵山地过渡地带，山高谷深，地势陡峭，海拔高度落差大，气候独特，冬无严寒，夏无酷暑，年平均气温在18.40℃左右，年降水量1 100～1 700 mm，相对湿度85%左右，全年无霜期280～360 d，属中亚热带温暖湿润山地季风型气候区。贵州香猪中心产区主要聚居苗族、侗族、布依族、瑶族、水族、壮族等少数民族，民风古朴，少数民族文化源远流长，人口少，居住分散，农牧业生产作业独具地方特色。香猪主产区从江县物产丰富，有铜、锰、铝、煤、锌等多种矿产资源；植被茂密，以中亚热带常绿阔叶林为主，森林覆盖率达到52%，另有银杏、翠柏、木兰、马尾松、楠木等多种珍稀植物，素有“苗杉之乡”的美誉。近几十年来，从江县推广黄柏、杜仲、厚朴等中药材种植，栽培从江椪柑、黑糯米、红糯米等特色经济作物，并且以地方特色为基础进一步开发香猪特色产品，收到了良好的经济效益和社会效益。

第二节　产区社会经济变迁

从江县位于贵州省东南部，东南部与广西三江、融水、环江三县交界，西北部与贵州省荔波、榕江、黎平三县相毗邻。县境内东西长 94 km，南北宽 77.5 km，九万大山元头界峰为境内最高峰，最高海拔 1 670 m，最低海拔 145 m，相对高差 1 525 m。全县有国土资源面积 3 244 km^2，山地面积占 94%，其中有耕地面积 1.34 万 hm^2，稻田面积 1.19 万 hm^2，旱地面积 2 000 hm^2。全县共辖 21 个乡镇，294 个村民委员会，2 253 个村民小组，总人口 32.42 万人，农业人口 30.50 万人，少数民族人口 30.51 万人，共包括苗族、侗族、壮族、水族、瑶族等 12 个少数民族，约占全县总人口的 94%。2010 年财政总收入 1.30 亿元，农民人均纯收入 2 800 元，是一个以种植业、养殖业为主的山区农业县。

从江县交通网络发达，以丙妹镇为中心，境内拥有贵广高速铁路，321 国道线，从江至广西融水县的省际公路，从江至榕江、黎平、荔波的县际公路线，并具有建设完善的县、乡、村三级公路网络。近年来，随着经济社会全面发展，从江县交通已实现路面全面硬化。此外，都柳江由北向南贯穿从江县境，水上航运直达广州，成为贵州东南部连接广东与广西的水上黄金通道。

“两高”大交通建成后，从江县将由区位劣势转变成区位优势，成为“贵州出海的南大门”和承接产业转移的“桥头堡”。由从江到广州只需 2～4 h，加上丰富的水能、土地、矿产、农产品、人力资源及山清水秀的生态环境优势，这些为招商引资提供了较好的基础，也为丰富的原生态旅游资源开发提供了重要的基础条件。为此，县委、县政府积极做好以县城为中心，以公路干道、都柳江沿岸的中心乡镇为重点的无公害蔬菜基地、绿色食品基地、优质椪柑基地，以及以香猪为龙头的畜牧养殖基地的规划。瞄准“珠三角”烤乳猪市场，到 2010 年，实现年产商品猪 40 万头，其中，商品香猪 25 万头，商品牛 6 万头。到“十二五”时期，从江县已经逐步建成“珠三角”的“休闲园”和“菜篮子”基地。

第三节　品种形成的历史过程

贵州香猪是得益于贵州黔东南地区独特的地理气候、社会经济及乡风人文而形成的独特的地方品种。香猪的“香”在当地具有多重意义：一是口味香糯；二是体型小，外貌可爱；三是性情温驯，带着些许宠溺，也带有民众对自繁自养家畜的无比喜爱和重视的内涵。

20世纪80年代，我国在贵州、云南、广西等地进行了地方猪种的考察，发现了贵州的香猪、广西的巴马猪、云南的滇南小耳猪，后来又相继在西藏、甘肃发现了西藏小型猪、厥麻猪、合作猪等。此后，国内对小型猪资源做了大量的保护性研究工作，不仅在原始种群的保障保护、畜牧产品的多途径开发方面取得了显著的成绩，还在医学实验动物研究领域取得了举世瞩目的成果。我国是世界上小型猪实验动物资源最为丰富的国家，目前已培育贵州小型猪、中国农大小型猪、巴马小型猪、版纳小型猪、西藏小型猪、五指山小型猪等多个品种品系的医学实验动物小型猪，其中贵州小型猪、中国农大小型猪、巴马小型猪均与贵州香猪有血缘关系。

贵州香猪产区地处从高原到平原丘陵的过渡地带，崇山峻岭，沟壑纵横，交通不便，物产较为贫乏。贵州香猪饲料来源以青草秸秆为主，其管理模式为粗放式的放养或者半放养方式。当地群众没有饲养公猪的习惯，每一两个乡镇只饲养一两头小公猪，且在交配繁殖时还会采用母子交配，因此导致香猪高度近亲繁殖而致基因较纯合，形成了高度纯合的封闭群。此外，为了运输方便，体型较小的香猪也在无意中被选择繁殖。

第四节　发展概况

为加快贵州香猪产业建设步伐，贵州省各级财政部门加大了香猪保种场和标准化规模养殖场的建设扶持力度，以规模化带动标准化，以标准化提升规模化，使香猪养殖的规模化、标准化水平得到了有效提升，促进了贵州香猪产业的发展。到2013年底，已建成年出栏4 500头规模的养殖场12个，年出栏150头规模的养殖场（小区）128个，香猪合作社（协会）29个。其中从江县大昌香猪原种繁殖场占地面积近17.33 km^2，投资3 000多万元，存栏繁殖母猪2 000头，年产后备母猪1万头，年提供仔猪3万头以上。

为解决香猪走出大山的困难，贵州省各级畜牧部门从培育龙头企业入手，按照“市场牵龙头、龙头建基地、基地带农户”的发展格局，依靠科技进步和技术创新，组织开展生产、加工、销售系列化服务；同时，高度重视香猪产品质量安全，从源头上强化监管。目前，贵州省香猪加工龙头企业已由原来的3个增加到6个，已建成12个冷鲜肉营销网点。

第二章
贵州香猪的品种特征和性能

第一节　体型外貌

（一）从江香猪

从江香猪的外观特点是短、圆、肥。被毛全黑，毛有光泽，个别有唇白和肢端白。头长而较大；面平直；额平，额部皱纹纵横；鼻子为粉红色是从江香猪最典型的特征之一（彩图 1、彩图 2）；耳朵较小、薄且向两侧平伸，耳根硬，稍下垂或向两侧平伸；颈部短而细；背腰微凹；腹大而圆；母猪乳头多为 5 对，少数为 6 对，偶尔也会出现 7 对；四肢细短，尾巴细长似鼠尾。

（二）剑白香猪

剑白香猪垂耳；额部皱纹呈倒三角形，额纹直细；嘴筒略短或略长，鼻吻至嘴筒的前 1/3 处为粉白色；背腰微凹，腹大下垂，后躯欠丰满，四肢略细，蹄质坚实；后备猪无卧系，成年后多卧系。多数毛色为头部及臀部黑色，体躯中部白色，头颈的前 1/3 处和臀部接近尾部为黑色，少量猪仅头部有黑毛，黑、白交界处有 1～3 cm 宽的黑皮，其上着生白毛，躯干、四肢为白毛，额生小簇白毛，延至鼻尖，臀尾无黑毛，极少数猪体躯中部有一两块黑斑，不同的猪黑斑位置不同，被称为“游走黑毛修饰基因”。该品种猪在剑河县特殊的生态环境中，经过长期的自然选择和人工选择而形成，且有大型和小型（萝卜猪）两种（彩图 3）。

（三）久仰香猪

久仰香猪分布于剑河县境内，主产区为剑河县西南部的久仰乡。毛为全黑或具“六白”和不完全“六白”特征，头比例小，腹大，腰背微凹，胸深和背长相差不大，四肢不发达，体躯矮小，憨厚乖巧。早熟、易肥、酮体品质好。丰圆肥腴，聪明，胆小，抗病能力强。

第二节　香猪生物学特性

在我国地方猪种区域划分中，香猪属华南型猪种，是小型猪，在贵州地方猪种中属黔南型。香猪以体小、肉香而著称，具有皮薄、骨细、肉嫩、肉味香浓、早熟等特点。香猪主要有以下生物学特性：

1. 生长发育快　香猪在1～4月龄生长发育速度较快，与月龄呈正相关，3～4月龄达到生长的高峰期，4月龄左右增重出现拐点，增重速度开始下降。

2. 性成熟早　香猪性早熟，公猪在30日龄前就有爬跨行为，45日龄左右阴茎伸出，约65日龄初次出现射精，3～5月龄能使母猪受孕。母猪90日龄有发情征兆，外观可见阴户充血肿胀，黏膜微红，或者爬跨其他猪。

3. 感觉器官发达　香猪嗅觉发达。母猪能以仔猪身上的气味分辨其后代，偶有母猪会在哺乳前用嗅觉感知仔猪，检查其是否为自己的后代，一旦发现仔猪身上有异味，就拒绝哺乳。母猪分娩时对气味更加敏感，能根据气味来辨认陌生人，陌生人一旦进入圈舍，分娩母猪就会卧立不安，延长产仔时间。香猪听觉很敏感，仔猪生后几小时就能辨别母猪的声音，当听到母猪有节奏的呼唤时，便会寻找乳头吃乳。仔猪出生3 d内就能固定乳头吃乳，不再更换。

4. 喜食青饲料　在原产地，香猪是以放养式饲养，白天放出去之后不再投喂精饲料。香猪在山上以野草、野菜为食，渴了就饮山泉水，傍晚加喂少量精饲料，放养的香猪自行回圈。香猪是杂食性动物，门齿、犬齿和臼齿都很发达，其胃是肉食动物简单胃与反刍动物复杂胃之间的中间类型，能利用多种动植物和矿物质饲料，能辨别口味，具有择食性。在精饲料、青饲料均有的情况下，香猪先采食青饲料，后采食精饲料。当供给40%精饲料、60%青饲料时，香猪能正常生长。香猪的鼻吻坚硬，喜拱土觅食。香猪能消化大量饲料，故不耐饿。在同等饲养条件下，香猪的抗病力较强。

5. 护仔性强　产仔前，母猪会衔草作窝，并把产下的仔猪放在草窝里；产仔后，自己在旁看守，起卧时非常谨慎，担心压伤仔猪，护仔性很强。仔猪很灵活，在舍内外均不易被捉住。

6. 耐热耐潮　香猪产区海拔500～800 m，年平均温度15～18 ℃，无霜期280～360 d，相对湿度82%左右，生态环境好，无污染。因此，香猪在长期的适应性生长过程中形成了较强的耐热、耐湿性。

7. 野性强　香猪对外界刺激反应敏感，稍有异动便立即群起而奔之，动作迅速敏捷，一旦被抓便乱蹦乱跳。特别是久仰香猪野性较强，善于攀登，弹跳性好，可翻越1.50 m高的圈门，久仰香猪母猪在发情期间，公猪经常跳圈配种。

8. 具有社群结构　香猪群体位次明显，当不同猪群合并时，会发生激烈的争斗，强者取得优势地位，吃料时常处于饲料最多的地方，睡觉时常睡在其他猪或母猪身上。

9. 爱好清洁　香猪爱好清洁，有在固定地点排泄粪便的习惯，喜好在墙角和有粪便气味处排泄粪便。若猪群饲养密度过大或圈舍面积过小，就无法表现出好洁性。

第三节　生产性能

一、繁殖性能

贵州香猪的繁殖性能主要包括妊娠率、窝产仔数、泌乳力、断乳仔猪数等指标。香猪的繁殖性能与饲养管理水平有一定的关系。

1. 初生时生产成绩　不同类型香猪初生时生产成绩会有一定程度的差异，总产仔数7～10头，产活仔数7～10头，初生个体重0.70 kg以下，初生窝重6.00～7.00 kg（从江香猪哺乳仔猪和母猪见彩图4）。香猪初生时生产成绩见表2-1。

表2-1　香猪初生时生产成绩

品　种	总产仔数（头）	初生个体重（kg）	初生窝重（kg）
从江香猪	7.11±2.35	0.60±0.10	5.91±1.36
剑白香猪	8.92±3.67	0.69±0.11	6.22±2.29
贵州白香猪	8.02±1.83	0.63±0.11	6.59±1.33
久仰香猪	9.90±3.13	0.69±0.13	6.81±1.84

2. 香猪泌乳力　香猪的泌乳量在仔猪20日龄时达高峰，之后逐渐减少，

因此香猪泌乳力以20日龄仔猪的全窝重为指标，杨秀江等于2006年在从江香猪育种场对不同类型香猪的泌乳力进行观测，结果见表2-2。

表2-2 香猪泌乳力统计

类　型	窝　数	泌乳力（kg）
从江香猪	38	24.75±2.63
剑白香猪	43	27.70±2.94
久仰香猪	21	28.10±2.85

3. 香猪60日龄繁殖成绩　香猪的生产是以乳猪产品为主，一般以60日龄断乳仔猪数和个体重为主要指标。香猪60日龄繁殖成绩因其品种类型不同而异，结果见表2-3。从表2-3中可见，香猪的断乳仔猪数为5～8头，断乳个体重为7.00 kg左右。

表2-3 香猪60日龄繁殖成绩

品　种	断乳仔猪数（头）	个体重（kg）	窝重（kg）	哺育率（%）
从江香猪	6.56±1.95	6.66±1.28	46.58±12.70	92.29
剑白香猪	7.14±1.89	7.20±1.22	53.60±3.27	86.60±5.52
久仰香猪	8.50±1.12	7.51±0.09	56.60±8.95	90.40±6.72

二、生长发育性能

香猪的生长发育性能以不同月龄的体重、体尺、肌肉、骨骼和脏器等参数为依据，以此衡量香猪的生长快慢和体型大小。

1. 体型小　香猪体型矮小，初生重仅为350 g的仔猪亦能存活。2月龄时剑白香猪、久仰香猪、从江香猪体重分别为5.71 kg、6.43 kg、6.79 kg。2月龄时剑白香猪、从江香猪、久仰香猪体高（肩高）分别为25.32 cm、25.13 cm、25.29 cm；6月龄时剑白香猪、久仰香猪、从江香猪体高分别为40.04 cm、39.73 cm、41.50 cm。

2月龄时剑白香猪体长（47.06 cm）长于久仰香猪（46.33 cm）和从江香猪（44.75 cm），但没有统计学差异；6月龄时剑白香猪体长（79.43 cm）比久仰香猪（75.13 cm）和从江香猪（75.75 cm）都长，但没有统计学差异。

2月龄时剑白香猪的胸围（40.59 cm）小于久仰香猪（41.39 cm）和从江

香猪（42.75 cm），但没有统计学差异；6月龄时剑白香猪的胸围（66.91 cm）比久仰香猪（66.35 cm）大，比从江香猪（71.63 cm）小，但两两间差异均不显著。

因此，从江香猪体成熟时间比久仰香猪和剑白香猪都早；同龄的剑白香猪体型比久仰香猪略高和长，但体躯没有久仰香猪丰圆和肥腴。

2. 生长缓慢　剑白香猪和久仰香猪的生长速度慢，2～6月龄时平均日增重，剑白香猪为（168.45±50.62）g，久仰香猪为（186.67±57.50）g，但两者间差异不显著（$P>0.05$）。由此表明，不同品种的香猪生长发育速度均缓慢，属于小体型猪。剑白香猪、久仰香猪、从江香猪的生长发育测定结果见表2-4。

表2-4　香猪的生长发育测定结果

品种	生长指标	2月龄	3月龄	4月龄	5月龄	6月龄
剑白香猪	体重（kg）	5.71±1.30	8.09±2.33	13.62±2.73	19.43±2.96	26.12±1.56
	体高（cm）	25.32±0.45	27.60±0.12	32.81±1.97	36.19±2.98	40.04±1.97
	体长（cm）	47.06±0.08	51.16±2.39	61.13±6.83	68.92±3.94	79.43±0.40
	胸围（cm）	40.59±3.94	45.06±2.39	53.21±5.36	60.06±4.39	66.91±1.41
	日增重（g）		79.68±35.06	182.50±1.61	192.33±5.65	227.00±52.80
久仰香猪	体重（kg）	6.43±2.31	8.84±2.59	14.78±1.46	19.88±1.21	25.89±1.85
	体高（cm）	25.29±1.74	27.16±0.31	33.71±2.53	36.60±1.49	39.73±0.00
	体长（cm）	46.33±2.76	52.24±4.45	57.16±0.23	68.14±0.87	75.13±1.59
	胸围（cm）	41.39±4.24	47.38±3.36	53.12±1.07	58.49±1.44	66.35±1.27
	日增重（g）		80.21±9.24	197.95±7.30	169.93±8.74	225.23±67.2
从江香猪	体重（kg）	6.79±0.94	10.89±1.51	17.09±2.99	24.28±5.67	29.68±6.43
	体高（cm）	25.13±1.65	29.88±0.85	35.93±1.92	36.33±2.30	41.50±1.29
	体长（cm）	44.75±4.11	54.00±5.48	63.25±6.45	73.23±5.18	75.75±4.57
	胸围（cm）	42.75±1.71	47.00±2.45	61.00±5.94	68.33±5.41	71.63±5.41
	日增重（g）		136.75±9.24	206.75±50.50	239.42±90.80	180.00±29.10

三、育肥性能

育肥性能是对香猪经济产出的评价。只有在相同的营养水平、相同的环境和相同的管理条件下，测定的育肥性能指标才有价值，才能衡量不同品种、不同猪只的育肥性能状况，才能保证香猪育种价值评估的准确性。在育种中，不同品种猪的应用价值不同，选育方向有差异，会出现体型大、体型小的品种。香猪的育肥性状用平均日增重和料重比进行测定。对2～6月龄从江香猪（彩图5）和剑白香猪进行测定的结果显示，两种香猪平均日增重和料重比相近，日增重都较低，见表2-5。

表2-5 香猪的育肥性能（2～6月龄）

品　种	平均日增重（g）	料重比
从江香猪	188.71±23.0	3.43∶1
剑白香猪	170.06±50.3	3.42∶1

四、胴体品质性能

胴体性能的遗传力为高遗传力，在育种中，采用个体表型选择能取得有效的遗传进展。胴体性状好坏影响消费者的喜爱程度。因此在养猪生产中，对猪胴体性状的选择是一个重要目标，提高或改善猪的胴体性状对香猪育种保种均具有重要的经济意义。由于香猪是传统的整体烤制烤乳猪的主要原材料，因此其胴体性能测定分为两个阶段：2月龄断乳和6月龄。

1. 香猪屠宰性能　香猪屠宰性能主要是指其胴体重。胴体重是指乳猪宰后，开膛，去头和去所有脏器后的重量。

（1）2月龄断乳猪屠宰成绩　从江香猪2月龄断乳猪屠宰成绩见表2-6。

表2-6 从江香猪2月龄断乳猪屠宰成绩

头　数	宰前活重（kg）	胴体重（kg）	屠宰率（%）
8	8.13±1.84	4.84±1.09	62.62±1.50

（2）6月龄猪屠宰成绩　不同类型香猪6月龄胴体性状具有一定程度的差异。但香猪6月龄体重一般在30 kg左右，不同类型香猪在不同地点、不同饲养条件下的同一屠宰指标相近。

分离香猪的肉、脂、皮、骨，测量其可食部分，6月龄香猪屠宰检测结果见表2-7。从表2-7中分析可见，剑白香猪的瘦肉重、瘦肉率比久仰香猪的低；剑白香猪的皮下脂肪含量和所占比例比久仰香猪的低，但 t 检验差异性均不显著（$P>0.05$）；剑白香猪的皮重和所占比例比久仰香猪的高；剑白香猪的骨重及所占比例比久仰香猪的高。

表 2-7 剑白香猪和久仰香猪胴体分割测定结果

项　目	单　位	剑白香猪	久仰香猪
瘦肉	重量（kg）	3.53±0.87	4.18±0.07
	比例（%）	46.13±4.50	51.49±8.45
皮下脂肪	重量（kg）	1.29±0.91	1.64±1.44
	比例（%）	14.45±8.80	18.09±7.75
皮	重量（kg）	1.66±0.26	1.39±0.48
	比例（%）	21.50±3.69	16.00±0.56
骨	重量（kg）	1.40±0.29	1.21±0.44
	比例（%）	18.89±3.56	14.49±0.63

2. 香猪胴体性状　不同品种成年香猪胴体指标见表 2-8。由表 2-8 可知，不同类型香猪胴体长度相近，剑白香猪的背膘较薄、眼肌面积低于其他类型香猪；从江香猪花油多而板油少（彩图 6），剑白香猪花油与其他香猪相近而板油多。

表 2-8 香猪胴体性状测定

品种	胴体长（cm）	背膘厚（cm）	眼肌面积（cm^2）	皮厚（cm）	花油含量（kg）	板油含量（kg）
从江香猪	58.00±4.24	2.51±0.36	14.32±0.09	0.34±0.34	0.74±0.12	0.53±0.08
剑白香猪	57.87±6.23	1.97±0.94	13.40±4.01	0.28±0.04	0.69±0.37	0.62±0.53
久仰香猪	—	2.51±0.36	14.23±0.03	0.43±0.14	0.66±0.45	—

五、肌肉品质

我国是一个猪肉消费大国，在人们的膳食结构中，猪肉占非常大的比例。猪肉不仅具有丰富的营养价值，而且也是我国人民的传统肉用食品。各种中式菜系对不同猪肉菜品及其加工方法具有相应的品种要求和肉质及部位要求。肉质本身是一个复杂的概念，没有单一定义，它是鲜肉或深加工肉的外观、适口性、营养价值等各方面理化性质的综合。

（一）香猪肉质常规指标

1. pH　pH 是反映宰后猪体肌糖原酵解速率的重要指标，肌肉的 pH 及其变化直接受宰后肌细胞内肌糖原酵解产生的乳酸及三磷酸腺苷（ATP）分解产生的磷酸的影响，其含量增加可引起肌肉 pH 下降。pH 1（猪停止呼吸后 45 min 内测定，测定的 pH 记录为 pH 1）是区分生理正常肉质和异常肉质（pale soft exudative meat，PSE 肉）的重要指标，pH 24（将肉样置于 0～4 ℃ 冰箱中保存 24 h，即猪停止呼吸后 24 h 测定，记录为 pH 24）是判定黑切肉（dark，firm and dry meat，DFD 肉）的重要指标。不同类型香猪的 pH 1、pH 24 均处于正常范围内，未出现 PSE 肉和 DFD 肉。

2. 滴水损失、保水力和熟肉率　滴水损失是指不施加任何外力，只受重力时，蛋白质系统的液体损失量，也称储存损失或自由滴水。在同等条件下饲养时，剑白香猪、久仰香猪失水率分别为 21.88%、25.10%。保水力是指肌肉受外力作用时保持其原有水分的能力，失水率愈高，保水力愈低。肌肉的保水力影响肌肉的滋味、营养成分、多汁性、嫩度等食用品质，是一项重要指标。熟肉率是度量烹调损失的一项重要指标，各类型香猪熟肉率参数接近。

3. 肌内脂肪含量、肌肉嫩度、肌肉水分　3 月龄从江香猪肌内脂肪含量是 4.73%，因其是 2 月龄断乳乳猪，受母乳影响，所以肌内脂肪含量高；3 月龄从江香猪肌肉水分含量是 75.84%。

不同类型香猪 6 月龄肌内脂肪含量、肌肉嫩度、肌肉水分有一定程度的差异。剑白香猪的肌内脂肪含量显著高于久仰香猪（$P<0.05$）。多重比较结果发现，肌内脂肪含量，从江香猪＞剑白香猪＞久仰香猪，说明从江香猪肌内脂肪含量最高。肌肉剪切力值（代表肌肉嫩度），从江香猪＜剑白香猪＜久仰香猪，且均低于 4 kg，从江香猪肌肉剪切力值最低，但相互之间的肌肉剪切力值差异极显著（$P<0.01$）。水分含量，从江香猪＞久仰香猪＞剑白香猪，但组间差异均不显著（$P>0.05$）。由此说明，从江香猪肉质最嫩。

4. 香猪肌肉脂肪酸含量比例　香猪肌肉中含有的多不饱和脂肪酸都是必需脂肪酸酸，对人体有很好的营养保健作用。必需脂肪酸包括亚油酸和亚麻酸。亚油酸（C18：2）含量，从江香猪＞久仰香猪＞剑白香猪；亚麻酸（C18：3）含量，从江香猪＞剑白香猪＞久仰香猪。香猪肌肉不饱和脂肪酸含量（57.53%～61.61%）高于饱和脂肪酸含量（35.13%～39.12%），而从江

香猪肌肉不饱和脂肪酸含量高于其他类型的香猪，更有利于人体健康。

（二）香猪肌肉组织学特性

1. 光镜下香猪肌肉组织学特性　香猪的肌肉组织学特性主要测其光镜的肌纤维直径，肌纤维直径的粗细与猪的品种、类型、月龄和饲料等密切相关。贵州香猪背最长肌组织学观察结果见表 2－9。从表 2－9 中可见，3 月龄肌纤维直径很小，8 月龄肌纤维直径从江香猪（55.61 μm）＜久仰香猪（57.92 μm）＜剑白香猪（59.10 μm）。由此可知，从江香猪肉质最嫩。

表 2－9　光镜下不同品种不同月龄香猪肌肉组织学特性

品　　种	月　　龄	肌纤维直径（μm）
从江香猪	3	9.83±1.87
从江香猪	8	55.61±4.33
剑白香猪	8	59.10±5.00
久仰香猪	8	57.92±4.07

2. 电镜下香猪肌肉组织学特性　利用电镜对肌节长度、肌原纤维直径、I 带长度、A 带长度进行分析发现，剑白香猪（1 805.12 nm、1 184.02 nm、400.00 nm、1 406.95 nm）均小于久仰香猪（1 837.67 nm、1 294.93 nm、417.42 nm、1 411.70 nm），说明剑白香猪肌肉的嫩度高于久仰香猪（表 2－10）。

表 2－10　电镜下 6 月龄剑白香猪和久仰香猪肌肉组织学特性

项　　目	剑白香猪（6 月龄）	久仰香猪（6 月龄）
肌节长度（nm）	1 805.12±64.01	1 837.67±128.06
肌原纤维直径（nm）	1 184.02±37.16	1 294.93±73.93
I 带长度（nm）	400.00±7.30	417.42±7.24
A 带长度（nm）	1 406.95±50.75	1 411.70±111.31

第四节　品种标准

贵州香猪是我国贵州省特有的家畜品种，已经受到国家保护，具有相应的品种标准，本部分简单列出贵州香猪外貌特征及生产性能，详细内容见附录。

一、外貌特征

香猪吻突呈粉红色或蓝黑色，眼周有淡粉红色眼圈。香猪被毛稀，毛色遗传多样。从江香猪全身为黑毛；剑白香猪头部及臀部为黑毛，中间为白毛，俗称“两头乌”；久仰香猪具有“全黑”“六白”或“不完全六白”特征 3 个类型。香猪体型小、肉香、性成熟早。肌肉纤维直径小，肌束内纤维数量多，皮薄、骨细、肉嫩、肉味香浓、经济早熟。香猪体躯短，丰圆，肥腴；头大小适中，面直，额部皱纹纵行，浅而少；耳略小而薄，幼年时呈荷叶状略向前竖，成年后呈垂耳；背腰微凹，腹较大，四肢短细，后肢多卧系。成年母猪体重 38.00～46.00 kg，体长 97.00～106.00 cm，乳头 5～6 对；成年公猪体重 24.00～37.00 kg，体长 61.00～93.00 cm。

二、生产性能

香猪母猪初情期为 84～120 日龄，适宜配种日龄为 150～200 日龄；适宜初配体重为 22.00 kg 左右；母猪初产仔猪数 5 头以上，经产仔猪数 6～12 头，产活仔数 5～10 头，2 月龄断乳窝重 24.00～50.66 kg。6 月龄香猪平均体重 25.00～27.00 kg。6 月龄的屠宰率为 60%～63%，瘦肉率为 46%～52%，肌肉脂肪含量为 3.50%～3.70%，肌肉嫩度为 3.20～3.30 kg（剪切力值）。

第三章
贵州香猪的品种保护

第一节　保种概况

贵州香猪是在光照相对不足、降水量充沛的湿润气候、交通闭塞、农牧业生产水平较低等特定的条件下所形成的地方特有的小型猪种。自1977年全国地方猪种质资源普查被发现以来，香猪以其体型小、肉味香嫩、基因纯合等特点而引起全国各地有关科研单位、专家学者的高度重视，被一致认为不仅是制作高档食品的主要原料，而且是作为实验动物的理想猪种，具有很高的开发利用价值。全国高等院校及科研院所纷纷深入产区考察引种，进行保护性开发研究。1993年，农业部进一步将香猪定位为国家二级畜禽品种进行保护，并加强对香猪的保护及管理，把香猪的保种与开发列为国家重点开发项目。2000年农业部130号公告已将香猪列入《国家级畜禽遗传资源保护名录》。

一、原种繁殖场的建设

贵州省各级政府持续重视香猪原种保护工作，先后在20世纪80年代、90年代，拨付专款在从江县原产地支持建立贵州省从江香猪原种繁殖场，并以此作为香猪科研生产基地，开展了一系列引种、保种、观察、测定、研究工作。贵州省从江香猪原种繁殖场总面积4 hm^2，畜舍面积1 200 m^2，种猪养殖规模已超10 000头。1991年以后，在贵州省农业厅畜牧局及相关业务单位的支持下，拨出专项经费，开展了香猪的原种繁殖业务，并对原有的香猪种群进行测定更换，引进饲养香猪母猪2头，香猪后备母猪63头，香猪公猪3头，香猪后备公猪2头，形成了具有一定规模的纯香猪繁育基地。

二、香猪扩繁场的建设

20 世纪 80 年代以来，香猪的培育及经济工作主要集中在杂交优势利用，研究及生产单位主要追求猪的生长发育速度、体型大小、产量等，因此香猪的保种和发展受到极大冲击，其数量急剧下降。“八五”期间有香猪 3.50 万头，而“九五”期间其数量下降至 1.41 万头，下降率约 60%。从 2004 年开始，农业部及各级业务部门逐渐加大对香猪资源的保护、研究和开发利用，2004 年投入 300 万元在主产区从江县扩建香猪品种资源场，并建成存栏能繁母猪 500 头、种公猪 15 头的原种基地，每年能向社会提供 6 400 头合格种猪、1 600 头商品仔猪。近年来，香猪种群数量得到了很大程度的发展。

三、建立香猪保护区

香猪保护区是为香猪种质资源的保护而建立的能够保护香猪生存所需要的生态条件、自然环境等的区域，包括当地与香猪饲养、繁殖及利用等相关的历史文化、民族特色等。建立香猪保护区，有利于香猪品种的保护、开发和利用，在管理制度和条件上为香猪的保护提供了规范化的保护措施，主要表现在以下几个方面。

1. 组织领导工作具体化　香猪保种工作得到了当地党政领导的大力支持，如宰便镇政府明确一名副镇长负责保护区的领导和组织协调工作，保护区所属村的工作由村主任具体负责。当地政府明确提出把香猪保种作为政府的一项主要工作，并深入实际，随时了解和落实保种工作的具体问题。

2. 在保护区行政村配备保种监督员　为了保证香猪保种措施的落实，从当地村民委员会中聘请工作积极性强、认真负责，并且具备一定业务素质的村干部为保种监督员，严格制止非香猪种源进入保护区。

3. 选择优秀的专业技术人员　各业务站、保护站选择具有较强专业技术的工作人员负责落实保种措施和技术实施。

4. 加强宣传工作　大力宣传香猪保种工作的重要意义，使干部、群众自觉参与香猪的保种工作。必要时，政府部门可以行政手段和乡规民约等形式，建立健全规章制度。

5. 进行业务培训，提高业务素质　如从江香猪保护区建立后，分别于 1991 年 1 月和 1994 年 5 月先后两次到保护区举办技术培训班，培训的主要内容包括兽医基础知识及操作技术、常见病的预防和治疗、饲养管理及繁殖技术、香猪档案的建立与统计。通过培训，保护区的居民不同程度地掌握了香猪养殖及保护的基础理论和基本技能。

6. 实行优惠扶贫政策 目前，香猪开发利用工作仍处于探索阶段，尽管偶尔会出现饲养香猪回报颇丰的案例，但当地居民饲养香猪的经济效益非常有限。为了保护种源，鼓励当地居民饲养香猪，当地对保种区居民给予资金扶持、技术服务、政策优惠。

第二节 保种目标和保种措施

香猪作为具有地方特色的品种，生物学特性鲜明，肉质鲜美。但是，随着经济的发展，特别是外来种猪的引入在极大程度上冲击着香猪的生产和繁殖。因此为了保护这种特有的地方猪种，在保种养殖时需要做好规划，选择种质资源纯净的、符合香猪性能指标的种公猪、种母猪及后备猪。

为了保持香猪的优良特性，提高种群纯度，防止种群混杂，防止退化，改善生产性能，增加纯种的数量，在香猪的保护中可以采取三级保种形式。第一级即建立基础育种群。其主要职责是对香猪进一步选育，提高香猪的群体性能，研究香猪种质特性，建立一套完整的香猪繁育的科学管理模式，研究香猪的开发利用途径。第二级是建立核心群，即建立从江县香猪品种资源场。主要任务是保存遗传资源，防止遗传漂变，为扩繁群提供种质资源，扩繁完成选育的优良种群，每年向市场提供合格种猪和商品仔猪，以场带户开展香猪的商品生产，为市场和香猪肉联加工厂提供合格的肉品，负责对香猪基地的养猪农户进行技术培训和服务。第三级即划定保护区，依据香猪分布、生产、加工情况，重点发展从江县、榕江县、剑河县的香猪生产。在从江县的宰便、加勉、刚边、加榜、加鸠、秀塘、东朗等乡镇划定香猪保护区，在剑河县南加、南寨、敏洞、南明、磻溪、观么等乡镇及榕江县计划、八开、定威乡镇划定设立保种区，确保贵州省香猪资源的保种。

一、保种技术措施

为了能够有效地保护香猪品种，需要建立可靠的保种技术措施，保种技术包含多种不同的方面，如引种方法、种猪性能测定、精子与卵细胞及胚胎冷冻保存技术的建立等。

保种场的引种、性能测定措施如下：

1. 引种　由各乡镇畜牧站负责人到农户家订购，要求血缘清楚，并按照中华人民共和国农业行业标准《香猪》（NY 808—2004）进行评价，公猪要求一级以上，母猪二级以上，每个乡镇引进公猪 2～4 个家系。按照统一的种猪个体编号系统与耳缺法对引进种猪进行编号，按程序做好猪瘟、蓝耳病、口蹄疫等疫病的防疫工作，佩戴免疫耳标。编号及防疫工作完成后再引入香猪原种繁殖场，并对免疫耳标号进行登记入档。

2. 更新保种场内种猪血统　按照国家香猪行业标准对场内种猪进行评价，淘汰一级以下的公猪及二级以下的母猪，同时也应该淘汰年龄超过 7 岁的种猪。

3. 开展保种繁育、性能测定　严格按照《中华人民共和国畜牧法》《畜禽遗传资源保种场保护区和基因库管理办法》《猪遗传资源保种方案》等有关法律及规定开展保种繁育工作，主要包括保种方法、饲养水平、交配方式、留种、不同性能测定等。

二、超低温冷冻保存技术在保种中的应用

由于原种场保护和保护区保护均需要大量的人力、物力，且需要的地域面积较大，因此应用新型超低温技术保护香猪种质资源具有重要的意义。低温生物技术是从 20 世纪 60 年代开始逐渐发展和形成的一门崭新技术。应用这项技术的意义十分明显，目前已经可以将精子、卵细胞等成功地进行低温保存。家畜精子、胚胎的低温保存为发展农业、畜牧业等带来了巨大的经济效益和社会效益。

（一）精子的超低温保存

精液的首次成功冷冻保存试验开始于 20 世纪 40 年代末，后来有试验证明低温保存后的猪精子仍具有受精能力。从此，精液冷冻技术逐渐被应用到养猪生产实践中，其操作程序不断得到优化。我国从 20 世纪 50 年代初期开始探索猪精液的冷冻技术，也逐渐取得了猪繁育的人工授精技术的成功，但是仍然还有很多技术需要得到进一步完善。

1. 猪精液冷冻机理　猪精液冷冻技术是指用干冰（－79 ℃）、液氮

(−196 ℃)、液氦(−269 ℃)等作用为冷源，降低精子温度，使精子细胞的代谢停止，待精子升温解冻后又恢复活性，达到长期保存的目的。精子细胞冷冻保存的作用原理实际上是脱水过程，当精子处于高渗的环境中时，水分由细胞内透过细胞膜流向细胞外，渗透性保护剂由细胞外进入细胞内，从而维持渗透压的平衡，因此细胞内不形成或形成很少的冰晶。

在冷冻过程中，细胞会受到两方面的损伤，即冰晶化导致的化学损伤和冷冻导致的物理损伤，损伤的程度最终由降温的速率和冷冻的最终温度决定。冷冻过程中，细胞内将会形成不同数量及不同大小的冰晶，但只要其体积不对精子细胞造成物理性损伤，而是维持在微晶状态，细胞将不会受到损伤。

2. 操作步骤　用手握法采集中段浓份精液，并在 37 ℃恒温带回室内，立即进行常规品质检查。最终选择无异味、乳白色、精子形态正常、活率在 0.8 以上、密度为“密”的精液用细管冷冻法保存。细管冷冻法通用步骤为：①将采集的新鲜精液在室温(约 22 ℃)下静置 1 h，使精子与精清充分接触，然后分装于 100 mL 离心管中，并用等温的稀释液在室温下将精液与稀释液按 1∶1 稀释，稀释后的精液继续在室温下放置使其充分混匀；②然后将精液转移至 15 ℃环境中，使其在 1 h 内降温至 15 ℃；③静置混匀 3 h 后，在15 ℃条件下离心；④离心后弃掉上部约 4/5 的精清，加入无甘油的冷冻液后放入 5 ℃冰箱，使其温度缓慢降到 5 ℃，静置 2 h 后加入含甘油的冷冻保护液，然后分装冷冻，置于干冰、液氮等冷源中。在冷冻时应注意，不同的包装剂型需要的最佳冷冻速率不相同。

3. 影响猪冷冻精液品质的因素

(1) 冷冻前处理　当精液采集后迅速冷却至 15 ℃、5 ℃或 0 ℃时，精子在迅速冷却时可能会失去活力，这种现象称为“冷休克”。冷休克的主要表现为解冻后精子活力丧失、精子膜的选择通透性降低、顶体膜损伤等。在所有家畜中，公猪的精子对冷休克最敏感，这可能是因为其特殊的组成成分所致。在室温下先将公猪的精子用低的稀释倍数稀释，然后缓慢降温或孵育 1～5 h，这样可增强公猪精液的抗冻能力。因此在公猪精液的冷冻过程中，精液冷冻程序中均包括一个 15 ℃或 15 ℃以上的数小时的冷冻平衡时间。当平衡时间从 3 h 增加到24 h时，使用冷冻-解冻精液进行人工授精，其 23 d 的妊娠率没有明显改变，但是胚胎的数量从 15 枚降低到 9 枚，胚胎的质量也相应降低。在猪精液低温保存方案中常使用相对高转速的短时间离心，这种离心方式不会影响精子的恢复和顶体的完整性。

（2）稀释液及其添加剂　稀释液是精子的保护剂，其对精液冷冻的效果有决定性的影响，所用方法不同其稀释液的组成也不同。冷冻精液大多用颗粒冷冻法，一般的稀释液都由糖类、脂类、蛋白质、冷冻保护剂、缓冲液和其他的添加物质所组成，根据成分可以将它们分成两类：①不含缓冲液的稀释剂，如卵黄-葡萄糖、卵黄-乳糖、卵黄-蔗糖-EDTA（乙二胺四乙酸）加镁盐和钙盐等；②含缓冲液的稀释剂，如甘氨酸-磷酸盐、葡萄糖-磷酸盐、卵黄-葡萄糖-柠檬酸、卵黄-葡萄糖-柠檬酸-EDTA～K^+-二巯基丙磺酸钠液、Tris（三羟基-甲基-氨基甲烷）-果糖-EDTA-卵黄、Tris-葡萄糖-EDTA-卵黄等。

（3）冷冻保护剂及其浓度　在精液的冷冻保存过程中，目前最好的低温保护剂是甘油。甘油可以渗入细胞内，替代或结合细胞内的水分，而且也能稀释溶液中的盐浓度，能降低溶液中盐的浓度和冷冻液的渗透压，从而发挥其在低温环境中对精子的保护作用。甘油通常在精液降温至5℃时被部分使用。目前，公猪精液的冷冻稀释液中一般都含有甘油。但是甘油对精子也有毒害作用，所以当添加甘油作为冷冻保护剂时，应控制添加浓度、添加温度和平衡时间对精子的冷冻保存后活率的影响。一般在大型冷冻麦管中添加3%～4%的甘油冷冻效果较好；而对于小型冷冻麦管中的精液，冷冻时添加2%～3%的甘油效果最好。另外，以乙二醇作为冷冻保护剂，尾部畸形精子较多而顶体异常精子较少，说明乙二醇对精子的顶体有较好的保护作用；以甘油作为冷冻保护剂，尾部畸形精子较少而顶体异常精子较多，说明甘油对精子尾部有较好的保护作用。一般的冷冻保护剂还有木糖醇、乙酰胺、阿东糖醇和二甲基亚砜（DMSO）等，它们可以提高冷冻-解冻后的精子活率，但是并不能很好地保护精子的顶体完整性，所以使用比较少。因此在猪精液的冷冻保存的过程中，经常使用甘油作为冷冻保护剂。

（4）冷冻剂型　在猪精液冷冻保存的冷冻剂型早期研究中，常采用玻璃瓶或玻璃试管与较高浓度的甘油溶液进行冷冻保存。随着猪精液冷冻保存技术的深入研究，公猪精液冷冻剂型常采用颗粒、5 mL大型细管或塑料袋、4～5 mL铝铂袋、1.7～2.0 mL扁平细管、0.5 mL小型细管、0.25 mL微型细管等冷冻剂型。所有这些冷冻剂型均有各自的优缺点，颗粒、0.25 mL微型细管、0.5 mL 小型细管和 1.7～2.0 mL 扁平细管有较大的表面积与容量比，是适合低温冷冻保存的形状。但是颗粒的冷冻精液不容易进行不同头份与来源的区别，而且容易造成交叉污染，不易解冻，且冻存的精液量太少，1 头份一般需要解冻 50 颗颗粒、10～20 根小型细管或 2～3 根扁平细管，不利于输精和生产上的普遍推广。5 mL 的大型细管具有 1 头份的精子数量，但其表面积与容量比小，限制了理想的冷冻和解冻过程。5 mL 塑料袋包装冷冻剂型的试验结果表明，其表面积与容量比较大，可以均匀地冷冻-解冻，并且解冻后精子活率高，并含有 1 头份精子数量。单个扁平袋子和多重扁平袋子（各自为 54%和 49%）中冷冻的精子比 0.5 mL 塑料细管（38%，$P<0.05$）中冷冻精子的相对死亡指标高。总而言之，猪精液冷冻保存尚未探索到最佳冷冻剂型，相较而言，表面积与容量比大的冷冻效果较好。

（5）诱发结晶　在精液处理程序上缺乏诱发结晶（植冰）过程将对精子产生不可逆的影响，这种技术在很大程度上可以阻止极度过冷时细胞水分的结晶以及形成晶核后的聚集与融合，防止冰晶的生长等因素形成的危害，这种过程尤其适用于缓慢冷冻细管精液。如果没有外部的诱发结晶过程，精液将在其凝固点到－15 ℃之间形成过冷状态。然而，在精液凝固点以下，诱发结晶剔除过冷状态并不能提高猪精液的冻后存活率。此外，当冷冻速率处于最优化情况时，诱发结晶并不能有效地提高精子的冻后存活率，仅仅能轻微改善精子的顶体保存，但没有太大的价值。

（6）冷冻速率　冷冻过程中的精子细胞不但要对保存温度（－196 ℃，干冰中）有耐受能力，而且要能经受从射精时机体温度到保存时超低温度的变化而活力不会过度降低，后者比前者显得更重要。为了减少冷冻-解冻过程中冰晶对细胞的损伤，在添加冷冻保护剂的同时必须控制好冷冻时的降温速率，确保精子安全通过－60～0 ℃低温区域（冰晶化危险温度区）。有研究表明，稀释后猪精液从 5 ℃降温至－5 ℃时，降温速率在（3～12）℃/min 不会对精子的浆膜造成严重损伤，以 24 ℃/min 冷却到－5 ℃时会有轻微的损伤。降温速率的变化对精子活率的影响不是特别大。从－5 ℃降温到－50 ℃时，降温速率在（3～80）℃/min 不会对精子的低温存活率产生太大的影响。但是慢速冷冻会导致精子浆膜破损率轻微增加。

每种细胞都有它理想的冷冻与解冻速率，一般的理论原则是：①冷冻速率太慢时，与冷冻保护剂接触时间过长，精子容易受冷冻保护剂的毒害作用而死亡或遭受破坏；②冷冻速率过快时，细胞内液体易导致结冰现象，对细胞造成物理或化学损伤。在猪精液冷冻过程中，为了保持精子活力和顶体的完整率，理想的降温速率推荐为：0.5 mL 小型细管采用30 ℃/min、3%甘油浓度保护剂或者 0.25 mL 微型细管采用 50 ℃/min。当 5 mL 大型细管在 3.3%甘油浓度下进行精液冷冻保存时，为达到最佳的解冻效果，冷冻速率应较慢，为 16 ℃/min。

（7）解冻　解冻速率是影响精子存活率的一个重要因素，升温对精子的损伤也很大，尤其对精子的顶体破坏较严重。以最优化的冷冻速率冷冻的精子在缓慢解冻或快速解冻后只有小部分存活，这表明猪精子在降温的过程中受到严重的损伤，以适宜的解冻速率解冻后仍然只有极少数能够恢复活力。解冻过程对精子顶体破坏作用主要是由甘油浓度引起的。在预热的解冻液中解冻精液，快速解冻后颗粒中精子的活率比细管中精子的活率高，这是因为颗粒与细管的直径不同，获得实际解冻速率也不同。较快的解冻速率有利于保持公猪的精子活力，0.5 mL 小型细管的适宜解冻速率是 120 ℃/min。总的来说，解冻液和解冻程序对冷冻精液的精子品质影响较大。

（二）卵细胞的超低温保存

利用超低温保存方法保存卵母细胞，建立“卵子库”，可以摆脱时间和空间的限制，使得长期有效保存优良个体和动物的遗传资源成为可能。猪卵母细胞中富含脂滴，且对低温十分敏感，因此猪卵母细胞冷冻保存的研究进展相对较慢，玻璃化冷冻是有效的卵母细胞冷冻方法之一。

玻璃化冷冻保存是指将卵母细胞或胚胎等置于高浓度的玻璃化冷冻液中，再将其投入液氮中迅速形成玻璃化状态而进行冷冻保存的方法。此方法所用的玻璃化冷冻液有渗透性和非渗透性保护剂两种。其中，渗透性保护剂可以进入细胞内，并能在冷冻过程中维持溶液分子和离子的正常液态分布，以避免细胞内外有冰晶形成，从而减少冷冻对卵母细胞或胚胎造成的物理性伤害。这种方法不需要昂贵的仪器，具有操作方便、快捷和高效的优点。

（三）胚胎冷冻保存技术

胚胎冷冻保存技术是指在低温条件下利用低温保护剂保存胚胎的一门技

术。这一技术是20世纪后半叶随着人工授精技术广泛应用而产生的，目前已经成为现代生命科学研究必备的手段之一。动物胚胎的冷冻保存原理是低温降低了胚胎内的变质反应速度，温度越低，胚胎保存时间就越长。而猪胚胎保存一直是个难题，因为猪胚胎对温度和防冻剂都很敏感。然而离心处理猪胚胎后，用显微操作技术把胚胎中的脂肪吸弃，然后用常规的程序降温方法冷冻保存，复苏后存活率和受孕率都较高。

在对贵州剑白香猪胚胎玻璃化冷冻实验中，选择贵州剑白香猪4细胞胚胎为实验材料，采用Hitoshi Ushijima等于2004年研究中使用的冷冻液，选用直接冷冻和离心、细胞松弛素B处理胚胎内脂肪后冷冻两种方法冷冻保存，解冻后胚胎存活率分别是84.20%和99%，但是解冻后的4细胞胚胎都没有进一步发育。如何突破贵州剑白香猪胚胎4细胞时期胚胎的阻滞发育，使解冻后胚胎成活并发育，有待于进一步研究。

第三节　种质特性研究

由于香猪生活在偏远的山区，长久以来，受到人类特有的留种选择等干预措施，香猪形成了自己独特的特性，如体型较小、肉质香浓、品种较纯、耐粗饲等。要保护香猪品种，首先要对香猪的不同种质特性进行研究，这样才能制定更有效的保护措施。

一、香猪的基本种质特征

1. 体型小　从江香猪体短、矮小、丰圆、肥腴，其体型以分布地区从北向南逐渐变小，贵州境内香猪属垂耳。

2. 肉质香浓　香猪的肉质优异，肉香浓郁，2月龄断乳仔猪无乳腥味，肥猪开膛后不臭，故名为香猪。影响香猪肉质性能的主要指标是胴体重、肉质特性、脂肪酸的含量及组成等。根据相关研究测定，从江香猪、剑白香猪、贵州白香猪、久仰香猪屠宰后的胴体主要指标测定结果见表3-1；同时从江香猪、剑白香猪和久仰香猪肉质特性的测定结果见表3-2；从江香猪、剑白香猪、久仰香猪脂肪酸组成及含量的测定结果见表3-3。从表3-3中可知，从江香猪各项多不饱和脂肪酸含量高于其他类型的香猪，更有利于人体健康。

表 3-1 香猪胴体主要指标统计结果

香猪类型	月　龄	宰前重（kg）	胴体重（kg）	瘦肉率（%）
从江香猪	2	8.13±1.84	4.84±1.09	62.62±4.50
	6	29.14±5.91	16.88±5.68	48.84±3.82
剑白香猪	6	30.00±7.92	20.80±8.75	46.13±4.50
贵州白香猪	6	31.86±9.80	19.85±7.47	—
久仰香猪	6	29.47±6.85	20.63±4.50	51.49±4.50

表 3-2 香猪肉质特性测定结果

组　别	从江香猪	剑白香猪	久仰香猪
月龄	8	8	8
pH 1	6.37±0.10	6.19±0.03	6.10±0.14
pH 24	5.88±0.05	5.85±0.07	5.80±0.00
水分含量（%）	75.30±1.72	74.91±0.77	75.20±8.80
失水率（%）	8.42±1.85	8.94±4.19	7.24±1.21
剪切力值（%）	3.21±0.47	3.34±0.19	3.61±0.43
肌内脂肪（%）	3.71±1.15	3.19±0.79	2.94±0.84
肌纤维直径（μm）	55.61±4.33	59.10±5.00	57.92±4.07

表 3-3 脂肪酸组成及含量统计结果

脂肪酸（%）	从江香猪	剑白香猪	久仰香猪
肉豆蔻酸（C14：0）	4.07±1.03	3.89±0.83	5.85±2.56
棕榈酸（C16：0）	19.77±2.16	23.01±0.76	23.73±1.58
棕榈油酸（C16：1）	4.37±0.66	4.48±0.50	6.50±0.98
硬脂酸（C18：0）	10.85±0.98	11.95±0.55	11.53±0.87
油酸（C18：1）	42.88±1.96	39.77±2.35	37.83±2.70
亚油酸（C18：2）	9.22±1.44	9.98±2.27	11.12±2.82
亚麻酸（C18：3）	3.70±1.12	3.09±0.99	2.46±0.55
花生酸（C20：0）	0.44±0.28	0.20±0.15	0.15±0.10
花生烯酸（C20：1）	1.17±0.32	0.97±0.34	0.88±0.25
饱和脂肪酸（SFA）	35.13±3.07	38.09±5.49	39.12±6.79
不饱和脂肪酸（UFA）	61.61±1.34	58.38±2.20	57.53±3.56
UFA/SFA	1.75	1.53	1.47

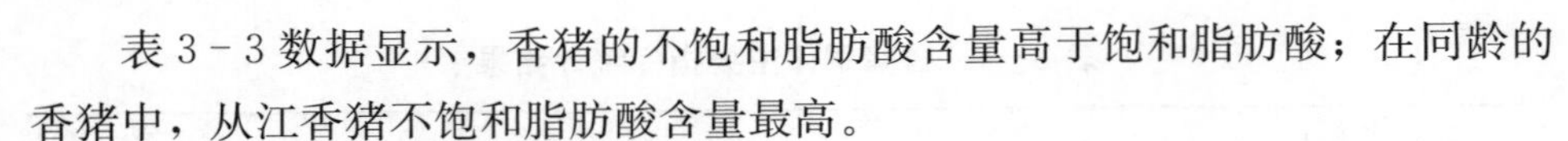

表 3-3 数据显示，香猪的不饱和脂肪酸含量高于饱和脂肪酸；在同龄的香猪中，从江香猪不饱和脂肪酸含量最高。

3. 近交程度较高　长期以来，由于产区交通不便，香猪近交程度相对较高。利用微卫星分子标记对久仰香猪、剑白香猪、从江香猪、贵州白香猪等香猪类型进行多样性分析。结果显示，各类型微卫星位点的遗传纯合度高、杂合度低，各类型香猪聚为一类，都属于香猪。

遗传距离的聚类分析结果显示，贵州香猪中久仰香猪与其近邻的环江香猪（广西）遗传亲缘关系最近，其奈氏（Nei's）遗传距离和奈氏标准遗传距离分别是 0.143 5 和 0.268 2；久仰香猪和剑白香猪遗传距离最远，奈氏遗传距离和奈氏标准遗传距离分别是 0.275 7 和 0.482 1。在聚类分析结果中，久仰香猪和从江香猪聚为一小支，不同类型间的香猪聚为一大支。从不同香猪所处的地理位置分析，剑白香猪、从江香猪、久仰香猪所在的地理位置很近，因此久仰香猪与从江香猪在进化分析中聚为一支符合其地理分布。但是，剑白香猪与久仰香猪同处剑河县，进化分析发现两者之间的亲缘关系与地理距离有相悖之处。据《贵州省畜禽品种志》中的文献记载，剑白香猪来源于华中两头乌，不是贵州省的土著品种，由移民引进，因此出现其亲缘关系与地理距离相悖的结果。

二、香猪生长激素基因与生产性能的关系

猪生长激素（pGH）具有调节新陈代谢、促进生长的作用，1987 年，该基因被成功克隆。pGH 基因是重要的生理功能基因，基因全长为 2 231 bp，由 5 个外显子和 4 个内含子构成。

（一）香猪生长激素基因不同基因型对生产性能的影响

上海交通大学农业与生物学院俞沛初等（2006）利用限制性片段长度多态性聚合酶链式反应（PCR-RFLPs）技术，检测香猪生长激素基因核酸内切酶（*Apa* Ⅰ）酶切位点多态性，并分析不同基因型对个体初生重、2 月龄体重、4 月龄体重、平均日增重、4 月龄体长和 4 月龄胸围等生长性能的影响。在对香猪生长激素基因的－119～＋715 区域的扩增后用 *Apa* Ⅰ核酸内切酶酶切，酶切后检测到一处酶切突变位点，构成 A（在 449 bp、283 bp、102 bp 位点有突变）和 B（在 316 bp、283 bp、133 bp、102 bp 位点有突变）2 个等位基因，由此产生 AA、BB、AB 3 种基因型。*Apa* Ⅰ核酸内切酶酶切多态位点的基因

型频率和等位基因频率的统计结果见表3-4。

表3-4 香猪 *Apa* Ⅰ 核酸内切酶酶切后的基因型频率与等位基因频率

基因型频率	AA	31.58% (18)
	BB	22.81% (13)
	AB	45.61% (26)
等位基因频率	A	54.39%
	B	45.61%

注：括号内数字为不同基因型的个体数。

从表3-4中可见，香猪群体中AB基因型频率最高，AA基因型频率次之，BB基因型频率最低；由等位基因频率可以看出，等位基因A的频率高于等位基因B。经基因的序列研究发现，等位基因A第一内含子的+295～+300位处的酶切位点缺失，序列5′GGGCC↓C3′中第二个G突变为A，因此核酸内切酶 *Apa* Ⅰ 无法识别。

香猪生长激素基因核酸内切酶 *Apa* Ⅰ 突变位点产生了不同基因型，不同基因型个体的早期生长性能见表3-5。由表3-5可知，BB基因型香猪个体在初生重、2月龄体重、0～2月龄平均日增重、4月龄体重、0～4月龄平均日增重、4月龄体长和胸围等方面均大于AB基因型及AA基因型的个体。AB基因型香猪个体与AA基因型香猪个体在日增重等生长性能指标上较接近。BB基因型的香猪群体在4月龄体重、0～4月龄平均日增重两方面的性能指标显著大于AB基因型及AA基因型的香猪群体（$P<0.01$），BB基因型的香猪群体在4月龄的体长也显著大于AB、AA 2个基因型的香猪群体（$P<0.05$）。

表3-5 不同基因型对香猪生长性能的影响

项　目	AA	BB	AB
数量（个）	18	13	26
初生重（kg）	0.58±0.05	0.61±0.05	0.59±0.05
2月龄体重（kg）	6.48±0.57	6.85±0.47	6.50±0.61
0～2月龄平均日增重（g）	98.29±9.01	103.68±7.08	98.61±9.54
4月龄体重（kg）	16.01±0.94	17.06±1.16	15.94±1.05
0～4月龄平均日增重（g）	128.60±7.61	136.97±9.31	127.97±8.33
4月龄体长（cm）	55.11±4.80	58.46±3.82	54.65±4.45
4月龄胸围（cm）	49.83±4.52	52.69±3.56	50.06±4.55

（二）剑白香猪生长激素基因多态性与生产性能的关系

利用 PCR－*Apa* Ⅰ－RFLP 技术研究生长激素基因区域的多态性，并探讨不同基因型对生产性能的影响。首先利用 PCR 反应扩增生长激素基因－119～486 bp 区域获得扩增产物，然后用核酸内切酶 *Apa* Ⅰ酶切 PCR 扩增产物，最后经聚丙烯酰胺凝胶电泳、银染显色共检测到 3 个酶切位点。其中 1 个酶切位点在剑白香猪群体中存在多态性，共有 2 个等位基因，即 A、B 等位基因。A 等位基因是 449 bp＋101 bp＋55 bp，B 等位基因是 316 bp＋133 bp＋101 bp＋55 bp。2 种等位基因共有 3 种基因型，分别是 AA、AB 和 BB（表 3－6）。

表 3－6　基因型和等位基因的统计结果

项　目	样本量	基因型频率			等位基因频率		χ^2
		AA	AB	BB	A	B	
剑白香猪群 1	50	0.76	0.18	0.06	0.85	0.15	1.78
剑白香猪群 2	50	0.92	0.08	0.00	0.96	0.04	0.00

经 *Apa* Ⅰ酶切分析后，统计所检测到的基因型和等位基因在 2 个剑白香猪群体中的分布，结果见表 3－6。由表 3－6 可知，在 2 个剑白香猪群体中，等位基因 *A* 为优势等位基因，频率很高，均大于 0.80；基因型 AA 为优势基因型，出现的频率也很高，均大于 0.75。BB 基因型在剑白香猪群 2 中未检测到，在剑白香猪群 1 中检出率也很低，仅占 6.00％。对等位基因 A 和 B 在 2 个剑白香猪群中的分布进行 χ^2 检验，结果等位基因频率均未偏离 Hardy-Weinberg 平衡状态。基因型分布的 χ^2 独立性检验结果表明，2 个猪群间不存在显著性差异（$P>0.05$）。生长激素基因不同基因型对剑白香猪生产性能的影响见表 3－7。

表 3－7　生长激素基因不同基因型对剑白香猪生产性能的影响

项　目	剑白香猪群 1			剑白香猪群 2	
	AA	AB	BB	AA	AB
初生重（kg）	0.59±0.13	0.61±0.16	0.62±0.08	0.64±0.11	0.67±0.07
2～6 月龄平均日增重（g）	111.21±28.33	113.72±24.08	119.84±19.08	117.86±38.40	127.77±13.45
6 月龄体高（cm）	36.05±4.12	36.22±3.52	36.53±4.08	37.38±3.45	38.19±4.37
6 月龄体长（cm）	66.42±3.06	66.73±2.06	69.27±3.32	70.41±7.88	70.75±6.14

（续）

项　目	剑白香猪群 1			剑白香猪群 2	
	AA	AB	BB	AA	AB
6 月龄胸围（cm）	63.40±5.22	65.63±4.56	66.53±5.45	63.58±4.98	64.22±7.18
6 月龄腹围（cm）	76.89±5.33	74.50±6.36	73.59±4.57	79.17±10.11	78.07±5.32
6 月龄体重（g）	21.50±4.95	21.90±3.77	22.62±4.03	2.16±7.20	23.31±5.22
屠宰率（%）	59.42±2.94	59.85±3.36	63.39±3.33	63.35±2.70	64.13±3.51
背膘厚（cm）	2.03±0.31	1.97±0.44	1.95±0.29	2.11±0.26	2.07±0.17
瘦肉率（%）	48.77±2.51	49.62±2.37	51.34±2.35	53.44±2.49	54.11±3.53
失水率（%）	19.67±3.16	20.41±2.21	20.98±1.18	20.13±2.34	20.97±1.47
肌间脂肪含量（%）	4.10±0.64	4.03±0.53	3.88±0.44	3.52±0.42	3.45±0.76
滴水损失（%）	1.89±0.27	1.91±0.41	1.99±0.68	2.13±0.17	2.29±0.28
熟肉率（%）	62.07±1.14	61.51±1.21	60.04±1.17	62.43±2.32	61.28±1.98
嫩度（N）	3.10±0.37	3.23±0.37	3.23±0.43	3.19±0.13	3.21±0.17

三、从江香猪视黄酸受体γ（RAR－γ）基因多态性与繁殖性状的相关性

视黄酸受体γ（retinoic acid receptor-gamma，RAR－γ）属于视黄酸受体家族，除RAR－γ之外，这个家族还包括RAR－α、RAR－β及它们各自的同工型。在不同组织发育阶段，视黄酸受体家族的表达程度不同，这些受体通过与其自身的配体结合调节靶基因转录，发挥相应的生物学效应。

视黄酸受体由视黄酸诱导，而视黄酸属于维生素A的衍生物——类维生素A，是细胞分化和组织形态发生的主要调节因子，在上皮细胞生长分化、视觉和组织维持、胎儿发育以及繁殖等过程中扮演着重要的角色。目前，RAR－γ基因已被定位于猪5号染色体上。

对52头从江香猪群体样品进行PCR扩增，经1%琼脂糖凝胶电泳检测，紫外光下可见有唯一的特异性条带，可见的特异性条带与预期目标片段相符。

从江香猪所有样品的研究结果发现，第7个内含子的第55 bp处存在基因突变，即发生A/G碱基突变，其所组成的基因型分别命名为AA、AG和GG；此外，第7内含子的第1 464 bp处亦存在基因突变，即发生C/T突变，由其所组成的基因型分别是CC、CT和TT；第8外显子的第128 bp处存在基因突变，亦为C/T突变，其所组成的基因型分别命名为AA（$C^{128}T$）、AB和BB，但是$C^{128}T$位点为同义突变。序列分析发现，AA基因型、CC基因型个

体序列为已有的研究序列，可将其定义为野生型，GG 基因型、TT 基因型和 BB 基因型可定义为突变型，AG 和 AB 为杂合型。

从江香猪 *RAR*－γ 基因不同突变位点不同基因型与母猪乳头数、总产仔数及产活仔数等相关性结果分析见表 3－8。$A^{55}G$ 突变位点 AA 基因型的初产母猪的总产仔数比 AG 基因型及 GG 基因型的初产母猪多 0.60 头和 0.74 头，而 AA 基因型初产母猪的产活仔数比 AG 基因型、GG 基因型平均多产 0.27 头和 1.12 头，但差异性均不显著；$A^{55}G$ 突变位点 GG 基因型经产母猪比 AG 基因型及 AA 基因型经产母猪平均多产 0.76 头和 0.48 头，乳头数记录显示 GG 基因型母猪的乳头数比 AG 基因型及 AA 基因型母猪的乳头数分别多 0.05 对和 0.21 对，但差异性也不显著。$C^{1464}T$ 位点的初产母猪在不同基因型间的产活仔数及总产仔数的差异性均不显著；而经产母猪不同基因型间的个体在产活仔数及产仔数方面均达到差异性显著，$C^{1464}T$ 位点 CC 基因型母猪的平均总产仔数比 TT 基因型及 CT 基因型分别多出 1.70 头和 2.19 头，而 CC 基因型母猪的平均产活仔数比 TT 基因型和 CT 基因型分别多产 1.92 头和 1.84 头；CC 基因型母猪的平均乳头数比 TT 基因型和 CT 基因型分别多 0.98 对和 0.76 对，且差异显著。$C^{128}T$ 位点不同基因型的初产母猪在总产仔数及产活仔数方面存在显著性差异，$C^{128}T$ 位点 AA 基因型初产母猪平均总产仔数比 AB 基因型及 BB 基因型初产母猪分别多产 1.61 头及 1.98 头，AA 基因型初产母猪平均产活仔数比 AB 基因型及 BB 基因型初产母猪分别多产 1.54 头及 1.96 头；AA 基因型母猪的平均乳头数比 AB 基因型及 BB 基因型母猪分别多 0.64 对及 1.13 对，并且存在显著性差异；$C^{128}T$ 位点的经产母猪在不同基因型群体之间的总产仔数及产活仔数均不存在显著性差异。

表 3－8　不同基因型与母猪产仔数的关系

位点	基因型	初产		经产		乳头数（对）
		总产仔数（头）	产活仔数（头）	总产仔数（头）	产活仔数（头）	
$A^{55}G$	AA	7.92±0.58	7.00±0.56	9.77±0.53	9.46±0.51	5.38±0.23
	AG	7.32±0.44	6.73±0.43	10.00±0.41	9.18±0.39	5.54±0.17
	GG	7.18±0.51	5.88±0.49	10.47±0.47	9.94±0.45	5.59±0.20
$C^{1464}T$	CC	7.00±0.60	6.33±0.59	10.86±0.38a	10.34±0.38a	5.76±0.17a
	CT	7.43±0.46	6.46±0.45	8.67±0.51b	8.50±0.51b	5.00±0.22b
	TT	7.68±0.48	6.79±0.47	9.16±0.40b	8.42±0.40b	4.78±0.18b

（续）

位点	基因型	初产		经产		乳头数
		总产仔数（头）	产活仔数（头）	总产仔数（头）	产活仔数（头）	（对）
$C^{128}T$	AA	8.69±0.64a	7.90±0.63a	9.80±0.61	8.90±0.58	5.68±0.26a
	AB	7.08±0.41b	6.36±0.40b	10.00±0.39	9.48±0.37	5.04±0.16b
	BB	6.71±0.49b	5.94±0.48b	10.41±0.47	9.88±0.45	4.55±0.20b

注：表中数值为平均数±标准误；同列中不同小写字母表示差异性显著（$P<0.05$）。

四、基因组拷贝数变异的多态性与产仔数和体尺的关系

基因组中拷贝数变异（CNV）是一种重要的基因组范围的结构变异，主要研究1 kb以上的DNA片段的整体变异情况，包括插入、缺失和（或）扩增等，及其互相结合衍生出的复杂变异。CNV在各种动物的基因组中普遍存在，通过改变相关基因的剂量，直接或间接影响基因的转录和翻译，并导致畜禽经济性状的多样性。采用荧光定量PCR方法测定香猪高产、低产群体基因组中一个候选的CNV（即CNVR36）的拷贝数变异，进而分析拷贝数变异与香猪生长及产仔数性状之间的关系。结果显示，香猪高产群体中CNVR36拷贝数均以增加为主，而在香猪低产群体中拷贝数均以缺失为主（表3-9），经χ^2检验，CNVR36区间的拷贝数状态在高产、低产群体中分布差异性为极显著（$P<0.01$），在香猪拷贝变异数与体尺和产仔数性状之间的相关性分析中，CNVR36变异区间的香猪样本拷贝数变异与胸围达到弱的负相关水平。

表3-9 香猪高产群体和低产群体CNVR36的拷贝数变异比较

类型	总样本	缺失组		正常组		增加组	
	（头）	样本数	拷贝数	样本数	拷贝数	样本数	拷贝数
高产群	81	21	0.29±0.04	17	0.98±0.04	43	2.68±0.20
低产群	70	37	0.26±0.04	12	0.97±0.05	21	2.32±0.23

第四节 良种登记与建档

在原种猪场，做任何工作时都必须建立良好的登记与建档制度。原种猪场的日常档案繁多，包括种猪系谱卡、公猪配种计划表、采精登记表、配种记录

表、母猪配种产仔登记卡、仔猪初生与断乳转群记录表、免疫注射记录表等。为掌握公、母猪繁殖性能，每次发生生产变动都必须有完整记录，并且每周一小结以发现生产问题，以便下周及时调整，每月一汇总，对公母猪生产性能进行排序，以便做好下阶段配种、生产计划。

母猪繁殖性能不只是反映母猪本身生产能力，更重要的是必须掌握仔猪出生及哺乳阶段的生长发育状况，因此仔猪出生时除按全国统一耳号编制方法进行剪耳号外，必须将多个仔猪个体的初生重、乳头数、断乳重等完整记录，以备进行后代生长测定时的仔猪初选。

第四章
贵州香猪的品种繁育

第一节　贵州香猪的生殖生理

贵州香猪的初情期和性成熟早，初情期和性成熟期与我国其他地方猪种相近，显著早于国外引入的瘦肉型猪种，其发情周期稳定，征候明显。因此，在饲养繁殖时及早将雌雄性香猪分圈饲养，可提早配种利用。

贵州香猪的产仔和哺乳具有自身的特点，其产仔数较少，初生窝重和个体重较小，哺育性能较好，哺育率较高。

一、贵州香猪生殖器官的发育

（一）雄性香猪生殖器官的发育及精子的形态结构

雄性贵州香猪生殖器官的发育包括睾丸的发育、附睾的发育、阴茎的发育及副性腺的发育。香猪生殖器官的发育见表 4－1 和表 4－2。

表 4－1　随日龄变化的贵州香猪公猪生殖器官发育情况（g）

日龄	睾丸重	附睾重	精囊腺重	尿道球腺重	前列腺重	阴茎重
出生	0.44±0.03	0.30±0.04	0.06±0.01	0.21±0.003		0.27±0.11
10	1.30±0.14	0.50±0.01	0.16±0.01	0.37±0.006	0.30±0.02	1.25±0.04
30	3.01±0.34	1.26±0.13	0.43±0.02	0.52±0.05	0.33±0.01	1.40±0.07
90	16.04±2.66	6.44±0.73	9.10±2.49	1.13±0.20	1.50±0.53	15.52±1.79
150	18.69±1.33	8.53±0.44	11.38±1.76	1.18±0.14	1.08±0.24	18.63±2.19
210	20.56±3.74	11.09±1.81	17.88±1.30	1.69±0.14	3.33±0.62	21.38±2.50

表 4－2　贵州香猪公猪生殖器官发育情况

项目		出生	10 日龄	30 日龄	90 日龄	150 日龄	210 日龄
睾丸（cm）	长	0.92±0.04	2.19±0.24	2.13±0.08	4.29±0.29	4.64±0.21	4.74±0.33
	宽	0.75±0.04	1.20±0.01	1.32±0.04	2.98±0.21	2.92±0.09	3.08±0.14
	厚	0.55±0.03	1.10±0.05	1.52±0.16	2.39±0.16	2.22±0.02	2.44±0.12
精囊腺（cm）	长	1.00±0.14	1.83±0.08	1.77±0.10	4.29±0.12	4.72±0.34	7.49±0.40
	宽	0.29±0.02	0.56±0.07	0.75±0.05	2.31±0.10	2.75±0.15	3.41±0.16
	厚	0.21±0.03	0.37±0.01	0.52±0.05	1.13±0.20	1.18±0.14	1.69±0.17
尿道球腺（cm）	长	1.02±0.05	1.67±0.09	3.37±0.29	6.82±0.51	5.68±0.18	5.96±0.46
	宽	0.23±0.01	0.50±0.07	0.64±0.13	1.76±0.12	1.38±0.08	1.86±0.07
	厚	0.28±0.04	0.49±0.02	0.63±0.13	1.25±0.13	1.04±0.04	1.37±0.09
前列腺（cm）	长		1.56±0.04	1.34±0.07	2.05±0.30	1.52±0.13	2.58±0.11
	宽		1.03±0.01	0.73±0.08	1.40±0.19	1.18±0.02	1.81±0.14
	厚		0.71±0.01	0.52±0.01	0.72±0.10	0.69±0.05	1.20±0.18
阴茎（cm）	长	7.00±0.71	9.78±0.41	11.6±0.25	22.61±0.20	24.25±0.80	26.60±1.05
	直径	0.25±0.02	0.38±0.03	0.28±0.01	0.65±0.05	0.72±0.03	0.78±0.01

1\. 睾丸的发育　雄性贵州香猪睾丸在 90 日龄之前发育较快，从出生到 90 日龄时其重量增加 35.50 倍，此后睾丸的重量增加缓慢。在出生时，睾丸仅为（0.44±0.03）g，90 日龄即可达到（16.04±2.66）g，此时睾丸的重量已是 210 日龄的 78%，从 90 日龄至 210 日龄睾丸的重量仅增加 22%。

2\. 附睾的发育　附睾的发育情况与睾丸类似，但附睾发育较睾丸慢。附睾在 90 日龄之前发育较快，在 90 日龄之后发育逐渐趋缓，90 日龄附睾重量仅为 210 日龄的 58%。因此贵州香猪附睾在 90 日龄之后的生长发育仍然非常重要。

3\. 阴茎的发育　在 90 日龄之前，贵州香猪阴茎的长度和直径生长均较快，此后阴茎的生长速度放缓。在出生时，贵州香猪的阴茎长度为（7.00±0.71）cm，210 日龄时为（26.60±1.05）cm。

4\. 副性腺的发育　副性腺包括精囊腺、尿道球腺和前列腺。贵州香猪精囊腺在 30 日龄至 90 日龄时发育较快，90 日龄重量是 30 日龄的 21.2 倍，其后重量继续增长，但增长速度明显降低。贵州香猪初生时精囊腺重（0.06±0.005）g，210 日龄时为（17.88±1.30）g。在整个生长阶段，贵州香猪尿道球腺的发育较为平稳。相比其他器官，尿道球腺在出生与210日龄的重量差别不如其他器官大，仅为8倍。贵州香猪在出生时几乎看不见前列腺，其在30日龄之前发育特别缓慢，而30～90日龄增重明显，约4.5倍，此后90～150日龄前列腺的增重又变得不明显。

5. 精子的形态及结构　对贵州小型猪的精子测量发现贵州小型猪精子由头、尾两部分构成。头部呈椭圆形体，顶体不明显；尾部的前端是颈段，为头和尾的连接部位；尾部细长，有相当数量的精子尾部在距尾部前端约1/5处有一明显的球状结构。精子的生长及头部长度见表4-3。

表4-3　光学显微镜下贵州小型猪精子测量参数

测量参数	均数 (μm)	标准差 (μm)	最大长度值 (μm)	最小长度值 (μm)	变异系数 (%)
精子全长	57.00	1.69	63.50	52.48	2.96
精子头部长度	9.98	0.48	11.15	8.75	4.21

在透射电镜下可观察到精子的头部呈棒状，其头端1/2部分被覆电子密度较低的顶体，顶体前膜可见少许微绒毛向外突出，顶体下方有中等电子密度的板层均质状结构，核内有分布不均匀的高电子密度颗粒。

精子尾部依次由颈段、中段、主段和末段组成。尾部颈段细短，易断裂，长约1 μm，直径约0.5 μm，内含中心粒和节柱，通过突入头部的植入窝与头部相连。尾部中段为圆柱形，与颈段后端相连，中心为轴丝，轴丝中央有2条纵行微管，外周为9组纵行二联微管，即9×2+2排列方式。中央微管是2条完全微管，外围的9组二联微管的每一组二联微管由A、B两种亚纤维组成，A亚纤维为完全微管，电子密度较高，B亚纤维为不完全微管，电子密度较低。从每一条A亚纤维发出的2条动力蛋白臂以蟹钳状伸向相邻的二联微管的B亚纤维。9组二联微管还发出放射幅条伸向中央微管。在9组二联微管外周环绕着均匀排布的9条纵行致密纤维，称外周致密纤维。如果以最大的一条纤维作为第1条，按其内侧相对应的二联微管A→B亚纤维的方向顺序进行编号，9条外周致密纤维可编为第1～9条。9条纤维的形态、大小不一，其中第1条纤维最粗大，第5、6条纤维次之，其横切面均呈哑铃形。1号纤维哑铃形作为底边与其内侧对应的二联微管形成近似于等边三角形的位置关系。确定第1条外周致密纤维的另一种方法即能与2条中央微管中心延长线形成等边三角

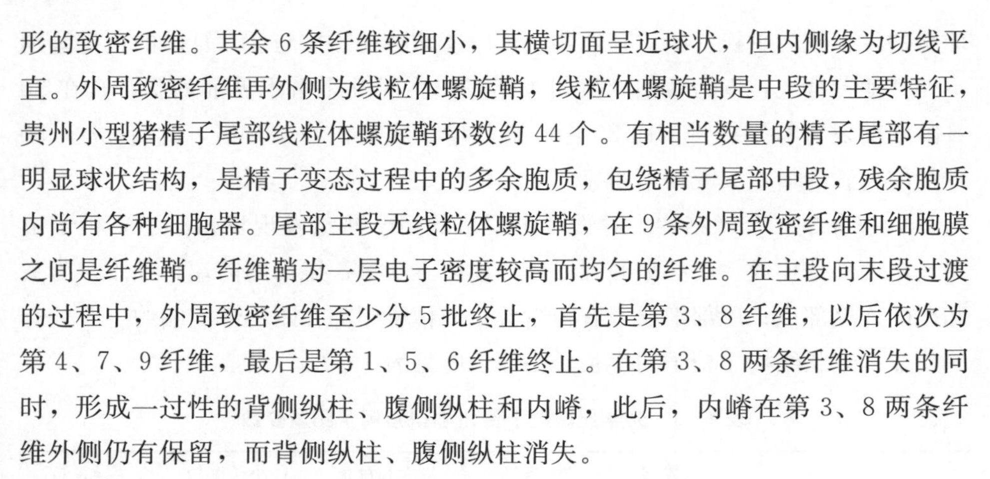

形的致密纤维。其余 6 条纤维较细小，其横切面呈近球状，但内侧缘为切线平直。外周致密纤维再外侧为线粒体螺旋鞘，线粒体螺旋鞘是中段的主要特征，贵州小型猪精子尾部线粒体螺旋鞘环数约 44 个。有相当数量的精子尾部有一明显球状结构，是精子变态过程中的多余胞质，包绕精子尾部中段，残余胞质内尚有各种细胞器。尾部主段无线粒体螺旋鞘，在 9 条外周致密纤维和细胞膜之间是纤维鞘。纤维鞘为一层电子密度较高而均匀的纤维。在主段向末段过渡的过程中，外周致密纤维至少分 5 批终止，首先是第 3、8 纤维，以后依次为第 4、7、9 纤维，最后是第 1、5、6 纤维终止。在第 3、8 两条纤维消失的同时，形成一过性的背侧纵柱、腹侧纵柱和内嵴，此后，内嵴在第 3、8 两条纤维外侧仍有保留，而背侧纵柱、腹侧纵柱消失。

（二）雌性香猪生殖器官的发育及卵细胞的形态结构

贵州香猪雌性生殖器官的发育一般晚于雄性，但成熟时雌性香猪生殖器官的绝对重量大于雄性。贵州香猪雌性生殖器官的发育见表 4－4。

表 4－4　贵州香猪母猪生殖器官发育情况（cm）

项目	出生	10 日龄	30 日龄	90 日龄	150 日龄	210 日龄
卵巢长	0.40±0.01	0.48±0.01	0.51±0.03	1.33±0.11	1.71±0.07	1.91±0.08
卵巢宽	0.29±0.01	0.36±0.01	0.37±0.01	1.15±0.12	1.26±0.04	1.46±0.13
卵巢厚	0.22±0.01	0.32±0.01	0.24±0.02	0.60±0.04	0.85±0.05	1.13±0.04
阴道长	1.29±0.07	1.39±0.04	1.41±0.10	2.35±0.12	5.20±0.86	6.25±0.87
前庭长	0.50±0.04	0.95±0.06	0.60±0.06	1.27±0.10	3.13±0.35	4.79±0.76
子宫角长（m）	0.25±0.01	4.35±0.16	0.87±0.02	10.44±0.77	44.75±13.64	70.18±5.88

1. 卵巢的发育　贵州香猪卵巢在初生时仅为（0.02±0.002）g，30 日龄之前增重缓慢，30 日龄至 90 日龄发育加快，增加近 12 倍，210 日龄时达（2.39±0.39）g，但 90 日龄的重量仅为 210 日龄的 20%。在 90 和 150 日龄时，卵巢中均未见有成熟的卵泡和黄体，直到 210 日龄才逐渐见到黄体和白体，210 日龄时的黄体数为（8.30±1.40）个，直径为（0.64±0.37）cm，卵泡数为（17.66±2.60）个。

2. 子宫的发育　贵州香猪出生时子宫角长（0.25±0.01）cm，210 日龄长（70.18±5.88）cm，210 日龄比出生时增加 280 倍。在此期间，30 日龄至

90 日龄增加 11 倍，90 日龄至 210 日龄增加 6.6 倍。子宫角直径在 10 日龄为（0.21±0.01）cm，210 日龄为（1.9±0.18）cm，210 日龄比 10 日龄增加 8 倍。子宫体出生时长为（0.24±0.01）cm，90 日龄时长为（1.96±0.20）cm，210 日龄时长为（3.73±0.83）cm。子宫颈 10 日龄时长为（1.5±0.05）cm，90 日龄时长为（1.39±0.65）cm，210 日龄时长为（6.52±0.92）cm。

3. 输卵管、阴道和前庭的发育　贵州香猪输卵管、阴道和前庭发育较晚。输卵管 10 日龄时长为（4.30±0.10）cm，90 日龄时长为（5.80±0.23）cm。阴道出生时长（1.29±0.07）cm，至 90 日龄时长度增加 1.8 倍，90 日龄至 150 日龄长度增加 2.2 倍。前庭发育情况与输卵管、阴道的发育类似，90 日龄至 150 日龄为主要发育期。

4. 卵巢　雌性贵州香猪有 1 对卵巢，呈椭圆形，以卵巢系膜悬挂于腰下、肾后方，骨盆腔口两侧附近。亚成体雌性香猪的卵巢较小，表面光滑，呈粉红色；接近性成熟的母猪，卵巢体积较大，表面有突起的小卵泡，位置向下垂和前移；成体雌性的卵巢表面有许多大小不同的突出卵沟，似小葡萄状。

5. 输卵管　输卵管是连接卵巢与子宫之间的细长管道，靠近卵巢一端的输卵管膨大为漏斗状，也称输卵管伞，它处于来回收缩状态，这样便产生一种吸引力，将卵巢上排出的卵细胞吸入输卵管内，再靠管内纤毛不断摆动，将卵细胞运送到子宫方向。

6. 子宫　雌性贵州香猪为双子宫角，前接输卵管，后连阴道。子宫分为子宫角、子宫体和子宫颈三部分。成体子宫角很长，外形像小肠，内面皱褶发达，血管丰富，是胚胎着床发育的良好环境，子宫角长与多仔性有关。两子宫角向后合并形成子宫体，子宫后段称子宫颈，子宫颈外口通阴道。子宫颈平时关闭，只有发情和分娩时开放。

7. 阴道　阴道与子宫颈分界不明显，肌层厚，管径小，后端露出体外称为阴户，阴户是母猪生殖器官的体外开口，阴户下有一小圆锥形阴蒂，是母猪交配器官的感觉部分。

8. 卵细胞的发育及其形态结构　雌性香猪在出生前卵巢中即含有大量原始卵泡，但出生后随着年龄的增长，卵泡的数量不断减少。在发育过程中，大多数卵泡中途闭锁死亡，只有少数卵泡能发育成熟并排卵。初情期前，卵泡虽能发育，但不能成熟排卵，当发育到一定程度时，便退化萎缩。到达初情期时，卵巢上的原始卵泡才经过一系列复杂的发育而达到成熟并进行排卵。根据卵泡生长发育阶段不同，可分为原始卵泡、初级卵泡、次级卵泡、三级卵泡及排卵前卵泡。在卵泡生长发育过程中，卵泡颗粒层外围的间质细胞分化为卵泡膜，卵泡膜分为内外两层，内膜为上皮细胞，富含血管和腺体，是产生雌激素的主要组织，外膜由纤维细胞所构成。发育成熟的卵泡由外向内分别为外膜、内膜、颗粒细胞层、透明带、卵母细胞。

卵泡闭锁是指卵泡及其中的卵母细胞不经排卵而退化、消失的过程，其总是伴随卵泡生长而发生，贯穿于胚胎期、幼龄期和整个育龄期。在胚胎期和幼龄期，启动生长的卵泡注定全部闭锁，即使到育龄期，绝大多数生长卵泡也都将在不同生长阶段闭锁，最终排卵的仅为极少数。卵泡闭锁具有以下生理意义：①在胚胎期，闭锁卵泡的壁膜转变为卵巢的次级间质；②闭锁卵泡可产生某种能够启动原始卵泡生长的物质；③闭锁卵泡能够支持优势卵泡的生长和成熟。卵泡发育和闭锁的调节是一个复杂的过程，包括内分泌因素（促性腺激素）和卵巢内调节因子（性激素、生长因子和细胞因子）在控制卵泡细胞的命运（增生、分化和凋亡）中的相互作用等。

卵细胞呈球形，卵内有 1 个细胞核，核周围包有核膜，核膜外面是细胞质和卵黄，卵黄外面为一层卵黄膜。卵细胞具有与其他细胞不同的特征，卵细胞细胞膜外面还有一层较厚的透明带和放射冠，透明带和放射冠由卵泡细胞演变而来，对卵细胞具有保护作用。同时透明带和放射冠上分布着大量特异性受体，这些受体有选择性地与精子结合，即能够防止异种动物精子钻入卵细胞内受精。

卵细胞本身不能自由运动，它从卵巢排出后，输卵管内纤毛摆动和肌层的蠕动使卵细胞朝子宫方向移动。当卵细胞移动到输卵管前 1/3 处时，即与前来的精子受精，受精后的受精卵运动速度加快，这时受精卵边分裂边移向子宫，最后附植在子宫角黏膜上，发育成胚胎。

（三）贵州香猪发育过程中性腺激素水平的变化

1. 雌二醇　雌性香猪出生时体内雌二醇水平偏高，为（64.60±5.50）pg/mL，10 日龄时降至（17.80±0.60）pg/mL，直至 30 日龄一直维持低水平浓度，然而 90 日龄后雌二醇的浓度开始上升。出生时，雄性香猪与雌性香猪雌二醇的浓度接近，除此之外，其余各日龄时，雄性香猪雌二醇的浓度均高于雌性，特别是在 10 日龄和 20 日龄时相差较大。雄性在 10 日龄及 20 日龄时的雌二醇浓度分别能达到（126.10±2.90）pg/mL 及（121.90±3.50）pg/mL，但是 30 日龄时降至（26.70±0.80）pg/mL，此后 90 日龄至 210 日龄时维持在 60pg/mL 左右。雌雄香猪发育过程中雌二醇的浓度变化见表 4－5。

2. 睾酮　雄性香猪出生时血浆睾酮水平为（895.00±166.00）pg/mL，10 日龄和 20 日龄有一上升波，但是 30 日龄时明显下降，此后 90 日龄时升至（3 273.00± 1 455.00）pg/mL，210 日龄时能达到（5 631.00 ± 2 224.00）pg/mL，但是 90 日龄后睾酮的浓度个体间差异较大。雌性香猪血浆中的睾酮水平明显低于雄性香猪，其水平一般维持在 200.00～600.00 pg/mL，出生时浓度较低，为（206.00±14.00）pg/mL，90 日龄起有上升的趋势，雌雄香猪发育过程中睾酮的浓度变化见表 4－5。

表 4－5　贵州香猪发育阶段血浆雌二醇及睾酮浓度变化（pg/mL）

项目		出生	10 日龄	20 日龄	30 日龄	90 日龄	150 日龄	210 日龄
公猪	雌二醇	58.60±0.90	126.10±2.90	121.90±3.50	26.70±0.80	67.30±24.40	51.90±11.20	65.90±8.20
	睾酮	895.00±166.00	1 335.00±472.00	1 695.00±177.00	720.00±65.00	3 273.00±1 455.00	2070.00±1 014.00	5 631.00±2 224.00
母猪	雌二醇	64.60±5.50	17.80±0.60	16.90±0.70	14.00±1.60	24.10±1.50	22.20±0.80	23.10±4.90
	睾酮	206.00±14.00	314.00±46.00	465.00±67.00	378.00±41.00	507.00±87.00	633.00±155.00	495.00±199.00

二、贵州香猪的发情

（一）初情期和初配年龄

雌性香猪首次出现发情的日期称为初情期，贵州香猪首次出现明显发情的平均时间为 83.75～115 日龄，体重为 7.35～12.11 kg，这时雌性香猪虽然有初情期表现，但生殖器官正处在发育中，体重较轻，各个器官尚未成熟，生殖器官细小，排卵数少。因此贵州香猪初配年龄应向后推迟，以 8 月龄为宜。

（二）生殖器官的变化及发情行为

贵州香猪雌性的性成熟表现为一个发育过程。第一次发情时阴户肿胀；第二次发情时比第一次明显，如馒头状；第三次则为鹌鹑蛋状。第一次发情的持续时间为（2.48±0.17）d，第二次为（3.46±0.73）d，第三次为（3.50±0.13）d，第四次发情完全正常，持续时间为 3.60 d。发情期间，母猪外阴部肿胀 2 倍左右，黏膜湿润潮红，颜色的改变按粉红→大红→紫红→消退的顺序变化。

贵州香猪发情时会表现出各种不同的发情行为，不同个体间也有差异，根据对多头雌性发情香猪的观察发现，发情时 86%的香猪会表现出兴奋不安，采食量明显减少甚至拒食，拱门或爬跨猪栏的行为，群养时亦会爬跨其他个体。发情时几乎每个个体均会表现出阴户肿胀现象，60%个体保留一定程度的食欲，80%的个体会有哼叫行为，26.70%的个体会有阴户黏液流出现象，26.70%的个体有尿频行为，66.67%的个体有爬圈行为，93.30%的个体有爬跨其他个体的行为。雌性香猪在发情期期间接受爬跨的持续时间为（2.23±5.31）d。

在发情 2 d 后按压雌性香猪的腰背部，多数个体会表现为呆立不动的现象，尾根略抬起，表现不安，此时即能接受爬跨和配种，受孕产仔。若再经过 2 d 左右时间后，雌性香猪则拒绝配种，同时外阴部肿胀亦开始消退。

（三）发情周期与排卵

1. 发情周期　雌性香猪达到性成熟后，身体和生殖器官均会发生一系列的周期性变化，这种周期性的性活动称为发情周期，贵州香猪的发情周期为 21 d，可分为四个阶段。

第一阶段为发情前期。此时卵巢上新的卵泡逐渐生长发育，血液中雌激素含量逐渐上升，生殖道逐渐充血，腺体活动逐渐加强，但性情比较安静，无交配性欲表现。

第二阶段为发情中期。此时期雌性的外阴部呈现充血肿胀，伴有浓稠黏液从阴道流出，子宫肌肉收缩加强，个体表现出高度的兴奋和强烈性欲感，愿意接受雄性的爬跨和交配。此时期内有的雌性表现为食欲下降、跳栏哼叫、对雄性的叫声和气味非常敏感，常常静立发呆或两耳耸立，四处寻找公猪，贵州香猪雌性发情期持续时间一般为 2～5 d。一般在发情中期末，体内成熟卵泡破裂，卵细胞排出。

第三阶段为发情后期。此时期雌性的性兴奋逐渐减退，阴户充血肿胀消失，生殖器官恢复正常，不再接近雄性，不愿接受爬跨。雌性排卵后的卵泡膜演变为黄体，黄体分泌的孕激素含量升高，同时雌激素水平下降，个体逐渐趋向安静状态。

第四阶段为休情期。此时期腺体分泌活动加强，受精卵开始附植，雌性进入妊娠期。如果卵细胞没有受精，黄体则于发情后 17 d 左右消失，孕酮含量减少，卵巢上新卵泡继续发育成熟，逐渐进入下一个发情周期。

2. 排卵　雌性一般在发情中末期排卵，贵州香猪的排卵时间是发情后 16～35 h，从排卵开始至最后一个卵细胞排出的持续时间为 1～4 d。因此两次配种比一次配种受精效果要好，配种时间以母猪发情开始后 10～25 h 为宜。

3. 发情周期孕酮含量的变化特点　贵州香猪从－2～0 d 孕酮的含量均在 1 ng/mL 以下，以后逐渐上升，9～12 d 达到高峰值。12 d 时贵州香猪孕酮的含量平均为 26ng/mL，然后下降至 5 ng/mL 以下，18～20 d 时下降到 1 ng/mL 以下（表 4－6）。

表 4－6　贵州香猪发情周期孕酮含量（ng/mL）

	发情周期（d）										
	－2	－1	0	1	3	6	9	12	16	18	20
平均值	0.36	0.57	0.62	1.09	7.60	17.10	25.10	26.00	4.02	0.90	0.41
标准差	0.20	0.26	0.26	0.39	2.70	6.54	9.04	10.18	1.85	0.28	0.21

三、贵州香猪的繁殖与分娩行为特点

（一）繁殖行为

1. 雌性香猪的繁殖行为　贵州香猪发育过程中，性行为亦表现为一个发展过程。雌性第一次表现安静发情，第二次有神经质表现，不让其他个体爬跨，第三次发情时会出现典型的性行为，如哼叫、爬圈、爬跨其他个体等。当有爬跨其他猪时，出现交配姿势，且所有个体均阴户红肿，此行为与国内其他地方品种的行为相似。

2. 雄性香猪的性行为　雄性贵州香猪性成熟较早。在 60 日龄左右时，贵州香猪的激素水平、生殖器宫和性腺发育情况及性行为等都已进入初情期，90 日龄左右时已具备繁殖的生理基础。

雄性贵州香猪的性成熟也表现为一个发展过程。雄性首次出现爬跨的平均日龄为（29.40±0.71）d，平均体重为（3.62±0.49）kg。雄性阴茎首次伸出的平均日龄为（41.50±1.09）d，平均体重为（4.65±0.81）kg。幼年公猪爬跨行为表现为追逐其他幼年个体，并连续爬跨，爬上幼年母猪后，有弓背、抬臀及臀部耸动等动作。

雄性贵州香猪首次射精的平均日龄为（60.71±2.5）d，平均体重为（5.13±1.52）kg。幼年雄性一天内出现两次爬跨高峰，一般为 9:00—10:00 及 16:00—17:00。上午的爬跨频率较高，为 32%；下午的爬跨频率略低，为 15%。在一天中会出现两个缺乏爬跨行为的时间，分别在 6:00—9:00 和 13:00—15:00。

雄性个体的性生活与温度的关系密切。当温度在 6.5～27.5 ℃、相对湿度在 49%～89%时，雄性的性活动会受到影响，温度高时，性活动量减少，有时会在晴天的上午停止性活动，因此高温能抑制雄性的性活动，但是阴天对雄性性活动的影响较小。

3. 交配　雄性贵州香猪爬跨前会有头对头的接触、追逐母猪等一般行为表现。在交配时，雄性会发出“嗯嗯”的交配声。交配期间，将青年公猪转移到新的猪圈时，其性行为会受到影响，性活动会受到抑制；当转移回到原圈时，性行为表现正常，能够继续进行交配。

（二）分娩行为

1. 分娩前行为　雌性在分娩前后的饥饿表现不明显，产前几天的采食次数和时间明显减少；产后，母猪的采食次数和时间有逐渐增加的趋势。初产和经产母猪在分娩前后的采食行为没有明显的差异。

贵州香猪在临产前，排泄区域不固定，在室内的排泄次数增加；产后，室内排泄次数很少。产前 1 d，母猪排粪、排尿次数明显增加，但是排出的粪便量少，呈颗粒状，粪球外附有黏液。产仔期间，母猪白天的排泄次数多于夜间。初产和经产母猪产前、产后排泄次数差别不大。

母猪在产前 12 h 左右时会出现明显的做窝行为，试图清理它所选择的分娩地点，并将长的稻草撕碎后铺垫畜床。此时乳头可挤出乳汁，频频排粪、排尿。分娩前，母猪坐立不安，尾根凹陷，阴户下部肿胀、形长。接近产仔时，乳头中分泌出少量乳汁，躺下时，常发出急促的呼吸声，阴门流出黏液，由此可较准确地预测产仔时间。

2. 产仔行为　贵州香猪在夜间产仔的比例较高，占 57.14%。但产仔时，侧位产仔比例较大，左侧卧产仔占总数的 57.14%；立位产仔少，但胎儿产出时头位和臀位的比例相近。贵州香猪产仔时会起卧交替变化，产仔时间越长，起卧次数越多，初产猪比经产猪起卧次数多，刚开始产仔时起卧次数比产后一段时间多。产仔时，母猪每隔几分钟会发生一次努责，但并非每一次努责都能使胎儿进一步排出。

初产和经产的母猪，在衔草做窝时间、产仔持续时间、产仔平均间隔、胎衣排出时间、产仔数方面差异不大，但从尿囊液排出到胎儿产出的时间，初产母猪为 118 min，经产母猪为 66.67 min，两者差异极大。母猪产仔结束到胎衣排出时间，一般 3～4 h。贵州香猪的产仔数偏低，第一胎平均产仔数为（5.78±0.27）头，二胎为（8.16±0.42）头，三胎为（8.40±0.16）头，四胎为（9.63±0.92）头，五胎为（9.09±0.51）头。新引进的贵州香猪第一世代产仔数较少，第二世代的产仔数及初生重均高于第一世代，见表 4-7。

贵州香猪护仔性极强，产后 1～2 d，71%的母猪会拒绝管理员进入猪栏，92%的母猪对管理员捕捉仔猪有很强烈的反应。

表 4-7　贵州香猪的产仔性能

世代	胎次	头数	产仔数（头）	产活仔数（头）	初生窝重（kg）	初生重（kg）
一	1	16	4.75±1.00	4.63±1.09	2.44±0.59	0.53±0.06
	2	14	6.57±1.60	5.93±1.59	3.34±0.91	0.56±0.06
	3	14	8.50±1.79	7.79±1.81	4.16±0.87	0.53±0.06
	平均		6.61±1.88	6.11±1.59	3.31±0.86	0.54±0.02
二	1	18	4.94±0.87	4.67±0.91	2.67±0.47	0.57±0.04
	2	15	6.87±1.13	6.47±1.30	3.80±0.67	0.59±0.06
	3	13	8.85±1.82	8.46±1.90	4.61±0.89	0.55±0.06
	平均		6.89±1.95	6.53±1.90	3.69±0.98	0.57±0.02

3. 哺乳行为　母猪在分娩过程中自始至终处于放乳状态，仔猪出生后的 1～2 d 可随时吃到母乳。仔猪出生后能自行找到乳头吮吸，起初为本能的探索行为，一经吸乳后，就会吸着不停，而且白天和夜间吃乳的次数相当。母猪产后第一天，仔猪吃乳持续时间最长，吃乳间隔时间最短。母猪哺乳时姿势主要为侧卧，左侧卧和右侧卧及平均吃乳持续时间差异不大（彩图 7），也有少数

是站立哺乳或犬坐式哺乳。随着仔猪日龄增加，母猪放乳时间逐渐减少，间隔时间增加。

香猪母猪哺乳大多由三种因素引起：①母猪本身。哺乳时，母猪在圈内侧位躺倒，同时发出“呢呢”的叫声，招呼仔猪前来哺乳。②仔猪自身。仔猪饥饿时，对母猪有哺乳要求，仔猪发出撕裂的尖叫声并咬住乳头用力撕扯，以示饥饿。③同舍其他相邻圈内的哺乳声刺激引起。

哺乳可分为三个阶段：即拱乳—放乳—吮乳。正常情况下，拱乳 1 min 左右即放乳，放乳时仔猪较安静，一般放乳时间约 20 s。在产后最初的几天时间，仔猪一次吃乳时会出现几次放乳的现象，此时母猪若受惊吓，则立即停止放乳。初产和经产母猪平均每天的放乳次数会有显著性差异，初产母猪平均每天放乳 23.21 次，平均每次间隔时间为 64.79 min；经产母猪平均每天放乳 40 次，平均每次间隔时间为 37.41 min。贵州香猪哺育率较高，一般哺育率为 86%～92%，见表 4－8。

当引进贵州香猪繁殖生产时，新引进第一世代的贵州香猪在泌乳力、断乳头数、断乳窝重方面随胎次增加而提高，而且第二世代的相应值均高于第一世代。

表 4－8　贵州香猪的哺乳性能

世代	胎次	头数	泌乳力 (kg)	断乳头数 (头)	断乳窝重 (kg)	断乳个体重 (kg)	哺乳率 (%)
一	1	16	9.39±2.22	4.00±1.32	17.85±6.04	4.46±0.60	86.49
	2	14	11.30±2.25	5.14±0.86	22.21±3.36	4.32±0.45	86.74
	3	14	13.94±2.11	6.79±0.98	28.28±4.14	4.17±0.32	87.16
	平均		11.54±2.28	5.31±1.40	22.78±5.24	4.32±0.15	86.8
二	1	18	9.55±1.60	4.28±1.02	18.63±4.33	4.35±0.49	91.67
	2	15	13.12±2.61	6.00±1.41	27.12±6.61	4.52±0.45	92.78
	3	13	16.51±2.88	7.62±1.76	33.46±6.32	4.39±0.51	89.99
	平均		13.06±3.48	5.96±1.67	26.40±7.44	4.42±0.09	91.48

4. 护仔行为　贵州香猪母猪在分娩前及产后都较难接近，而产仔时较易接近。在产后的几天时间，除了采食和外出排泄外，母猪几乎日夜守着仔猪。外来人员进入猪舍内时，有的母猪会突然发出特异声音，有的也会有惊吓反应。当陌生人靠近母猪时，有的会注视陌生人、鼻端抽动、咬嘴等。如陌生人

进一步逼近母猪时，有的母猪则会发出惊叫声、向猪栏深处回避或者向前“袭击”陌生人。如果仔猪群中增加一头异己仔猪，母猪则会吼、叫、咬异己仔猪，直至母猪不能分辨出为止。当仔猪发出惊叫声时，母猪则会发出“嗽嗽”的叫声，并围绕着仔猪踱步（彩图 8)。

第二节　贵州香猪种猪的选择与培育

提高贵州香猪群体生产性能的主要手段即选种，选种的实质是通过改变猪群故有的遗传平衡，选择最佳基因型，最终提高猪群的生产性能。选种首先要按照一定的标准，从现有群体内选择出一批最佳个体，然后让这些个体再繁殖，获得一批超过原有群体水平的个体，如此逐代进行。选种不仅要看种猪本身性能的高低，同时还要考虑该种猪所在群体的生产性能。

一、贵州香猪的选种

（一）保种选育

贵州香猪属于国家级保护品种，受农业部的委托，贵州省农业厅已制定了贵州香猪保种的具体实施方案。贵州省从江县是国家级贵州香猪保种的实施单位，从江县人民政府已明确划定了贵州香猪保种区，从江县农业局具体负责贵州香猪保种选育的业务工作。贵州香猪品种的地方标准由贵州省农学院（已并入贵州大学)、贵州省畜禽品种改良站、贵州省从江县畜牧局等单位制定。因此，在贵州香猪选种时，贵州香猪的体质、外形、体重、繁殖力、抗病力等都必须要符合贵州香猪品种的标准。

（二）选种

1. 总体要求　种猪选择是养猪业中的重要环节。贵州香猪选种应从以下几个方面考虑：一是符合贵州香猪外形特征，遗传性能稳定，无变异表现；二是其亲本、同胞的生产性能较好，产仔率高，泌乳力强；三是选择第三至第四胎的仔猪留种；四是选留同一窝中生长健壮的几头仔猪作为种用。因此，无论饲养什么品种的贵州香猪，选择的种猪都要求体态端正、体形流畅、膝距适中、发育良好、肩臀丰满、口齿整齐、毛被顺畅。

选择贵州香猪的主要内容即是健康状况，患病或有缺陷的个体则不能选。健康状况的检查主要包括以下几个方面：

一是精神状态。健康个体活泼好动，反应灵敏。健康欠佳的个体则精神沉郁、呆头呆脑、对外界刺激反应迟钝。此外，患病或有生理缺陷的贵州香猪亦不能选为种用。

二是皮肤。贵州香猪的健康个体皮肤柔软而有弹性，被毛松散而有光泽。皮肤干燥，弹性差，被毛粗乱、杂硬或有寄生虫、癣斑、溃乱等现象的个体不宜选为种用。

三是肛门。健康的贵州香猪肛门紧缩，周围清洁无异物。肛门松弛、周围污秽的个体则有可能患有疾病，因此要慎重选择。

当从幼仔中选择种猪时，首先应检查仔猪亲本的健康状况，是否有不良的遗传因素；其次，在同一窝中，要选择遗传基因较好、身体健壮、精神活跃的幼香猪；最后应了解性能力、产仔数、有无恶癖等情况。

（1）种公猪的选择　公猪对后代品质的影响很大，因此选择种公猪时应选择体格健壮无病，无单睾、隐睾，阴囊紧而有弹性、不下垂，左右两个睾丸大小相近且显露，无包皮炎症，四肢强健、匀称，雄性特征明显的个体。

选留小公猪时应选留第二胎后产仔数多的母猪的仔猪。选留的小公猪应不挑食、身体健壮、发育良好、结构匀称协调、性情活泼。选留的成年公猪应性欲旺盛、精液品质好、配种力强、所生后代数量多、质量好。

（2）种母猪的选择　留种母猪应具有以下特征：体质强壮、健康无病；头中等大小，颈长短粗细适中，有清秀之感；腹大不拖地，乳头排列均匀，一般乳头5对以上，偶有6对，排列对称，乳房及乳头发育良好，无瞎乳头和单乳头，每个乳头均可泌乳，产仔数多，泌乳能力强；母性好，在人工养殖的条件下，母猪每年发情2次或2年发情3次；外生殖器正常，四肢强健开阔，蹄坚实；体躯圆肥、四肢匀称，母性特征明显。

2. 选种方法　选种是指人为地从贵州香猪群中挑选出符合要求的个体留作种猪，而把不符合要求的个体淘汰或留作进一步改良用。选种的方法很多，可根据不同的选种目的选用不同的方法，一般有以下几种方法：

（1）个体选择　个体选择又称单体表现选择，是根据贵州香猪自身某一性状或若干性状的优劣来确定留种或淘汰的方法。如选择用于烤全猪的个体就应以生长快、瘦肉率高、个体小巧的特征作为选种标准。贵州香猪个体性状遗传力越高，则选择的准确性就越高。

（2）后代选择　后代选择是根据贵州香猪所生后代的优劣确定是否继续留种的方法。人工养殖种猪的目的是获得优良并且性状稳定的后代，所以根据后代的表现来确定育种的价值是比较直观的选种方法。

（3）家系选择　家系选择是指根据贵州香猪祖先的外形鉴定、生产性能和生长发育情况的记录资料进行选种的方法。这种选种方法要求资料全面，因此操作起来比较困难。

3. 选种步骤

（1）初选　选择符合条件的良好个体第二至第五胎的后代，离乳后转入育种群。为了避免近亲交配，初选后要公、母分栏饲养，并且对每个育种个体编号记录。

（2）再选　经过一定时间之后，对初选的育种群复选1次，淘汰有生理缺陷的个体，保留身体健壮、生长发育良好的贵州香猪继续按种猪的标准饲养。

（3）留种　贵州香猪产仔后，通过其受孕率、产仔数及仔猪成活率等情况，再做进一步选择，淘汰受胎率低、产仔数少及仔猪成活率低的个体，将生产性能好的个体留作种用。

二、种猪的饲养管理

（一）种公猪的饲养管理

饲养种公猪的目的是与母猪配种。种公猪的饲养是养殖场实现多胎高产的一个重要生产环节。一般猪场中的种公猪头数少，但是作用大。猪是多胎动物，年产仔猪数量很大，所以种公猪的质量能极大地影响猪群生产。因此，养好公猪对提高配种受胎率、繁殖更多更好的仔猪具有十分重要的意义。种公猪要求体质健壮、精力充沛、性欲旺盛、精液品质优良、配种受胎率高。为了达到上述要求，必须抓好种公猪饲养、管理和利用三个环节。

1. 种公猪的饲养技术　种公猪的营养水平和饲料喂量与品种、体重、配种利用强度等因素有关。对于季节性产仔的猪场，种公猪的饲养管理分为配种期和非配种期两个不同的时期，配种期的营养水平和饲料喂量均高于非配种期。

（1）饲养方式　在全年中，种公猪将用于不同时间分散配种或者某段时间

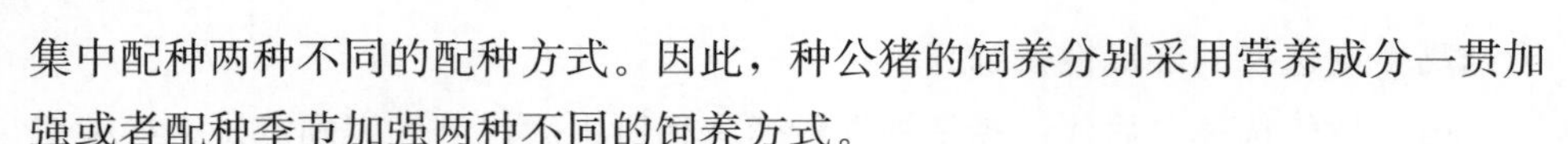

集中配种两种不同的配种方式。因此，种公猪的饲养分别采用营养成分一贯加强或者配种季节加强两种不同的饲养方式。

一是一贯加强的饲养方式。母猪需要实行全年均衡产仔时，公猪则需要常年负担配种任务。因此，需要全年均衡地供给公猪配种所需的营养。在全年中，公猪的饲养水平应保持一致，使公猪保持良好的种用体况。

二是配种季节加强的饲养方式。当母猪实行季节产仔时，则需要实行季节性的配种。在配种季节的前一个月，需要提高公猪饲料营养水平，并在配种全期持续保持较高的营养水平。因此在日粮中可添加鱼粉、鸡蛋等动物性饲料和多种维生素，至配种期结束再逐渐过渡到非配种期营养水平。但非配种期的营养水平仍应保证公猪维持种用体况的营养需要。

（2）饲料结构　公猪的饲料结构应根据配种负担来调整。在配种期间的饲料中，能量饲料和蛋白质饲料占到 80%～90%，在非配种期间可降低到 70%～80%。因此，饲养公猪应以精饲料为主。组成饲料的精饲料种类最好多样搭配，籽实饲料如大麦、玉米、高粱、豌豆、蚕豆，粮油加工副产品如饼粕、麸皮等，均是含蛋白质较多的精饲料。饲料中还可以适当地补充鱼粉、肉骨粉等动物性饲料以提高饲料蛋白质水平。

（3）饲养技术　种公猪的饲喂量应根据年龄、体重、配种任务和季节等来决定。一般成年公猪日喂 0.8 kg 左右，非配种期饲料喂量低于配种期，为 0.8～1.0 kg。在生产实践中，要控制公猪饲料的采食量，既要防止采食不足又要防止采食过量。因此，应根据个体情况调整饲喂量，过肥或过瘦的公猪应酌情减料或加料，以保持良好的种用体况。

公猪的日粮容积要适宜，切勿长期饲喂大容积饲料，大容积饲料会使其腹下垂而影响配种。饲喂要定时定量，每日 3 次，每次饲喂以八九成饱为宜，切忌饲喂发霉变质的饲料。饲料调制以湿拌料或干粉料均可，湿拌料按料与水以 1∶(1～2) 的比例配制为宜。每天必须供给充足的饮水。

2. 种公猪的管理要点　种公猪的管理工作亦非常重要，同其他商品用猪的管理猪一样，除了保持清洁、干燥、空气新鲜、舒适的生活环境外，还应做好下列管理工作。

（1）建立良好的生活制度　合理安排公猪的饲喂、饮水、运动、刷拭、配种（或采精）、休息等生活日程，使其利用条件反射形成良好的生活习惯，便于管理操作，增进健康，提高配种能力。

（2）单栏饲养　群养的公猪常会互相爬跨，故种公猪以单栏饲养为宜，可减少外来的干扰和刺激，杜绝爬跨和自淫的恶习，保持正常的食欲。单栏饲养的公猪不能随意合群，也不能在任何场合相遇，以避免因打架、争斗而致伤。

（3）适当运动　种公猪需要适度运动，适度的运动可加快机体新陈代谢速度、促进食欲、帮助消化、增强体质、锻炼四肢、改善精液品质，从而提高公猪的配种效果。运动不足会使公猪贪睡、肥胖、性欲低下、四肢软弱，会严重影响配种利用。种公猪猪舍外一般都设运动场，公猪可在运动场内自由运动，若单纯只依赖这种方式，则运动量不够。因此，最好每天对种公猪进行驱赶运动，上、下午各1次，每次行程不少于1 km。对种公猪进行驱赶运动时，夏季可选在早晨或者傍晚天气凉爽时进行，冬季可在中午进行。此外，有条件者也可利用放牧代替驱赶运动。

（4）刷拭和修蹄　每天定时用硬刷子刷拭猪体，可以保持皮肤清洁、促进血液循环、加快新陈代谢速度、增进食欲、预防皮肤病和外寄生虫病。刷拭猪体也是饲管人员调教公猪的机会，使公猪温驯而听从管教，便于采精和辅助配种。此外，要保护公猪的肢蹄，修饰不良的蹄形，保证公猪正常活动和配种。

（5）定期称重　种公猪应定期称重，根据体重变化检查饲养是否恰当，以便及时调整日粮的营养水平和饲料喂量。成年种公猪体重应无太大变化，但需经常保持中上等膘情。

（6）定期检查精液品质　实行人工授精的公猪，每次采精都要检查精液品质。如采用本交时，最好每10 d检查1次精液品质。特别是当后备公猪开始使用前或者种公猪由非配种期转入配种期时，更要重视精液品质的检查。精液检查后，根据精液品质的好坏，调整营养、运动和配种次数，有利于保证公猪的身体健康和提高配种受胎率。

（7）防止打架　公猪好斗，即使偶尔相遇也会打架，严重时会造成死亡，直接影响配种。因此在日常管理工作中要注意防范公猪打架，如加高加固公猪圈栏、加装严密结实栏门、在运动和配种时避免公猪相遇。当遇见公猪打架时，应该迅速放出发情母猪将公猪引走、用木板将公猪隔开或用水猛冲其头部。

3. 种公猪的合理利用　配种利用是饲养公猪的唯一目的，也是决定公猪营养水平和运动量的主要依据。公猪的初配年龄、种猪利用强度及饲养管理水

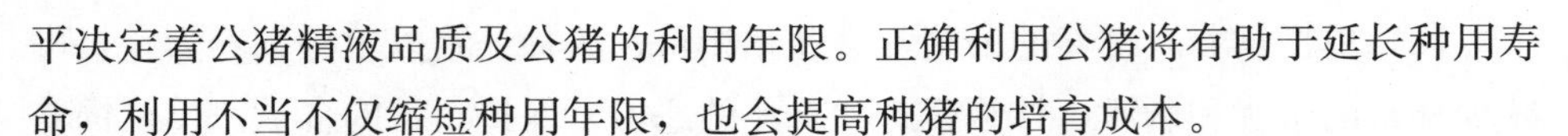

平决定着公猪精液品质及公猪的利用年限。正确利用公猪将有助于延长种用寿命，利用不当不仅缩短种用年限，也会提高种猪的培育成本。

（1）初配年龄　不同品种、生长发育状况和饲养管理条件的公猪初配年龄会有不同，贵州香猪性成熟早，一般初配年龄应在8月龄，体重15 kg左右。

（2）公母比例　配种的方式不同，公母比例也不同。采用本交时，每头公猪每年可负担20～30头母猪的配种任务。采用人工授精时，每头公猪每年可负担500～600头母猪的配种任务。公母比例不当，公猪负担过重或过轻，都会影响公猪的繁殖力。

（3）利用强度　公猪配种都会有一定的承受强度，若公猪配种利用过度，精液品质降低，影响受胎率；若公猪长期不配种，则会使公猪性欲不旺盛，精液品质差，影响母猪受孕。公猪的利用强度会因年龄不同而有所不同，青年公猪每天配种1次，连续配种2～3 d后要休息1 d，2岁以上的成年公猪，最好1 d配种1次，必要时可日配2次，但应在早晚各1次。如若公猪连续配种，每周应休息1 d。

（4）利用年限　种公猪的利用年限会因猪场的性质和任务不同而异，一般为3～4年（4～5岁），种公猪群每年应更新20%～25%。为缩短世代间隔、加快育种步伐，育种猪场的公猪使用年限一般仅为1～2年。

（二）种母猪的饲养管理

猪是多胎高产动物，其繁殖潜力很大。但是目前一些猪场的母猪发情不正常，配种受胎率低，每年繁殖胎数少，仔猪发育差，断乳成活率低，影响了养猪经济效益的持续发展。产生上述情况的主要原因多是对母猪饲养管理不当。母猪的繁殖周期要经过空怀、发情、配种、妊娠、分娩和哺乳等环节。为了充分发挥母猪的生产潜力，获得较大的经济效益，就必须根据母猪每个环节的生理变化采取相应的饲养管理措施。

猪繁殖时期生理变化复杂，不同的生理阶段需要进行不同的饲养管理，因此根据种母猪怀胎产仔等巨大的生理变化而将种母猪的繁殖周期划分为空怀、妊娠和泌乳三个阶段。

1. 空怀母猪的饲养管理　从仔猪断乳到母猪配种前的一段时间为空怀期。母猪经过一次妊娠和泌乳之后，体力消耗很大，仔猪断乳后，母猪能否正常发情主要是看饲养管理是否得当。

（1）空怀母猪的饲养技术　饲养空怀母猪的基本任务是使其保持良好的体况和膘情，保证正常的发情和排卵。空怀期母猪应保持七八成膘，不能过瘦或过肥，如果母猪过瘦，就会出现不发情，即使发情排卵数也少，卵子活力弱，母猪不受孕；如果过肥，则会引起母猪内分泌紊乱，同样会影响发情、排卵，造成不孕。很多泌乳力高的母猪在断乳时非常消瘦，因此当仔猪断乳时，应注意母猪的体况，并根据体况及时调整母猪的日粮组成和每日供应量。

空怀母猪在配种准备期要特别重视蛋白质、矿物质和维生素的供给。日粮中应包含大量的青饲料和多汁饲料，这些饲料富含蛋白质、维生素和矿物质，对母猪的排卵和受精具有重要的作用。若条件许可，每头母猪每天应提供足量的多汁饲料或优质青饲料，并搭配一定数量的精饲料。

空怀母猪根据其体重、膘情不同采取相应的饲养管理措施，以恢复体力为主，对于断乳后极度瘦弱的母猪，则应增加饲料喂量，促使其尽快恢复膘情，及时正常发情配种。

（2）空怀母猪的管理要点　空怀母猪的饲养要点主要包括三个方面，适宜的环境条件、饲养群体大小及发情观察和健康检查。

一是适宜的环境条件。空怀母猪需要清洁、干燥、采光良好、空气新鲜、温度适宜的环境条件，特别是阳光和新鲜空气对促进母猪发情和排卵有很大影响。

二是饲养群体大小。空怀母猪有单栏饲养和小群饲养两种方式。单栏饲养空怀母猪即单独将空怀母猪养在一个圈栏内，小群饲养一般是将4～6头同期断乳的母猪养在同一栏内。空怀母猪群饲可促使母猪发情，特别是群内出现发情母猪后，互相爬跨等刺激可诱导其他空怀母猪发情，同时也便于饲养管理人员观察和及时发现发情母猪。

三是发情观察和健康检查。饲管人员每天早、晚各1次要认真地观察记录空怀母猪的发情状况，必要时用试情公猪试情，以免失配。从配种准备开始，所有空怀母猪应进行健康检查，做到及时发现和治疗病猪。

（3）促进母猪发情排卵的措施　对于配种期母猪，在合理的饲养管理条件下，多数母猪能正常发情配种。因此，应针对不同情况采用相应技术措施，促使母猪正常发情排卵并配种受孕。必须注意，人工催情也只能在做好饲养管理的前提下才能获得良好的效果。

一是短期优饲。配种前，对体况瘦弱不发情的母猪，可采用短期优饲催情，实践证明短期优饲能明显地促进发情、排卵和胚胎发育。短期优饲的时间可在配种前10～14 d开始，加料的时间一般为1周左右。优饲期间，可在平时喂料量的基础上增加50%～100%，每头每天增加喂料量0.5～1 kg，对于短期优饲，主要是提高日粮的总能量水平，而蛋白质水平则不必提高。

二是加强运动。对过于肥胖不发情的母猪，进行驱赶运动，使其接受阳光照射、呼吸新鲜空气，可促进新陈代谢，改善膘情。与此同时，采用限制饲养，减少精饲料喂量或不喂精饲料，多喂青饲料，能有效地促进母猪发情排卵。有条件时可采取放牧的方法促进发情。

三是诱导发情。用试情公猪追逐久不发情的母猪，或把公、母猪关在一个圈内，公猪的接触爬跨等刺激通过神经传导，使母猪脑下垂体分泌促卵泡激素，促使母猪发情排卵。

四是合群并圈。将长期不发情的母猪调到正在发情的母猪群中合并饲养，通过发情母猪的爬跨等刺激，促进空怀母猪发情排卵。

五是激素或药物催情。利用激素催情是促进发情的有效措施。如肌内注射孕马血清促性腺激素800～1 000 U；或注射绒毛膜促性腺激素，每千克体重10 U。也可采用中药催情，如可利用下列配方：

配方一：淫羊藿100 g，丹参80 g，红花50 g，当归50 g，桃仁40 g，共研末混入饲料中喂服，一般1周左右即可发情。

配方二：肉苁蓉、何首乌、玄参各9 g，全当归15 g，川芎、菟丝子各6 g，益母草9 g，王不留行、淫羊藿各6 g，共研为末，拌在饲料中喂给，每5 d喂服1次。

对长期不发情、屡配不孕的母猪，如果采取一切措施都无效时，应立即淘汰，以减少经济损失。

2. 妊娠母猪的饲养管理　妊娠母猪饲养管理的中心任务是保证胎儿能在母猪体内得到充分的生长发育，防止死胎、流产，使妊娠母猪产出数量多、体质健壮和均匀整齐的仔猪，并使母猪保持适度的膘情，有适度的营养储备，为产后泌乳做好准备。

（1）母猪妊娠诊断　妊娠诊断是种母猪管理中的重要内容，空怀的早期诊断不仅可以缩短产仔间隔，还可提高母猪利用率，及时淘汰不孕不育的种母猪，尽量缩短母猪的空怀期，以免浪费饲料、劳力和设备，从而降低饲养成本。母猪早期妊娠诊断的方法很多，如观察法、阴道活组织检查法、诱导发情检查法、超声波诊断法、注射激素诊断法、尿中激素测定法和血清沉降速度检查法等，但在生产实践中广泛应用且简单易行的方法是观察法。

观察法就是根据发情周期和妊娠症状判断母猪是否妊娠的一种方法，又称返情检查。配种前发情周期正常的母猪，交配后到下一个预定发情日不再发情，且有食欲增加、被毛顺且日益光亮、增膘显著、性情温驯、行动稳重、贪睡、尾巴自然下垂、阴户缩成一条线、驱赶时夹着尾巴走路等现象，则可初步判断已经妊娠。但针对发情症状不明显、发情时间短、胚胎早期死亡等情况，这种判断方法也会出现一定比例的差错。同时，采用观察法诊断妊娠还需要一定的实践经验。母猪妊娠 70 d 即可摸到胎动，妊娠 80 d 后当母猪侧卧时，即可看出腹壁的胎动，同时腹围增大、乳头变粗。

（2）妊娠母猪的生理特点　母猪妊娠后在生理上会发生一系列变化，最突出的表现是新陈代谢活动增强和体重显著增加。

母猪妊娠后内分泌活动加强，从而使机体新陈代谢活动增强，在整个妊娠期，妊娠母猪代谢率平均增加 10％～15％，在妊娠后期增加较为显著，可达 30％～40％。妊娠母猪能量的利用率比空怀母猪高 9％～18％，氮的利用率比空怀母猪高 6.40％～12.90％。

在饲喂同等饲料的情况下，妊娠母猪比空怀母猪增重明显，营养储积较妊娠前明显增多。妊娠期母猪这种特殊沉积能量和物质的能力称为妊娠合成代谢。研究表明，妊娠母猪和空怀母猪在喂给等量同种饲料的情况下，不仅可以生产一窝仔猪，而且增重较多。

母猪整个妊娠期的体重较配种体重增加 20％～30％，有时甚至更多。日增重是妊娠前期高于妊娠后期。另外，母猪妊娠期增重比例与配种时体重和膘情有关，配种时膘情差、体重小的母猪妊娠期增重比例较大。母猪所增加的体重由体重组织、胎儿、子宫及其内容物三部分构成。

（3）妊娠母猪的饲养技术　主要从饲养方式、饲料结构、日粮体积及饲料日喂量四个方面考虑。

一是饲养方式。妊娠母猪的饲养应同时兼顾母猪的体况与胎儿的发育规律。在以青粗饲料为主的条件下，根据妊娠母猪的生理特点，可以总结出以下三种饲养方式：第一种是“抓两头带中间”的饲养方式。这种方式适宜于断乳后体况瘦弱的经产母猪。母猪经过分娩及哺乳期后，体力消耗较大。为了使母猪能负担起下一阶段的繁殖任务，必须在妊娠初期加强营养，使其迅速恢复繁殖体况。这个时期加上配种前 10 d 共计 1 个月左右，此时的饲料应全价、优质，特别应含有高蛋白质水平。待体况恢复后，母猪可按饲养标准喂养，直到 80 d 以后再提高营养水平，加强营养的供给。这种饲养方式形成了高-低-高的营养供给，但后期的营养水平应高于妊娠前期。第二种是“步步登高”的饲养方式。这种方式适用于初产母猪。由于初产母猪本身还处在生长发育阶段，营养需要量较大，因此整个妊娠期间的营养水平应根据胎儿体重的增长而逐步提高，到产前 1 个月达到最高峰。这样既能保证胎儿的正常发育，又能满足青年母猪本身生长发育的营养需要。然而到产前 3～5 d，日粮应减少 10%～20%。第三种是“前粗后精”的饲养方式。这种方式适用于配种前膘情较好的经产母猪。一些研究表明，妊娠母猪膘情较好时，在妊娠前、中期适当降低营养水平，对母猪生产不但没有不良影响反而有利。因为妊娠期高水平饲养将导致母猪肥胖，会使泌乳期采食量降低，增加了养分两次转化所造成的损耗，即在妊娠期内由饲料养分转化为体脂肪（效率为 78%），而在泌乳期内再由脂肪转化为母乳（效率为 63%）的双重损失，其饲料利用率实际上约为 49%（78%×63%）。而哺乳母猪将饲料直接转化为母乳时，其效率为 67%。相比之下，高妊娠、高泌乳的饲养方式，养分损失较大。所以推行妊娠期母猪限量饲喂、哺乳期充分饲喂的办法，是利用饲料最经济的方法。为简化妊娠母猪的饲养方式，可采用限量采食和随意采食相结合的方式，即妊娠前 2/3 时期采用限量采食，妊娠后 1/3 时期改为随意采食，喂给妊娠后期的全价配合饲料，任其自由采食。

二是饲料结构。配合妊娠母猪饲料，要注意饲料种类多样、营养全面，各类饲料应按适当比例搭配。根据胎儿生长发育的规律，在妊娠前期可给母猪饲喂较多的大容积饲料。日粮体积虽较大也不致产生不良影响，但随着妊娠的进展，胎儿发育加快，则应调整日粮结构。在一般饲养条件下，精饲料和粗饲料的比例为 1∶(0.2～0.4)。而精饲料和青饲料比例，前期为 1∶(4～6)，后期为 1∶(2～3)。饲喂妊娠母猪的粗饲料应是豆科干草粉，饲料组成中应尽量不用或少用秸秆粉和秕壳粉。有条件者给母猪补充一些青绿饲料，可以提高母猪繁殖性能。在缺少优质草粉和青饲料的情况下，应特别重视在妊娠母猪饲料中补充矿物质、微量元素和维生素添加剂，使母猪必需的各种无机元素和维生素得到满足。

三是日粮体积。妊娠母猪日粮中应含有适量的干物质，以满足母猪正常饱腹的需要，否则尽管营养需要可满足，但母猪不能饱腹，但如果干物质过多，则母猪不能食尽或进食后会压迫胎儿。因此，饲料体积应与妊娠母猪的采食量相适应。

四是饲料日喂量。妊娠母猪饲喂量可根据其体积大小，按百分比或按维持和生产的需要计算，一般在妊娠前期喂给体重的1.5%～2%，妊娠后期可喂给体重的2%～2.3%。但实际喂量要根据母猪体重、膘情及其环境温度等而定，特别是寒冷季节，每天应为母猪增加一定量的饲料，当然对于体况较瘦的母猪，也应适当增加饲料喂量。

（4）妊娠母猪的管理要点　妊娠母猪的管理主要是确保胚胎发育正常，防止化胎、流产和死胎。胚胎在妊娠早期死亡后被子宫吸收，称为化胎；在妊娠中、后期死亡，而在母猪分娩时随活仔猪一同产出，称为死胎；母猪在妊娠过程中胎盘失去功能，使妊娠中断，将胎儿排出体外，称为流产。造成胚胎死亡的原因很多，其中管理不当是造成胚胎死亡的重要因素。在妊娠母猪的管理上应注意以下几点：

一是合理分群饲养。妊娠母猪可分为小群饲养和单圈（单栏）饲养。若采用小群饲养时，应根据妊娠时间长短、体重大小和性情强弱等合理组群，一般妊娠前期3～5头母猪在一栏圈饲养，但饲养密度不宜过大，一般母猪平均占有面积至少不低于1.6 m^2。群养母猪到妊娠后期必须单圈饲养，这样有利于保胎。

二是适当运动。妊娠母猪应给予适当运动，运动可增强体质、有利于胎儿的正常生长发育和防止难产。对于无运动场的猪舍，要赶到圈外适当运动。到产前5～7 d应停止驱赶运动。

三是搞好环境卫生。应按要求进行环境清扫和消毒，保持良好的环境卫生。同时要注意饲料和饲槽的清洁卫生，饲槽应每天清洗，否则有害母猪健康，并容易引起流产。

四是注意夏季防暑和冬季防寒。母猪妊娠初期对高温特别敏感，高温是造成胚胎死亡的重要因素。特别是妊娠第一周遭遇高温（32～39 ℃），高温时间即使仅有24 h也可能增加胚胎死亡率。在炎热的夏季可给母猪水浴降温，并注意圈舍通风换气。冬季要防寒保暖，圈内铺设干净的垫草，或用木板替代垫草。

五是耐心管理。对母猪态度要温和，调群、运动时不要赶得太急，不能惊吓，避免拥挤、滑倒等，否则易造成机械性流产。

六是严格执行免疫程序。准时进行仔猪黄、白痢等各种传染病的免疫接种。

3. 哺乳母猪的饲养管理　哺乳母猪的饲养是母猪整个繁殖周期中最后一个生产环节。这一阶段饲养管理的好坏不仅影响仔猪的成活率和断乳体重的大小，且对母猪的下一个繁殖周期的生产有着显著的影响。合理饲养哺乳母猪可有效地提高泌乳量，对仔猪健壮发育关系密切；同时使母猪断乳时保持适宜膘情，保证在下一个繁殖周期中按时发情配种。

（1）母猪分娩前后的护理　分娩前护理主要包括观察临产症状、接产护理和母猪分娩前后的管理。

一是临产症状观察。猪的妊娠期平均为 114 d，为了及早做好临产母猪的护理工作，多按 112 d 计算。预产期的简便推算方法可用“三、三、三”表示，即母猪的妊娠期为 3 个月 3 周零 3 d，即从配种日期往后加 3 个月 3 周零 3 d。如 4 月 1 日配种，其预产期为：4＋3＝7（月），1＋21＋3＝25（日），故预产期是 7 月 25 日。或者用“配种月份加 4，配种日期减 6”的办法计算，如 3 月 8 日配种，则 3＋4＝7（月），8－6＝2（日），即预产期为 7 月 2 日。此外，可查母猪预产期表。由于母猪妊娠期是 108～120 d，故实际产仔日期可能出现在预计产仔日期的前后。究竟是提前还是错后，就需要饲管人员通过现场观察临产母猪的乳房、外阴和行为表现来判定。

乳房的变化：母猪产前 10～20 d，乳房开始由后部向前部逐渐下垂膨大，乳房基部与腹部呈现明显界限，呈分层状，在腹部隆起形成两条带状，乳房的皮肤发紧并呈潮红色，两排乳头呈“八”字形向两外侧开张。产前 2～3 d 用手挤乳头有乳汁分泌。一般当前部乳头能挤出乳汁时，分娩时间不会超过 1 d；如最后一对乳头也能挤出乳汁时，约在 6 h 分娩。但是也有个别母猪产后才分泌乳汁，所以还要综合其他临产表现来确定分娩时间。

外阴部变化：母猪临产前 3～5 d，外阴部红肿下垂，尾根两侧出现凹陷，这是骨盆开张的标志。当阴户有羊水流出时，表示仔猪即将产出。

行为表现：临产前母猪神经敏感，行动不安，起卧不定，食欲减退，频频排尿，同时还衔草做窝或拱土围窝，护仔性强的母猪变得性情暴躁，不让人接近，有的还会对人进行攻击，给接产工作造成困难。

上述临产症状归纳起来为：行动不安，起卧不定，食欲减退，衔草做窝，乳房膨胀，色泽潮红，挤出乳汁，阴户红肿，排尿频频。母猪产前表现与产仔时间的关系见表 4-9。

表 4-9　母猪产前表现与产仔时间

产前表现	距产仔时间
乳房膨大	15 d 左右
阴门红肿，尾根两侧开始下陷（俗称“松胯”）	3～5 d
挤出透明乳汁	1～2 d（从前面乳头开始）
衔草做窝	8～16 h
乳汁变为乳白色	6 h 左右
每分钟呼吸 90 次左右	4 h 左右（产前 1 d 每分钟呼吸约 54 次）
躺下，四肢伸直，阵缩时间逐渐缩短	10～90 min
阴户流出分泌物	1～20 min

二是接产护理。根据母猪预产期，应提前做好产房、接产用具、药品和值班人员的准备工作。尤其是母猪的乳房和阴户，一定要清洗消毒，保持干净。母猪在分娩过程中，其子宫和腹部肌肉发生间歇性强烈收缩，逐渐把胎儿从阴道挤出。母猪多在夜间较平静时分娩。正常分娩每 5～25 min 产出一个胎儿，产程持续 2～4 h。当全部仔猪产出后，10～60 min 胎盘排出，分娩结束，如超过 4 h 不排胎衣，应请兽医进行治疗。

接产方法：母猪分娩时，保持安静的环境可防止难产和缩短产仔时间。仔猪出生后，立即用清洁的毛巾擦净口、鼻和全身黏液。接着进行断脐，即将脐带内血液反复向腹部方向捋挤，然后在距腹部 4～5 cm 处用手掐断或剪断，断面用 5%的碘伏消毒。断脐后进行仔猪编号、称重，并记入分娩哺乳记录。之后将仔猪放在母猪腹部让其尽早吃到初乳，或先放入保育箱内。胎衣排出后应立即取走，以免母猪吞食，影响消化和养成吃仔猪恶癖。

假死仔猪急救：仔猪出生后不呼吸但心脏仍然在跳动，即为假死仔猪，必须立即采取措施使其恢复呼吸才能成活。常用的急救方法主要有如下两种：第一种为人工呼吸法，将仔猪四肢向上，一手托肩部，一手托臀部，然后两手同时进行反复前后运动，使仔猪自然屈伸，同时有节奏地轻轻按压仔猪胸部，促使仔猪呼吸；或者向仔猪鼻孔内猛吹气，也可提起仔猪后肢，轻轻拍打臀部，促使仔猪呼吸。第二种为药物刺激法，可用酒精、碘伏等刺激性强的药液涂擦

于鼻端，刺激鼻腔黏液促使呼吸。

三是母猪分娩前后的管理。临产前 3～7 d，应停止母猪的舍外运动。分娩后，应注意保持安静，减少舍外活动时间，让母猪得以充分休息，尽快恢复体力。保持母猪乳房和乳头的清洁卫生，减少仔猪吃乳时的污染。要随时注意母猪的呼吸、体温、排泄、乳房和采食情况，如有异常应及时请兽医诊治。

母猪分娩前后的饲养：如前所述，临产前的母猪，应视其体况适时调整日粮。体况良好者应减料，体况一般的母猪不减料，对体况较弱者可适当增加优质蛋白质饲料，以利母猪产后泌乳。临产前母猪的日粮中可适量增加麸皮等轻泻性饲料，并调制成粥料饲喂，应保证供给充足饮水，以防母猪便秘导致难产。

母猪产后 8 h 内可不喂料，仅喂少量的麸皮水或稀粥料。产后 2～3 d，母猪体质较弱，应选择易消化的饲料调成粥状饲喂，喂量逐步增加，到产后 5～7 d 恢复到泌乳期要求的营养水平。这样可避免引起母猪产后消化不良，或乳汁分泌过多，仔猪吃不完而患乳腺炎，也可避免乳汁过浓，导致仔猪消化不良而腹泻。

（2）哺乳母猪的生理特点　哺乳母猪最显著的生理特点就是泌乳和泌乳期的体重变化。母猪一般有 5 对乳头，每个乳头有 2～3 个乳腺团，各乳头之间没有联系。母猪的乳房不同于牛、羊等家畜，没有乳池，因此，母猪的乳房中不能积蓄乳汁，故不能随时挤出乳汁，仔猪也不能随时吃到母乳。当仔猪拱揉刺激乳房后，母猪才能放乳，此时仔猪才能吸吮到母乳。母猪放乳时间很短，仅为 10～30 s。

母猪泌乳期内的泌乳总量一般为 250～400 kg，日平均泌乳量 4～8 kg。但每天泌乳量不均衡，且呈现规律性变化。一般是产后最初几天的泌乳量较少，产后 5 d 左右泌乳量开始上升，在产后 3～4 周达到泌乳高峰期，以后泌乳量下降。第一个月的泌乳量占全期泌乳量的 60%～65%。

母猪泌乳量受很多因素的影响，如年龄（胎次）、品种、哺乳仔猪数和饲养管理等。一般情况下，初产母猪的乳腺发育尚不完全，又缺乏哺乳仔猪的习惯，因此泌乳量低于经产母猪。从第二胎开始泌乳量上升，6～7 胎以后泌乳量下降。哺乳母猪泌乳量与哺乳仔猪数有着密切的关系，带仔头数多者泌乳量高。研究表明，母猪每多带 1 头仔猪，60 d 的泌乳量可相应增加 26.72 kg。此外，饲养水平、饲料品质和饲喂方法是影响泌乳量的主要因素，如果不能满足其营养需要，母猪的泌乳潜力就不能充分发挥。安静舒适的环境也有利于母猪泌乳，在潮湿炎热的夏季和严寒的冬季，母猪的泌乳量一般都较低。

猪乳可分为初乳和常乳两种。初乳是产后 3 d 之内所分娩的乳汁，常乳是 3 d 后所分泌的乳汁。初乳和常乳的营养成分差异很大。初乳水分含量低，干物质和蛋白质含量较常乳高，乳脂、乳糖和灰分的含量均比常乳低。初乳蛋白质中 60%～70%是免疫球蛋白，仔猪通过初乳接受母体免疫球蛋白，促进免疫系统的发育，增强抗病能力。初生仔猪未能吃到初乳时，其抗病能力很差，难于饲养甚至死亡。常乳的脂肪含量高，进入常乳期的仔猪要供给充足饮水，以利于其消化。

由于母猪乳房没有乳池，每次放乳的时间又短，所以每天的哺乳次数多。母猪的泌乳次数与泌乳期的长短和饲养管理等有关。不同泌乳期的日均泌乳次数不同，一般泌乳前期多，泌乳后期少。

同一头母猪不同乳头的泌乳量也会有差异，一般靠近胸部的几对乳头比后面的乳头泌乳量高，见表 4-10。由表 4-10 可以看出，前面 3 对乳头分泌乳量多，约占总泌乳量的 67%，而后面 4 对乳头的泌乳量少，约占泌乳量的 33%。

表 4-10　母猪不同对乳头的泌乳量

由前向后乳头顺序	1	2	3	4	5	6	7
泌乳量（%）	23	24	20	11	9	9	4

仔猪出生后 24 h 即固定乳头吃乳，直至断乳，因此接产和产后护理时候帮助仔猪从第 1、2、3 乳头开始固定吃乳，要将弱小仔猪安排在前面胸部乳头处形成固定习惯。

母猪在泌乳期间的消耗较大，除维持本身活动需要营养物质外，每天还要泌乳 5～8 kg。如果营养物质供应不足，母猪为了满足维持和泌乳需要，就会动用自身的储蓄，就会导致失重（掉膘）现象。一般泌乳力高的母猪失重较多，仔猪生长发育良好；失重少的母猪往往泌乳量低，仔猪发育受到限制。妊娠期增重少的母猪，泌乳期失重也少，但失重多少与泌乳期营养水平和母猪采食量有很大关系。一般母猪 60 d 泌乳期失重为产后体重的 20%～30%，产后第一个月泌乳量高，体重下降也多，为全期失重的 70%～80%。如果哺乳期母猪失重太多，则会影响断乳后的发情配种，因此将泌乳期母猪的失

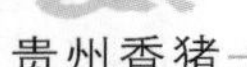

重率控制在15%～20%，有利于缩短断乳至配种的间隔时间，使母猪顺利进入下一个繁殖周期。

第三节　贵州香猪种猪性能测定方法

贵州香猪种猪的性状分为质量性状和数量性状两大类。质量性状主要指毛色、耳型、遗传缺陷、血型等，这些性状的表现受环境影响较小。数量性状是可以用度量来表示的性状，如繁殖性状、育肥性状、胴体性状和肉质性状等，这类性状与养猪的经济效益密切相关，因此数量性状大多属于经济性状的范畴。

一、繁殖性状

1. 产仔数　产仔数有两种指标，即总产仔数（包括死胎在内）和产活仔数。产仔数的多少与香猪母猪的年龄、胎次、营养状况、配种方法、配种时间、配种公猪品质等因数有关。一般香猪初产母猪的产仔数少，3～4胎产仔数较多，8～9胎后开始下降。营养状况适中的母猪产仔数多，而过肥或过瘦的母猪产仔数少。配种时间适宜，配种方法得当，与配公猪体况好的母猪产仔数多。贵州香猪的产仔数一般为6～8头。

2. 初生重和初生窝重　初生重指仔猪出生后12 h以内称取的重量。初生窝重指同窝仔猪初生重的总和（不包括死胎在内）。影响初生重的因素很多，如饲养管理水平、母猪体况、年龄、胎次、仔猪本身的性别、同窝仔猪数等。贵州香猪的初生重一般为400～500 g。

3. 泌乳力　母猪的泌乳力用20日龄时全窝仔猪的重量来表示。其中包括寄养的仔猪，但不包括寄养出去的仔猪。

4. 断乳窝重　断乳窝重指断乳时全窝仔猪的总重量。

二、育肥性状

贵州香猪的育肥性状主要通过生长速度、饲料利用率来反映。生长速度是指一定时间内生长育肥猪平均每天增加的体重，即平均日增重。平均日增重越高，育肥猪的生长越快，达到预定出栏的时间越短，经济效益也越高。计算方法是用某一段时间内的总增重除以饲养天数，如我国当前通常从仔猪断乳后体重开始计算（开始体重），上市时计算结束（结束体重），计算整个测定期间

（育肥期）的平均日增重。

计算公式如下：

平均日增重＝（结束体重－开始体重）/饲养天数

计算该项指标时，应注意的是饲料消耗总量的概念目前很不统一。如国外多指混合饲料（包括干草粉和其他粗饲料）。国内有的只算混合精饲料，不包括青、粗饲料；有的用消化能来表示，在计算时必须明确。研究指出，贵州从江香猪的生长速度为（367.68±111.93）g/d。

三、胴体性状

胴体品质包括胴体性状（屠宰率、胴体长、皮厚、膘厚、后腿比例、眼肌面积等）、胴体分离指标（瘦肉率、脂肪率、皮重率、骨重率）及产肉性能，这些指标有助于种猪的选育、经营管理及提高猪肉的品质。

1. 胴体重　猪屠宰后经放血、脱毛，去除头、蹄、尾及内脏（保留板油和肾脏）所得的重量。胴体重与猪空腹活重的比率即为屠宰率，贵州香猪6月龄屠宰时的屠宰率为60%～63%。

2. 背膘厚　将胴体劈开，分别测量左半胴体肩部最厚处、胸腰结合处和腰荐结合处三点膘厚的平均值作为平均背膘厚（从江香猪背膘见彩图9）。

3. 瘦肉率　将剥去板油和肾脏的左半胴体剖分为瘦肉、脂肪、皮和骨4部分，并分别称重，然后计算瘦肉占4种组织合计量的百分数即为胴体瘦肉率。计算方法为：

瘦肉率＝瘦肉重量/（骨骼重＋皮重＋脂肪重＋瘦肉重）×100%

贵州香猪6月龄的瘦肉率为46%～52%。

4. 脂肪颜色和硬度　脂肪颜色采用目测评定，取左半胴体第6～7肋骨与最后肋骨背最长肌上方脂肪200 g，置于4 ℃冷藏条件下1 h，然后目测，纯白色而坚硬的脂肪为正常，略带黄色的品质稍差，黄及黄褐色为劣质脂肪。

根据脂肪硬度，可将脂肪分为硬脂、软脂和油状脂肪3种。脂肪的硬度取决于其不饱和脂肪酸的含量，不饱和脂肪酸含量越高，脂肪的硬度低，易发生氧化降低风味。育肥猪脂肪的硬度与饲料等因素有关，主要受饲料的影响。

5. 皮厚　分别测量肩部背腰最厚处、胸腰结合处、左半胴体腰荐结合处的皮厚，取平均值即为皮厚。

6. 眼肌面积　指左侧热胴体的倒数第1和第2胸椎间背最长肌的横断面

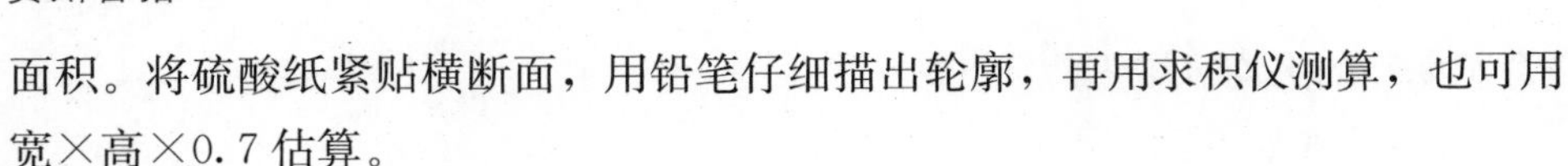

面积。将硫酸纸紧贴横断面，用铅笔仔细描出轮廓，再用求积仪测算，也可用宽×高×0.7估算。

四、肉质性状

肉质的优劣通常是通过一系列肉质指标来判定，常见的有肉色、大理石纹、系水力、酸度、嫩度、熟肉率、肌纤维细度和肌内脂肪含量等指标。其目的是通过育种、饲养管理或改善屠宰、储存及加工条件来提高肉的品质。

（一）肉色

肌肉颜色简称肉色，肉色是由肌肉中的色素、肌红蛋白和血红蛋白决定的。肉色是肌肉的生理色、生物化学和微生物学变化的外部体现，是测定肌肉食用品质的重要方式之一。肌红蛋白主要有3种状态：其一，紫色的还原型肌红蛋白；其二，红色的氧合肌红蛋白；其三，褐色的高铁血红蛋白。当鲜红肉接触空气后45 min，形成氧合肌红蛋白，肉色鲜红。与此同时，肌红蛋白的氧化作用也在进行，合成高铁血红蛋白，伴随高铁血红蛋白逐渐增多，肉色开始变褐色。

目前肉色的评定方法主要有主观评定和客观评定两类。主观评定是依据标准的图板进行，而客观评定则是利用仪器设备进行测定。

1. 取样部位　在左半酮体倒数第3～4胸椎处向后取背最长肌20～30 cm。

2. 前处理　猪被宰杀后45 min内的鲜肉样和4 ℃冷藏24 h肉样。

3. 评定方法　分别主观评定（采用比色法评定）和客观评定（色度仪测定）。

（1）主观评定　将肉样一分为二，轻轻地置于白色瓷盘中，将肉样和肉色比色板在自然光线下对照并进行目测评分，采用6分制比色板评分：1分为PSE肉（微浅红白色到灰白色）；2分为轻度PSE肉（浅灰白色）；3分为正常肉色（鲜红色）；4分为正常肉色（深红色）；5分为轻度DFD肉（浅紫红色）；6分为DFD肉（深紫红色）。3分和4分为理想肉色，1分和6分为异常肉色。2分和5分为倾向异常肉色，两分间可设0.5分值。

（2）客观评定　首先采用色差计测定，色差计应配备D65光源，波长400～700 nm，如使用其他类型仪器测定，应说明方法与条件。然后，按仪器操作步骤对肉样进行测定，并记录测定结果。最后，每个肉样测2个平行样，每个平行样测 3 点，2 个平行样测定结果之间的相对偏差应小于 5%，否则应重新测定。

（二）大理石纹

大理石纹是小肌束间脂肪组织分布形成的纹理。大理石纹主要与猪肥瘦有关。它的含量和分布状况直接决定肉的滋味、嫩度和多汁性，而且提供咀嚼时的润滑感受。大理石纹含量越丰富，肉的嫩度越高。

大理石纹的测定方法分为主观测定和客观测定，主观测定主要是利用目测对照比色法评分，客观测定主要是采用甲醇脱水后用三氯甲烷脱脂测定。目测对照比色法主要是对照 10 分制的大理石纹评分图在自然光照条件下目测评分，并记录评分结果，若评分无法区分两样品肉质，可在相邻整数间增设 0.5 分档。

（三）系水力

系水力是指肌肉受到外力作用时（如加热、切碎、加压、冷冻等）保持原有水分的能力，它直接影响肉的风味、质地、营养成分、多汁性等食用营养品质。系水力受到猪屠宰前、屠宰过程中、屠宰后很多因素的影响，其中乳酸含量、肌肉能量水平（ATP 的损失）、尸僵开始时间对系水力的影响较大。此外，系水力还受到年龄、肌肉部位等因素的影响。系水力的测定方法主要有滴水损失法和压力法。

1. 滴水损失法

（1）测定时间　猪屠宰停止呼吸后的 1～2 h。

（2）测定部位　倒数第 3～4 胸椎段背最长肌。

（3）样品制备　肌肉选取后，剔除肉样周肌膜，顺着肌纤维走向方向切修成约 4 cm^3 的肉块 4 块。

（4）称重　用电子天平称量每块肉块的挂前重，并编号记录。

（5）吊挂　用吊钩挂住肉条的一端，放入编号食品袋内，将吊钩的 1/2 露在食品袋外，充入氮气，充盈食品袋，使肉条悬吊于食品袋中央，禁止肉样与食品袋接触，最后用棉线将食品袋口与吊钩一起扎紧，吊于挂架上，放入 2～4 ℃冰箱内保存 48 h。

（6）吸干　取出挂架，取出肉块，用滤纸吸干肉块表面水分，称量肉块的挂后重，并做好记录。

2. 压力法

（1）测定时间及测定部位同滴水损失法。

（2）切取厚约 1 cm 的肉片 2 块，用 2.52 cm 的取样器于 2 块肉片的中部各取 1 个肉样。

（3）用电子天平称量所取肉样的压前重，并做好记录。

（4）将肉样置于 2 层纱布之间，在纱布两边各垫多层滤纸，然后在最外层的滤纸外各放置 1 块硬塑料板，将整体移置于压力仪的平台上，加压至 35 kg 5 min 后撤除压力。

（5）取出被压肉样，称重，并做好记录。

（6）每个肉样测定 2 个平行样，2 个平行样测定结果间的偏差应小于 5%，否则应重测。

20 kg 贵州香猪滴水损失为（2.16±0.14）%。

（四）酸度

猪被宰杀后，肌肉中的肌糖原会通过无氧代谢途径进行糖酵解并生成乳酸，随后肌肉中乳酸含量积累增多，迫使肌肉 pH 下降。肌肉 pH 下降的程度对肉色、系水力、可溶性蛋白浓度等都有明显影响，因此肌肉酸度也是评定肉质的一项重要指标。猪肉的酸度测定方法如下：

（1）测定时间　猪屠宰停止呼吸后 45 min 时测定第一次 pH，记录为 pH 1；将肌肉样置于 0～4 ℃冰箱中保存 24 h，在停止呼吸后 24 h 测定第二次 pH，记录为 pH 24。

（2）测定部位　在倒数第 1～2 胸椎处背最长肌上刺孔测定。

（3）样品制备　剔除肉样外周肌膜，切成小块置于洁净绞肉机中绞成肉糜状，测定肉糜的 pH。或者采用校准好的 pH 计测定。

每个肉样测定 2 个平行样，每个平行样测定 2 次。2 个平行样测定结果之间的相对偏差应小于 5%，否则应重测。

（4）判定　pH 1 正常值为 6～6.6，若 pH 1<5.9，且肉色为灰白色并伴有大量渗出汁液，可判为 PSE 肉。若香猪个体应激敏感，pH 1 正常值的下限相应稍低，可定为 5.9。pH 24 的正常值为 5.8～5.9。当 pH 24>6，且肌肉表面干燥，可判定为 DFD 肉。不同品种贵州香猪 pH 1、pH 24 均在正常范围之内（表 4-11），均未出现 PSE、DFD 肉。

表 4-11 不同品种贵州香猪 pH 1 和 pH 24 测定

香猪品种	pH 1	pH 24
从江香猪	6.37±0.10	5.88±0.08
剑白香猪	6.19±0.03	5.81±0.11
久仰香猪	6.10±0.014	5.80±0.00

(五)嫩度

肉的嫩度即食用时口感,反映肉的质地。肉的嫩度主要由肌肉中肌原纤维、结缔组织和肌浆这 3 种蛋白质的含量及其化学结构与状态所决定。嫩度能在一定程度上反映肌肉中肌内脂肪、结缔组织以及肌纤维的含量、分布和化学状态。它是猪肉的主要食用品质之一,也是消费者评判猪肉质优劣最常用的指标。其影响因素有品种、遗传、年龄、营养状况等。

嫩度可以用嫩度测定仪测定,也可通过测定挤压力和扭矩力测定,还可由品尝专家品尝打分。利用嫩度仪测定嫩度(肌肉剪切力)的方法如下:

(1)取样部位 眼肌腰段。

(2)前处理 屠宰后 45 min 内将肉样浸入 75~80 ℃水中进行水浴,待肉样中心温度达 70 ℃时,将肉样取出冷却至室温。

(3)仪器 肌肉嫩度测定仪、圆形钻孔肌肉取样器(直径 1.27 cm)、冰箱、恒温水浴锅、温度计、塑料薄膜等。

(4)剪切力测定 将肉样冷却至 20 ℃,按与肌纤维呈垂直方向切取宽度为 1.5 cm 的肉片,再用 1.27 cm 直径的圆形取样器顺肌纤维方向钻切肉样块,同一样本重复测量 10 次,记录 10 个肉样的剪切力值,求平均值。剪切力单位用 N 或 kg 表示。

(5)判定方法 正常肉平切剪切力值越高表示肉的嫩度越低,剪切力值越低则肉的嫩度越高,但 PSE 肉除外。不同肌肉部位和同一块肌肉的不同采用位置的剪切力值也不同,因此在测定剪切力时需要按品种、肌肉部位多次测定求平均剪切力值。一般情况下,剪切力值小于 4 kg 的肉嫩度较高、口感较好。

8 月龄的剑白香猪及久仰香猪的肌肉嫩度见表 4-12。

表 4-12　香猪肌肉嫩度统计结果

香猪品种	月　龄	采样地点	肌肉嫩度（kg）
剑白香猪	8	贵州省从江县香猪育种场	3.21±0.47
久仰香猪	8	贵大香猪育种场	3.61±0.43

（六）保水力、失水率、熟肉率

保水力是指肌肉受外力作用时保持其原有水分的能力。肌肉的保水力影响肌肉的滋味、营养成分、多汁性、嫩度等食用品质。保水力越高，失水率越低。熟肉率是度量烹调损失的一项重要指标。对不同品种香猪肉质进行测定，结果见表 4-13。

表 4-13　香猪失水率、熟肉率（%）

香猪品种	失水率	熟肉率
从江香猪	26.06±2.55	61.28±1.98
剑白香猪	21.88±6.20	62.07±0.14
久仰香猪	25.10±3.54	61.97±0.54

熟肉率的测定方法：取左侧胴体腰大肌，切取约 500 g（W_1）左右的肉块，称重，并做好记录。先将肉样放入铝锅内，然后加入适量的冷水，煮沸。记录水沸腾的时间，维持沸腾 45 min，然后捞出肉样，悬挂晾约 30 min 后称熟肉重（W_2）。

计算公式为：

$$熟肉率=[(W_1-W_2)/W_1]\times 100\%$$

不同香猪类型的熟肉率见表 4-13。

（七）肌纤维直径

肌纤维直径能决定肉的品质，肌纤维较细时肉柔嫩、口感好。肌纤维直径受年龄、品种、性别和部位的影响，生前肌肉的劳役负担和营养状况也会影响肌纤维直径。在肉的生产中一般猪肉瘦肉率越高，其肌肉的肌纤维直径越粗，因此猪肉瘦肉率与猪肉品质间具有颉颃关系。肌纤维直径的测定方法如下：

1. 取样部位　第 3～6 腰椎处背最长肌。于屠宰后新鲜热胴体上按取样部位尽快切取1～5 cm^3 肌肉样品，然后用10%中性甲醛固定，24 h后可测定肌肉的直径。

2. 观察测量　取出固定好的肉样，先用滤纸吸去表面的甲醛，然后在肉样上滴1滴甘油，用小号针头在解剖显微镜下拨开肉样，拨出肌丝纤维，使其呈游离的单层状，立即用解剖显微镜镜检度量。

还可选择另一种方法拨开分离肌纤维。首先取下肌肉样本，将其浸泡于20%硝酸中12 h，在24 h之内测量肌丝的直径。镜检时选取小段肌束，加1滴甘油后用小号针头轻微拨动，这样可很容易将其分离成单根纤维。

3. 仪器　射管取样器、切片制作所需常规器具、带目测微尺的解剖显微镜、计数器等。

4. 测定直径　将制备好的临时装片置于高倍（8×40）镜下，移动载玻片并调整视野，然后在目镜中随机量取100根肌纤维，用目测微尺测定直径，最后求平均数。

此外，还可选择冰冻切片机横切制作新鲜肉样组织切片，然后用苏木精-伊红染色，或也可选择石蜡组织块制作切片，但速度较慢，再用显微镜或显微投影仪测定肌纤维横断面直径。在测定时，选择3个不同角度测定每根纤维直径的横断面，求取其平均值，这样可减小切面不规则造成的测量误差，测量时选取100根肌纤维丝进行测定。贵州香猪肌纤维直径一般为44～57 μm。

（八）肌内脂肪含量

肌内脂肪主要以甘油酯、游离脂肪酸及游离甘油等形式存在于肌纤维、肌原纤维内或两者之间，其含量及分布因肌群部位等因素而异。肌内脂肪是猪肉滋润多汁的物理因子，也是产生风味化合物的前体物质，是肉质测定中的重点项目。根据大理石纹评分可以大致估计出肌内脂肪含量档次，如大理石纹1分相当于肌内脂肪含量为2%，5分相当于肌内脂肪含量为8%，贵州香猪的肌内脂肪含量常高于8%，此时则无法用大理石纹来推测肌内脂肪含量，而且现代肉质标准对肌内脂肪的定量概念要求精确到0.01%。因此度量手段也有严格要求。最经典的方法为索式抽提法，索式抽提法稳定可靠，但较费力、费时、费空间（防火通风设备），主要步骤如下：

1. 取样部位　背最长肌中段（倒数第1～2腰椎间）。

2. 前处理　将宰后新鲜肉剁成碎末，称取 10 g 左右肉末置于 102 ℃烘箱中脱水至恒重。

3. 仪器　索氏萃取装置、通风橱、电子天平、烘箱等。

4. 操作　将脱水至恒重的干燥肉样连同滤纸包放入萃取套管中，塞上脱脂棉，将套管填入索氏瓶中加入约 160 mg 石油醚（40～60 ℃），启动冷凝水、通风和索氏加热器，然后将虹吸循环速率控制在每小时 10 次以上，连续萃取 6 h。取下脂肪收集瓶置于干燥器中或在真空干燥箱去除水分至恒重，然后称重脂肪收集瓶。肌内脂肪重量即带有脂肪的瓶重与空瓶重之差。

肌内脂肪含量=(含有脂肪的瓶重－空瓶重)/样本重×100%

6 月龄贵州香猪肌内脂肪含量为 3.50%～3.70%。

不同品种的香猪的 pH、失水率、熟肉率、保水力、肌内脂肪含量、肌肉嫩度、肌肉水分、脂肪酸各不相同。此外香猪肉嫩味鲜，且乳猪、仔猪的加工食品无乳腥味，据测定香猪肉色值 3.80，蛋白质含量高达 81.40%，氨基酸含量为 72.70%，分别比普通猪肉高 16.03 和 19.18 个百分点，不饱和脂肪酸含量比普通猪肉高 2 倍，从江香猪肌肉嫩度的剪切力值为（3.21±0.47）kg，肌内脂肪含量为（3.52±0.42）%，肌肉水分含量为（74.02±0.97）%。香猪肉脂肪颗粒小，瘦肉率可高达到（50±65）%，屠宰率 60%～80%。以 5～10 kg体重香猪为原材料制作的腊香猪在我国港澳市场上深受欢迎，并且被公认为制作各式“烤猪”的首选材料，质、形、色、味均优于其他类型肉质。对于肉用型猪粗脂肪含量在 3%～4%为理想值，2%～2.9%为较理想值，1.5%～2%为尚可接受，1.5%以下为较低值。香猪总体评价：肉色正常，系水力强，肌纤维间分布适量脂肪，肉质优良。如果香猪生产得到迅速发展，即使只占普通市场 10%，每年的香猪需要量也在 3 000 万头以上，并且满足品质好、风味独特、绿色安全的饮食需要。

第四节　贵州香猪的选配原则与方法

选配就是在香猪的繁殖过程中，有意识、有计划地选择合适的雌雄香猪进行交配，以获得符合育种目标的优良后代。它可以稳定遗传性，固定理想性状，把握变异的方向，使优良基因更好地重新组合，获得更理想的后代，促进猪群的改良和提高。

一、选配原则

选配就是选择适合的雄性贵州香猪给雌性贵州香猪配种，具体应遵循以下原则：

（1）选择有共同优点的雌雄贵州香猪进行交配，其目的是使双方的优点在后代身上得到保持、巩固和发展，从而使优秀的基因更加稳定。

（2）对于雌雄贵州香猪双方有共同缺点者不能进行交配，防止双方的缺点在后代身上表现出来，从而使贵州香猪的品质下降。

（3）在优良种贵州香猪不足的情况下，可以选择具有某一优点的贵州香猪与另一头具有相对缺点的贵州香猪进行交配，达到保留优良性状的目的，用优点去克服缺点。

（4）在选配年龄上，最好选用壮年期的雄性贵州香猪。对初配的雌性贵州香猪，要注意选择性情温驯、有耐性、有经验的雄性贵州香猪进行交配，从而提高交配的成功率。

二、选配方法

按其在交配时的亲缘关系不同，贵州香猪的选配方法可分为纯种选配和杂交选配两种，两种选配方法均可作为生产性选配或育种性选配。

（一）纯种选配

用同一品种内的雌雄贵州香猪进行交配繁殖，称为纯种选配。同一品种的雌雄贵州香猪，它们生殖细胞染色体内的遗传基因基本相同，它们交配繁殖后，其后代一般可以保持与亲本相同或相似的遗传性状。在纯种选配的范围内，有品系选配、远亲选配和近亲选配等几种方法。

品系选配：品系选配是人们有意识、有目的地在一个品种内建立不同的品系，使不同品系的雌雄贵州香猪进行交配繁殖。用品系的办法是以有特别优良性能的雄性贵州香猪为祖先，经过严格的选配，选出性能优良的近亲雌性贵州香猪与其进行交配繁殖；以后各代所繁殖的贵州香猪，它们的血缘关系都尽可能保持和接近这个祖先，并对所繁殖的各代贵州香猪进行严格的选择和良好的培育，从而形成具有大量贵州香猪的品系群。

远亲选配：用来交配的贵州香猪，它们的直系血缘关系为5～7代、旁系血缘关系为4～5代者都属于远亲选配。进行远亲选配时，由于选用的雌雄贵州香猪生殖细胞染色体的基因基本相同，它的后代一般能保持该品种的遗传性状。同时远亲选配后，出生的后代适应能力强、适应范围广，不易引起退化。因此，远亲选配一般在商品和良种选配上广泛采用。

近亲选配：用来交配的贵州香猪，它们的直系血缘关系在4代以内、旁系血缘关系在3代以内的都属于近亲选配。近亲选配有利于使雌雄贵州香猪的不良遗传性状在后代中最迅速地暴露出来，剔除不良遗传性状。近亲选配可使品种得到进一步纯化和进化。

（二）杂交选配

杂交选配是将不同品种的雌雄贵州香猪进行杂交。在杂交选配时，雌雄贵州香猪生殖细胞染色体内的基因有很大的差异，因而丰富和扩大了杂种后代的遗传基础，它们不仅可以在优良的表现型性状方面兼有双亲的特征，而且还可以兼有双亲的非表现型性状。

杂交选配有育成杂交、改良杂交、经济杂交等。

1. 育成杂交　由两个或两个以上的品种进行杂交，杂交后的子代可具有双亲的优良性状。育成杂交可创造出品质优良的新品种。

2. 改良杂交　指一个品种已经具备一定优良性状，但是还可对某些性状进行改良提高，因此借助另一个具备优良性状的品种改良，可使品种在原有基础上增加另一个品种的优良性状。

3. 经济杂交　根据杂交优势理论，利用两个具有优良性状的雌雄贵州香猪进行交配繁殖，可使杂种一代具备双亲的优良性状。

第五节　提高贵州香猪繁殖成功率的途径与技术措施

正确的繁殖技术能够提高贵州香猪的繁殖成功率，贵州香猪的繁殖技术是在认识其生殖器官形态结构和生理功能的基础上，为提高贵州香猪的繁殖性能所采取的一些技术措施。

一、配种

（一）配种方法

贵州香猪的配种方法主要有两种，即自然交配和人工授精。

1. 自然交配　自然交配是指直接将雄性贵州香猪与雌性贵州香猪进行交配。平时将雄性香猪与雌性香猪分开单独饲养，当雌性贵州香猪发情时，选定优良雄性贵州香猪进行配种。自然交配时，需要将雌性及雄性贵州香猪的生殖器进行消毒处理，同时进行必要的辅助措施，帮助雄性贵州香猪顺利完成配种任务。此种配种方法能严格进行选种选配，有利于品种改良。自然交配方式有如下三种：

（1）单次配种法　在雌性贵州香猪发情期内，只用1头雄性贵州香猪配种1次。若雌雄贵州香猪配种时间掌握准确，则可以获得较高的受胎率；如果配种时间掌握不好，则会降低母猪的受胎率和产仔数。此种交配方式可以减少配种雄性贵州香猪的配种负担，提高母猪的受胎率。

（2）重复配种法　在雌性贵州香猪发情期内，先用1头雄性贵州香猪配种（发情开始后24～48 h），相隔12～18 h后再用同一头雄性贵州香猪第二次配种。这种配种方式的受胎率和产仔数均高于单次配种方式，受胎率可提高10%～15%。重复配种法可以使前后不同时间排出的卵细胞都有机会与精子结合，增加母猪的产仔数。

（3）双重配种法　在雌性贵州香猪的一个发情期内，用不同品种的2头雄性贵州香猪或同一品种的2头雄性贵州香猪先后各配种1次，这种配种方法可使母猪产仔数增多，仔猪大小均匀、生命力强，但后代不能留作种用。

2. 人工授精　人工授精就是用人工方法采集雄性贵州香猪精液，然后对精液进行品质检查及稀释处理，再利用输精器械将精液输入发情雌性贵州香猪的生殖器内，使其受孕、妊娠、产仔。人工授精方法有以下优点：

（1）提高种用雄性贵州香猪的利用率　一头雄性贵州香猪在自然交配情况下，一次射精只能与一头雌性贵州香猪交配；采用人工授精法，一次采取的精液可以给多头雌性贵州香猪配种，扩大配种范围，这样大大减少饲养雄性贵州香猪头数，节约饲料开支和管理费用。

（2）对雄性贵州香猪严格挑选　只选择优良雄性贵州香猪的精液进行人工授精，淘汰劣质种猪，保证贵州香猪的选育质量。

（3）杜绝疾病传播　人工授精不需要雌雄贵州香猪直接接触，可以防止疾病传播，解决雌性贵州香猪因子宫颈炎、阴道炎难以受孕的困难。

（4）解决因雌雄个体大小差异而难以自然交配的问题　当杂交利用贵州香猪时，用长白公猪做父本、贵州香猪做母本，因长白公猪个体较大、贵州香猪个体较小，自然交配则难以成功，采用人工授精方法就解决了这一问题。

（二）配种时间

贵州香猪是周期性发情，一年四季均可以配种。为了使雌性贵州香猪能年产 2 胎或 2 胎以上，必须掌握雌雄个体配种的适合时间。要做到适时配种，则首先需要掌握雌性贵州香猪发情排卵的规律，了解卵细胞在雌性生殖道内的存活时间，以及精子从子宫颈运行到输卵管上端的时间，全面考虑后，选择适时配种日期。

雌性贵州香猪在发情开始后 16～35 h 排卵，排卵持续时间平均为 2.4 d（1～4 d），卵细胞在输卵管内具有受精能力的时间为 8～12 h。输精以后，精子在 2～4 h 便达到输卵管，22 h 以后便失去受精能力。因此输精时间最好在发情开始后 10～25 h，若输精过早，精子受精能力差或失去受精能力；若输精过晚，当精子进入输卵管内，卵细胞便失去受精能力。

在生产实践中，雌性贵州香猪开始发情时间不易掌握（大多在晚上），较易掌握的则是雌性贵州香猪的盛情症状，如精神不安、跳栏、哼叫、食欲减退、喜欢爬跨、阴户掀动、频频排尿、外阴充血、红肿、阴道黏液外溢，触摸背部时，表现为举尾静立。这段时间便是配种最适宜的时间。一般老龄雌性香猪发情的持续时间较短，配种时间应适当提前；处于生长发育期的雌性贵州香猪发情持续时间长，配种时间可适当推迟。

二、人工授精

人工授精的全过程包括采精、精液品质检查、精液稀释、保存和输精等环节。每一个环节都要严格遵守操作规程，注意卫生，消毒器械，充分发挥人工授精技术的优越性，提高贵州香猪的受胎率和产仔数。

（一）采精

采精是利用人工方法从雄性贵州香猪的生殖器内获得精液，是关系人工授精成败的主要环节。如果采精不当，不仅影响雄性贵州香猪的性欲和射精量，而且会造成一些坏习惯或无法采精。因此必须对种用雄性香猪进行训练，制作合适的采精架（假雌性贵州香猪）。

1. 采精架的制作　采精架是用于采精的工具，是供种雄性贵州香猪爬跨、刺激雄性贵州香猪性欲、采取精液所用。采精架一般用木材或钢材制成，并在脚架上安装一个升降装置，根据雄性种香猪的大小调节高度。脚架要稳当可靠，采精架两侧有踏板，便于雄性贵州香猪爬跨。采精架背上铺以松软的麻袋，然后固定好一张猪皮，架上洒上雌性发情贵州香猪的尿液，引诱雄性贵州香猪爬跨。

2. 种用雄性贵州香猪训练　先将发情的雌性贵州香猪赶到采精架旁，然后驱赶雄性贵州香猪接近发情的雌性贵州香猪进行诱情，待雄性贵州香猪开始爬跨发情的雌性贵州香猪时，迅速把发情的雌性贵州香猪赶走，让雄性贵州香猪去爬跨采精架。由于猪的视力较差，加上性欲冲动，急于交配，雄性贵州香猪很容易爬跨采精架射精。这样反复训练几次，雄性贵州香猪随后在见到采精架的瞬间就会习惯性地爬上射精，此时雄性贵州香猪的采精训练基本完成。

3. 手握采精法　雄性贵州香猪的人工采精法有两种，即假阴道采精法和手握拳采精法，一般多采用后一种，因为它简单、容易掌握。

雄性贵州香猪射精时对温度要求不严格，而对阴茎头的压力和摩擦力比较敏感。因此对雄性贵州香猪采精时，要不断地有节奏地捏动雄性贵州香猪阴茎。采精前，先将集精瓶与纱布在沸水中消毒 10 min，挤干纱布水分后叠成 2～4 层，放在消毒过的漏斗内，以备精液过滤。漏斗与集精杯相连接，过滤的精液装入集精瓶内。

采精时，采精员手戴消毒的橡皮手套，站在采精架的右侧，当雄性贵州香猪爬跨采精架伸出阴茎时，将阴茎导入一只手空拳中，并来回不断地有节奏地捏动阴茎，产生一定的压力，使其产生性欲感，射出精液。另一只手持集精瓶盛装射出的精液。冬季采精时，集精瓶外面需要包裹几层毛巾，防止散热过快造成的低温对精子活力产生影响。采取的精液应马上送到温室中，在 20～30 ℃条件下进行品质鉴定。

人工采精时要控制对雄性贵州香猪的采精次数，成年雄性贵州香猪最好隔日采集 1 次，处于生长发育期及老龄雄性贵州香猪每 3 d 采精 1 次。即使在配种高潮，也要注意采精频率，防止精液品质下降。种用雄性贵州香猪一旦使用过频，则其体质很难恢复。

（二）精液品质检查

精液品质的好坏对雌性贵州香猪的受胎率和产仔数具有很大的影响，因此对每头雄性贵州香猪要每隔一段时间进行一次精液品质检查。精液品质的检查内容如下：

1. 射精量　雄性贵州香猪每次射精量通常为40～80 mL，一般用消毒的量筒测量。射精量与雄性贵州香猪年龄、运动状况、营养水平和性欲有关，也与采精员的采精方法、技术水平有关。若发现射精量过少，应检查原因，予以改进。

2. 颜色与气味　正常雄性贵州香猪精液的颜色为乳白色，具有较强的腥味。精子密度越高，精液色泽越深，透明度越低。若发现精液呈绿色或黄色或具有臭味和尿味，则是不正常的精液，应弃掉不用。

3. pH　贵州香猪精液的pH为7.0～8.5，呈弱碱性。测定精液的pH可用pH计，也可用pH试纸比色。由于个体、排精时间和采精方法不同，pH稍有差异。雄性贵州香猪最初射出的精液为碱性，其后射出的精子密度较大的精液多呈酸性。

4. 显微镜检查　一般包括精子活力、精子密度和精子畸形率。

（1）精子活力　是指精子活动的能力。精子活动有三种形式，即直线前进运动、左右摇摆运动和旋转运动。其中以直线前进运动为精子正常活动，其他两种属于不正常的活动。精液中呈直线前进运动的精子占总精子数的百分数称为精子活率。精子活率的评定一般用10级制评分法，100%的精子呈直线前进运动的为1级，80%精子呈直线前进运动的为0.8级，依次类推。精子活率越高，输精后受胎的可能性越大。一般要求输精的精子活率在0.7级以上。精子活力受外界温度影响很大，如温度过高，精子的活动加剧，精子的存活时间不长；温度过低，精子的活动变慢。因此检查精子的活力最好在38～40 ℃的保温箱内进行。简易的保温箱为木制箱或玻璃箱，内装保暖灯泡，将显微镜置于箱内，目前可用电热恒温箱。检查精子活力有两种方法：一种是平板压片法，用玻璃棒蘸上小滴原精液或稀释精液（生理盐水或5%葡萄糖溶液稀释）放在载玻片上，然后把盖玻片盖在精液上，精液均匀地分布在载玻片上，将制成的玻片置于显微镜下，400倍镜检；另一种是用红白细胞计数板，在显微镜下计算直线前进的精子数。

（2）精子密度　通常指1 mL原精液中所含精子数。测定精子密度有两种方法，即目测法和计数法，主要用目测法。在检查精子活率的同时，还可观察精子稠密程度，一般将精子密度分为密、中、稀三个等级。密表示精液中所含精子数多，精子充满整个显微镜视野，精子之间的空隙不足 1 个精子的长度，则每毫升精液中含 2 亿～3 亿个精子。中表示精液中所含精子较多，精子间空隙 1～2 个精子长度，清楚地看到每个精子活动情况，则每毫升精液中含 1 亿～2 亿个精子。稀表示精液中所含精子数很少，精子之间的空隙较大，大约超过 2 个精子的长度，每毫升精液中含 1 亿个以下精子。

（3）精子畸形率　是指畸形精子在总精子数中所占的百分比。畸形种类较多，包括头部过大、过小、断头、无尾、卷尾等。一般优良精液畸形率不超过 18%，如果超过 25%以上，表示精液品质不好，不能用来输精。检查畸形精子的方法是：取 1 滴原精液放置于载玻片右端，用另一张载玻片的端边浸入精液中，这时精液向玻片端边两侧蔓延，载玻片与另一张载玻片边端保持 45°，自右向左推移，精液均匀地涂布在载玻片上，待自然干燥后，用 95%酒精固定 2～3 min，以蒸馏水轻轻冲洗，再用数滴 0.5%龙胆紫或红色墨水，对玻片精液染色 3 min，用自来水冲掉染液。待干燥后，置于 600 倍的显微镜下检查。随意观察 500 个精子，看畸形精子有多少。并计算畸形精子的百分率。

（三）精液稀释

将采取的原精液加入专门配制的溶液进行冲淡的方法，称为精液稀释。其不仅可以增加精液容量、给更多的母猪输精，更重要的是可以延长精子的寿命，便于保存，提高香猪的配种效能。

配制稀释液时，应供给精子活动的能量，抑制精液中细菌的繁殖，扩大精液容量等。因此稀释液配制用的蒸馏水应纯净无细菌，奶和鸡蛋要新鲜，药品称量要准确，容器要消毒，最好是现用现配。配好的溶液要过滤、密封、消毒，暂时不用的可放入冰箱中冷藏。抗生素必须在稀释液冷却后加入，每 100 mL稀释液中加入青霉素 5 万～10 万 U 或链霉素 5～10 μg。加蛋黄时，先洗干净蛋壳，用 75%酒精消毒处理，敲破蛋壳，挑破卵黄膜，将一定量的卵黄吸入稀释液中。常用稀释液配方如下：

配方一：鲜牛奶或 10%奶粉稀释液。取新鲜牛奶适量或 10%奶粉溶液（奶粉 10 g，加蒸馏水至 100 mL）用多层纱布过滤几次，装入烧瓶内隔水煮沸 10 min，冷却至室温后，除去溶液上面的奶皮便可使用。

配方二：葡萄糖、柠檬酸钠、卵黄稀释液。称取无水葡萄糖 5 g、柠檬酸钠 0.5 g，鸡蛋黄 10 mL，加蒸馏水至 100 mL。

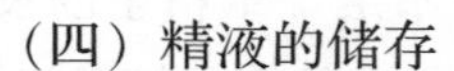

（四）精液的储存

对猪的精液大多采用常温保存法。具体办法是将储精瓶的精液放在室温下1～2 h，然后转入15～20 ℃温度下保存，一般保存2～5 d。由于室内温度昼夜相差较大，白天温度高，夜晚温度低，实际上室内保存是变温保存。如果保存在装精液的保温瓶中，加入适当温度的水，并经常进行更换。如用恒温水浴锅，可以避免温度出现较大的变化，比置于室内保存效果要好。

为了对精液各项指标进行备查，在进行精液检查、稀释、保存等各项工作中，要认真做好记录、建立档案。

（五）输精

输精是人工授精的最后一个技术环节，也是人工授精技术的成败关键。为了使雌性贵州香猪获得较高的受胎率和产仔数，同自然交配一样，应做好雌性贵州香猪的发情鉴定和适时输精工作。

雌性贵州香猪的输精器比较简单，也容易操作，它是一条细长的胶管，长度为40～45 cm，外径1 cm，内径2 mm。胶管的一端连接试管或小塑料软管，也有连接玻璃输精器的。输精前，将准备好的精液装入消毒好的玻璃管。塑料软瓶或玻璃注射器内接上细长的输精胶管。在胶管的前端涂上润滑剂，减少胶管插入雌性生殖道内的摩擦力。用温水将发情雌性贵州香猪的阴户冲洗干净，并用75%酒精消毒，再用生理盐水冲洗，阻止病原物在输精时被带入生殖道，影响输精效果或传播疾病。

输精时，输精员左手食指和拇指打开雌性贵州香猪的阴户，右手持输精器和胶管，然后将胶管轻轻地缓慢插入雌性贵州香猪阴道内，逐渐沿阴道内腔推进。当胶管插到一定深度时（大约30 cm），若有一种落空的感觉，此时胶管已插入子宫内或子宫颈口，此时保定好雌性贵州香猪，右手挤压塑料软管瓶或推移注射器柄，将精液挤压进入子宫内。如用自流式输精器输精，将装精管倒起高举，利用大气压作用使管内精液流入子宫内。在输精过程中，如发现雌性贵州香猪出现弓背臀部下垂现象，则可能会使精液倒流，这时可用手在雌性贵州香猪腰荐部捏几下，防止精液倒流。输精时间一般为3～5 min，输精量为20～30 mL，输入精子数为20亿～30亿个。

如果同时为几头雌性贵州香猪输精，应先准备好几条输精胶管，做到每头雌性贵州香猪一条胶管，防止生殖道疾病的传播。若条件不允许，共用一条输精胶管，当输完一头后，应用酒精药棉对胶管消毒，再用生理盐水或稀释液冲洗，尽量防止生殖道疾病的传播。每次输精结束后，均应认真填写输精登记表。

三、妊娠

（一）授精和胚胎发育

自然交配或人工授精都是将精液射入雌性猪子宫内，精子从射精部位游到输卵管上 1/3 处，与卵细胞接触，并进行受精。这段运行时间需要 2～4 h。精子除本身具有运动力外，还需借助雌性贵州香猪生殖道内的收缩和蠕动才能游动到受精部位。在这段游动过程中，大部分精子会死亡，如输精时注入精子 10 亿～20 亿个，那么到达受精部位的精子不超过 1 000 个。精子与卵细胞相遇时，首先释放出一种透明质酸酶，溶解卵细胞外面的放射冠和透明带，使卵细胞产生一个缺口，便于精子钻入卵内。一般是一个精子钻入卵内，其他精子都释放出透明质酸酶来溶解放射冠和透明带，帮助受精的精子钻入卵内。若精子数量不足，就不能溶解出一个缺口，受精作用便不会发生，因此保证人工输精的精子数量十分重要。

精子头部钻入卵内后，尾部留在卵细胞外，钻入的缺口立即被封闭，防止其他精子钻入。钻入卵内的精子头部膨大，核膜消失，染色质变为染色体，卵细胞核也同样膨大和核膜消失，两核靠近互相融合，形成一个既有母本遗传特性又有父本遗传特性的合子，新的生命便从此开始。合子不但具有父母遗传特性，而且具有更强大的生命力和适应性，这时呼吸作用加强，代谢作用提高，生理生化变化加快。合子经过 12～14 h 便发生第一次分裂。

合子边分裂边向子宫方向移动，受精后 2～2.5 d，合子便分裂至 8 个分裂球，并从输卵管移动到子宫角。胚胎在进入子宫角的早期，由于没有固定在子宫黏膜内，常呈游离状态，这时期的胚胎很容易受不良因素的影响而发生流产。如饲喂发霉变质饲料、个体间互相追逐和拥挤、剧烈运动、内分泌腺分泌失调、细菌和病毒感染等都能使早期胚胎发生流产、死亡或畸形，所以要加强这一阶段配种雌性贵州香猪的饲养管理工作。

胚胎附植于子宫黏膜的时间需 10～24 d，胚胎固定于子宫黏膜后，便从子宫黏膜内吸取营养。开始时，胚胎较小、重量较轻，此时主要是奠定胚胎内各器官原基。这时已配种雌性贵州香猪需要的营养物质要全面、质量好，数量可不需要较多。妊娠后期，此时主要是胚胎长体积和增重的时期，这时对妊娠个体应加大饲喂量，增加营养物质的质量和数量，满足胎儿对营养的需要。

（二）早期妊娠诊断

雌性贵州香猪配种或人工授精以后，是否进入妊娠阶段，需要在早期做出妊娠诊断，将没有受精的雌性个体当做妊娠个体长期饲养，则会延误生产期，浪费人力和物力。早期妊娠诊断的办法有：

1. 观察阴部变化　在雌性贵州香猪配种 7 d 后，观看个体阴部，若发现阴户收缩，阴门下联合向内向上方弯曲的，即为妊娠的象征。

2. 观看发情周期　雌性贵州香猪配种后 20 d 左右不再出现发情，可初步认为已妊娠，待第二个发情期仍不发情，则说明已妊娠受胎。

3. 观看行动表现　雌性贵州香猪配种后表现安静，贪吃贪睡，食欲增加，容易上膘，皮毛日益光亮并紧贴身躯，性情变得温驯，行动稳重，腹围逐渐增大，即是妊娠象征。

（三）分娩及助产

胎儿通过生殖道从母体排出的过程称为分娩。贵州香猪在分娩前，机体生理和行为发生的一系列变化称为分娩预兆。

1. 预产期推算　贵州香猪妊娠期为平均 114 d（可用“三三三”口诀表示，即 3 个月加 3 周加 3 d，每月按 30 d 计，每周按 7 d 计，总共 114 d）。

2. 行为变化　贵州香猪在临产前有衔草做窝的习性，此时腹部疼痛，躁动不安，排尿排粪次数增多，不饮不食，分娩即将来临。

3. 乳房变化　分娩前 20 d 左右，乳房由前向后逐渐膨大。产前 3 d，两侧乳头呈潮红色，用手挤乳头，可以挤出稀薄的乳汁，产前 1 d 可挤出浓稠的初乳，营养好的母猪表现明显。

4. 体态变化　临产前，贵州香猪腹大而下垂，躺下时能看到腹部胎儿在跳动，外阴部松弛，尾根两侧稍凹陷，阴唇上皱襞消失。

每头仔猪都是从子宫角子宫颈端开始有顺序地产出的，其产式无论是先从头位或臀位均是顺产，不至于难产。

5. 助产的实施　安静的环境对正常分娩很重要。贵州香猪分娩一般多发生在夜间。在整个接产过程中要求保持安静，动作迅速和准确。应做好以下工作：

（1）产前准备　清扫圈舍，消毒，铺好垫草，保持圈舍通风、干燥、透光。冬季温度低时，应有取暖设备。

（2）助产　母猪生产时，管理人员要在场守候，准备好卫生纱布、消毒药水、注射器、药品（包括催产素和抗生素）、剪刀等，当母猪出现难产时应进行助产。仔猪产出后，接产人员应立即用手将口、鼻的黏液清除并擦净，擦净全身黏液。

（3）断脐　先将脐带内的血液向仔猪腹部方向挤压，然后在距腹部 4 cm 处把脐带剪断，断处用碘伏消毒。若断脐时流血过多，可用手指捏住断端，直到不出血为止。

（4）仔猪编号　编号便于记载和鉴定，对种猪具有重要意义，可以清楚各个猪的来源、发育和生产性能。编号的标记方法很多，目前常用剪耳法，即利用剪耳号钳在猪耳朵上打号，一个耳缺代表一定数字，把几个数字相加即得其号数。称重并登记分娩卡片。此外，应及时将仔猪送至母猪身边吃乳，有个别仔猪生后不会吃乳，需进行人工辅助。

（5）假死仔猪的急救　有的仔猪产下后没有呼吸，但心脏仍在跳动，这即是“假死”。急救方法常用人工呼吸，可将仔猪的四肢朝上，一手托着肩部，另一手托着臀部，然后一屈一伸反复进行，直到仔猪叫出声为止。也可采用在鼻部涂酒精等刺激物或针刺的方法来急救。

贵州香猪较少有难产现象，若偶遇此现象，可用人工合成催产素注射，注射后 20～30 min 可产出仔猪。如注射催产素仍无效，可采用手术取出胎猪及胎盘。手术后，应给母猪注射抗生素或其他抗炎症药物。

（四）哺乳

1. 泌乳机制　泌乳是发动乳腺分泌细胞的机能来分泌乳汁，大量乳汁只有在小叶腺泡系统发育后才能分泌。腺泡上皮的分泌活动开始于妊娠中期，至分娩前 20 d 分泌物逐渐增加。由于感觉和运动冲动可作为发动泌乳的因素，但神经纤维仅分布于乳腺的间质和血管，并终止于分泌上皮，乳腺的正常神经联系对发动泌乳并非重要。内分泌系统参与发动泌乳，生乳素能诱发多数哺乳

动物泌乳。妊娠后半期，使乳腺生长的刺激愈来愈弱，而使分泌的刺激越来越强。

2. 泌乳规律　每个乳头有 2～3 个乳腺团，各乳头间互相没有联系。乳房没有乳池，不能随时排乳，仔猪也不能在任何时间都能吃到母乳。母猪的泌乳量一般在分娩后处于增加趋势，到仔猪 21 日龄左右达到高峰，以后逐渐下降。同一头母猪不同乳头的泌乳量是不同的，一般认为前面的几对乳头比后面的乳头泌乳量要多。此外，不同泌乳阶段或同一阶段昼夜间的泌乳次数不同，前期的次数多于后期，白天稍多于夜间。

母乳是仔猪出生后 20 d 内的主要营养物质，只有保证母猪能够分泌充足的乳汁，才能使产下的仔猪成活率高、体质健壮。

第五章
贵州香猪的营养需要与常用饲料

贵州香猪在不同发育时期有不同的营养需求，饲料的营养价值直接关系到香猪的生长发育、抗病能力、繁殖、健康状况。不因此针对不同品种、品系香猪的不同生理阶段和发育时期，给予不同配合饲料喂养，合理配合日粮，才能确保贵州香猪拥有良好的健康状态。

第一节　营养需求

一、贵州香猪消化系统的特点

贵州香猪的消化系统包括消化管和消化腺，消化管包括口腔、咽、食管、胃、小肠、大肠、肛门；消化腺包括壁内腺和壁外腺，壁内腺有唾液腺、胃腺、小肠腺，壁外腺主要有肝、胰。

（一）贵州香猪消化管结构特点及其功能

贵州香猪营养物质的消化吸收过程是通过消化器官、消化腺体、消化液以及神经体液调节整体调控完成的。

1. 口腔　贵州香猪的口腔由唇、颊、硬腭、下颌骨、舌及齿等器官组成，具有采食、搅拌食物、吸吮、分泌唾液和吞咽等功能。口腔消化由摄取食物开始，食物进入口腔后，经过咀嚼，混入唾液，然后进行吞咽。

2. 咽和食管　咽位于口腔和鼻腔的后方、喉和食管的前上方，是消化和呼吸的共同通道。食管是连接口腔和胃的一个肌肉发达的管道，其将食物直接送到胃内做进一步的消化。

3. 胃　胃位于腹腔内，在膈和肝的后方，前端以贲门连接食管，后端以幽门与十二指肠相通。胃具有暂时储存食物、分泌胃液、进行初步消化以及推动食物进入十二指肠等功能。胃底腺分泌胃液，胃黏膜黏液细胞分泌黏液在胃表面形成保护层，防止胃酸的侵蚀。

4. 小肠　小肠起自幽门，止于回盲口，小肠分为十二指肠、空肠和回肠三部分。小肠是肠中最长的部分，小肠黏膜和黏膜下层向肠腔突出形成环形皱襞，黏膜表面有肠绒毛，凸入肠腔中，以增加与食物接触面积，有利于吸收营养物质。十二指肠是小肠的第一段，较短，肝管和胰管开口于此；空肠是小肠中最长的一段，也是食物消化和吸收的重要场所；回肠位于小肠末端，较短，肠壁较厚。小肠的消化腺分为壁内腺和壁外腺两大类。壁内腺有十二指肠腺和肠腺，壁外腺有肝、胰。

5. 大肠　大肠分为盲肠、结肠和直肠三段，其腺体能够分泌碱性、黏稠的消化液，含有少量的消化酶。大肠内的消化主要靠随食糜带来的小肠消化酶和微生物进行，大肠对食物进行进一步的消化吸收，大量的水分被吸收，食物残渣被浓缩形成粪便排出体外。

（二）贵州香猪消化腺及消化液

1. 消化腺　香猪消化腺分为壁内腺和壁外腺两类。壁内腺分布于消化管壁的黏膜或黏膜下层，分泌物可直接排入消化管腔内，主要有舌腺、食管腺、胃腺和肠腺等。壁外腺位于消化管壁外，有导管开口于消化管腔内，主要有大唾液腺、肝、胰。各种消化腺的分泌物和酶都不同，经协同作用，可将食物分解为各种小分子，以便于机体吸收和利用。

（1）唾液腺　香猪的唾液腺主要有三对大唾液腺：腮腺、颌下腺和舌下腺。除此之外在唇、颊和舌黏膜内还有无数小腺体分布，兼有浆液腺和黏液腺的性质，分泌黏液性分泌物和浆液性分泌物，还产生淀粉酶，能分解淀粉。

（2）肝　香猪肝脏发达，肝分叶明显，其腹侧缘有3条深的叶间切迹，将肝分为左外叶、左内叶、右内叶和右外叶，胆囊位于肝右内叶与方叶之间脏面的胆囊窝内，肝总管在肝门处与胆囊管汇合形成胆总管，开口于十二指肠。肝细胞分泌的胆汁通过胆总管排入十二指肠。

（3）胰　胰分为胰头和左、右两叶。胰头居中稍偏右，位于十二指肠前部和胃小弯邻近，门静脉和后腔静脉的腹侧。胰腺外分泌部分泌胰液，通过胰管排入十二指肠。

2. 消化液

（1）唾液　唾液是腮腺、颌下腺和舌下腺三对主要唾液腺和口腔黏膜中许多小腺体分泌的混合液。唾液为无色透明的液体，具有弱碱性。唾液的主要功能：①含有大量水分，可以湿润饲料，溶解食物中某些可溶物质，从而引起味觉，促进消化液的分泌；②唾液中的黏蛋白富有黏性，有助于吞咽；③唾液中含有淀粉酶，有助于分解淀粉。

（2）胃液　胃液是由胃黏膜分泌的透明、淡黄色液体，pH 为 0.5～1.5，主要由水、盐酸、胃蛋白酶原、黏液和内在因子等成分组成。胃酸主要功能：①激活胃蛋白酶原，产生胃蛋白酶，造成蛋白质变性，从而易被消化分解；②维持胃内酸性，为消化酶提供适宜环境，使钙、铁、锌等矿物质被消化吸收；③杀死食物中的微生物。胃蛋白酶主要功能：将蛋白质分解成简单的肽，主要作用于苯丙氨酸和酪氨酸的肽键。黏液主要成分为糖蛋白。黏液功能：①润滑食物以便通过胃；②保护胃黏膜不受食物机械损伤；③偏碱性，防止酸和酶对黏膜的消化。

（3）胰液　胰液为胰腺分泌的无色、无臭、弱碱性的液体，pH 7.8～8.4，主要由水、无机盐和酶组成，由胆管口排入十二指肠中。功能：①胰淀粉酶主要分解淀粉；②胰脂肪酶类将脂类分解成甘油一酯和游离脂肪酸；③胰蛋白酶在肠激酶作用下激活，将蛋白质、肽分解成游离氨基酸。

（4）胆汁　胆汁由肝细胞合成，在胆囊中储存、浓缩后，经由胆管排入十二指肠。胆汁为金黄色、苦味、浓稠状液体，主要含有水、胆盐、胆色素、脂肪酸、胆固醇、钠、钾、钙等。功能：①激活胰脂肪酶；②乳化脂肪，形成脂肪小球；③胆盐与甘油一酯、游离脂肪酸形成复合物，促进脂肪吸收；④促进脂溶性维生素的吸收；⑤胆固醇排泄途径之一。

（5）小肠液　小肠液由十二指肠细胞分泌，弱碱性，pH 为 7.6，主要由氨基肽酶、麦芽糖酶、乳糖酶、蔗糖酶、碳酸酶、肠激酶等组成。功能：对低分子蛋白质、糖进行彻底消化，使之成为直接吸收的小分子化合物。

（三）贵州香猪消化道微生物特点及其功能

贵州香猪的消化管后段共生的微生物群利用香猪消化道内未吸收的氮源合成蛋白质。细菌蛋白质进一步消化，被寄主以氨基酸的形式部分由肠壁吸收，为贵州香猪提供一定量的蛋白质。微生物还能合成各种维生素，如核黄素、烟酸、吡哆醇、生物素、泛酸以及维生素 B_{12} 等，能够满足贵州香猪的部分需要。

二、贵州香猪营养需求及其作用

（一）蛋白质

1. 蛋白质的基本概念　生物体内的一切生命活动都与蛋白质密切相关，贵州香猪体内的活性物质、酶、激素、神经递质、免疫抗体等多数都是由蛋白质构成。蛋白质由碳、氢、氧、氮四种元素组成，有些还含有硫、铁、磷、铜、碘等其他元素。蛋白质中各种元素含量均值见表 5－1。由于动植物体中的总蛋白质较复杂，难以直接测定，但一般情况下蛋白质中氮的含量固定为16％，因此可以根据平均含氮量，从而换算成蛋白质的含量（含氮量/16％）。

表 5－1　蛋白质的组成元素

元素种类	平均含量（％）	元素种类	平均含量（％）
碳	50～55	硫	0～4.0
氢	6.0～7.0	磷	0～0.8
氧	19～24	铁	0～0.4
氮	15～17		

2. 蛋白质的生理意义

一是香猪机体结构物质。蛋白质是贵州香猪机体肌肉、皮肤、内脏、血液、神经、骨骼等许多组织、器官的结构物质。结构蛋白质不同从而造成贵州香猪机体内的组织、器官在形状和功能上有着明显的不同差异。例如硬蛋白是骨骼、毛发、蹄角等主要成分，白蛋白是构成体液的主要成分。

二是香猪新陈代谢的必需物质。贵州香猪组织细胞有死亡和脱落，同时也有新细胞产生。新细胞的增殖过程中，需要量多且必需的物质即是蛋白质。和其他动物一样，贵州香猪每天都需要供给大量的蛋白质等营养物质，其体内蛋白质总量中每天会有 0.25％～0.3％的蛋白质进行更新，因此经过 12～14 个月时间，贵州香猪的组织蛋白质即可完全更新一次。

三是香猪机体内的功能物质。贵州香猪体内重要的酶、激素、各种免疫球蛋白、血红蛋白等功能物质均由蛋白质组成。此外，蛋白质对调节血液渗透压、酸碱平衡也有重要作用。

四是香猪的能量物质。虽然蛋白质的主要功能不是供能，但是在其他能源物质和糖供应不足时，机体可通过蛋白质分解来满足能量需要，而当蛋白质供给过量时，亦可转换成脂肪储存备用。

3. 蛋白质的基本组成单位——氨基酸

（1）氨基酸的基本概念　氨基酸是构成蛋白质的基本单位，目前所知氨基酸有 20 种左右，根据氨基酸的结构可以分为中性氨基酸、酸性氨基酸、碱性氨基酸、含硫氨基酸、芳香族氨基酸、杂环氨基酸。中性氨基酸是分子中含有同量羧基和氨基的氨基酸，包括甘氨酸（Gly）、丙氨酸（Ala）、丝氨酸（Ser）、缬氨酸（Val）、亮氨酸（Leu）、异亮氨酸（Ile）、苏氨酸（Thr）。酸性氨基酸是分子中含有 2 个羧基和 1 个氨基的氨基酸，包括天冬氨酸（Asp）和谷氨酸（Glu）。碱性氨基酸是分子中含有 1 个羧基和 2 个氨基的氨基酸，包括赖氨酸（Lys）、精氨酸（Arg）、瓜氨酸（鸟氨酸循环中间产物）。含硫氨基酸是分子内含有硫元素的氨基酸，包括胱氨酸（Cys）和蛋氨酸（Met）。芳香族氨基酸是分子内含有芳香族环的氨基酸，包括苯丙氨酸（Phe）和酪氨酸（Tyr）。杂环氨基酸是含有咪唑环、吡咯环等结构的氨基酸，包括组氨酸（His，含有咪唑环）、脯氨酸（Pro，含有吡咯环）和色氨酸（Trp，含有吲哚环）。

根据组成蛋白质的 20 种常见氨基酸在贵州香猪体内的营养特性，将氨基酸可分为必需氨基酸和非必需氨基酸。必需氨基酸是猪体内不能合成或合成的数量不能满足猪的维持和生产需要，必须由饲料提供的氨基酸。非必需氨基酸是在猪体内能够通过转氨基作用合成或转化得到的氨基酸。不同生理阶段的猪所需氨基酸的种类有微小差异，见表 5-2。

表 5-2　猪的必需氨基酸和非必需氨基酸分类

必需氨基酸		非必需氨基酸	
生长猪	成年猪	生长猪	成年猪
赖氨酸、蛋氨酸、色氨酸、组氨酸、异亮氨酸、亮氨酸、苯丙氨酸、缬氨酸、苏氨酸、精氨酸	赖氨酸、蛋氨酸、色氨酸、组氨酸、异亮氨酸、亮氨酸、苯丙氨酸、缬氨酸、苏氨酸	甘氨酸、胱氨酸、丝氨酸、丙氨酸、脯氨酸、羟脯氨酸、酪氨酸、瓜氨酸、谷氨酸、天冬氨酸、正亮氨酸	甘氨酸、胱氨酸、丝氨酸、丙氨酸、脯氨酸、羟脯氨酸、酪氨酸、瓜氨酸、谷氨酸、天冬氨酸、正亮氨酸、精氨酸

（2）氨基酸代谢　氨基酸代谢包括氨基酸的合成、降解与转运。氨基酸的合成指对非必需氨基酸而言，合成氨基酸的骨架来自糖类、脂类或必需氨基酸；氨基来自氨离子或其他氨基酸脱落的氨基。

未被用于合成蛋白质的氨基酸将进行脱氨基或脱羧基作用。氨基酸在体内氧化脱氨，生成氨和相应的酮酸，形成的酮酸可氧化供能，也可以合成葡萄糖或脂肪。当游离的氨超过体内正常浓度时，就会在肝脏中合成尿素，并以尿素的形式排出体外。体内的氨基酸有一部分也可以在脱羧酶的作用下，脱去羧基形成相应的胺类，例如组氨酸和谷氨酸可分别转化成组胺和氨基丁酸。

（3）贵州香猪的理想蛋白质　理想蛋白质是指该蛋白质氨基酸的组成和比例与动物所需要蛋白质的氨基酸的组成和比例一致。饲料蛋白质中的各种氨基酸的配比与不同时期贵州香猪所需氨基酸配比恰好一致时，日粮蛋白质的生物学效价最好，利用率最高。

理想蛋白质的基础是：①根据不同性别、不同体重，机体的氨基酸配比相当稳定这一现象，推断猪对饲料氨基酸需要量方面的差异仅表现在绝对量上，而各个氨基酸需要量的配比则保持不变；②生长猪对蛋白质的需要量虽然由维持与生长两部分组成，但维持所占比例较小，因此猪对日粮氨基酸配比的要求主要由生长需要决定；③生物学效价高的日粮蛋白质，其氨基酸配比与猪的肌肉中的配比极为相似。

（4）氨基酸缺乏症　氨基酸缺乏很少有典型的临床症状，主要症状是：①食欲降低，伴随采食量降低，饲料浪费多，饲料利用率低，增重缓慢，体质虚弱，被毛干燥、粗糙；②严重时有负氮平衡，血清蛋白质浓度降低，贫血，肝中脂肪累积，水肿；③降低仔猪的初生重、产乳量，一些酶和激素的合成减少；④对饲料中黄曲霉素的敏感性增加。

饲料氨基酸不平衡在生产上较常见，其对猪的不利影响较为明显。解决的办法：一是利用氨基酸的互补作用，二是适当添加必需氨基酸。

（二）脂肪

1\. 脂肪的基本概念　脂肪是贵州香猪所需要的三大营养物质之一，由碳、氢、氧三种元素组成，少量脂肪中含有氮、磷等元素。在营养上，常把动物体中的所有脂溶性物质统称为粗脂肪，其包括简单脂类、复合脂类、胆固醇及其他脂溶性物质。简单脂类是猪重要的酯来源，主要是甘油三酯，复合脂类包括磷脂、鞘脂、糖脂和脂蛋白等。

2. 脂肪的生理意义　脂肪的生理意义主要包括四个方面，即作为能源物质、组织生长和修复的原料，内外分泌物质的原料，机体溶剂及其他作用。脂肪在香猪的机体功能作用中位居第二位，是香猪体内最重要的能源储备物质。每克脂肪氧化可产生 39.3 kJ 的热量。脂肪是组织细胞生长的原料，一切细胞质膜，如线粒体、高尔基体等都离不开脂肪，脂肪中的类脂是合成一切细胞质膜的原料。此外，猪的任何组织细胞中都存在脂肪，如肌肉中亦存在脂肪，可提高猪肉质量。内分泌中，性激素等类固醇激素均由脂肪中的胆固醇合成。外分泌中，乳腺分泌的乳脂、蛋黄中的卵磷脂等都属于脂肪物质。脂溶性维生素 A、维生素 D、维生素 E、维生素 K 等的吸收必须依赖脂肪存在。麦角固醇可以合成维生素 D_2，7-脱氢胆固醇可以合成维生素 D_3。机体内的必需脂肪酸酸（如亚油酸）等还可发挥特殊的生理作用。

3. 必需脂肪酸　必需脂肪酸是指在动物体内不能合成，必须由饲料供给，而且是动物正常生长所必需的多不饱和脂肪酸。

必需脂肪酸酸对贵州香猪的生理意义：①维持毛细血管的正常功能，当必需脂肪酸酸缺乏时，毛细血管脆性增加，其中以皮肤毛细血管最重要，导致皮肤病、水肿等；②保证正常生殖功能，缺乏必需脂肪酸酸可降低繁殖机能；③参与类脂运输和代谢；④油酸是合成前列腺素的原料。

（三）糖类

1. 糖类组成　糖类是多羟基醛或多羟基酮以及经水解后能产生多羟基醛或多羟基酮的一类化合物。主要是由碳、氢、氧三种元素组成，其中氢与氧原子的比例多数为 2∶1，与水分子中氢与氧的比例相同。根据糖类在稀酸中的水解情况，可以将糖类物质分为单糖、低聚糖和多糖三大类。

（1）单糖　是指不能被稀酸溶液水解的多羟基醛或多羟基酮。单糖是构成糖类物质的基本结构单位。根据分子中碳原子的个数可以分为丙糖、丁糖、戊糖、己糖和庚糖等，其中丙糖是最简单的糖，生物代谢中最主要最常见的是戊糖和己糖。戊糖中主要包含核糖和脱氧核糖，己糖主要有葡萄糖、果糖和半乳糖等。

（2）低聚糖　是指能被稀酸水解成 2～10 个分子单糖的糖的总称，代表有二糖、三糖等。二糖中主要有蔗糖、麦芽糖、纤维二糖、乳糖等。蔗糖是植物体内糖运输的主要形式，猪采食后，食物被蔗糖酶分解为葡萄糖和果糖后被吸收利用。麦芽糖在猪饲料中含量很少，猪在消化淀粉时，需要将其降解成麦芽糖，然后由麦芽糖酶分解成 2 分子的葡萄糖后被吸收利用。乳糖只存在于猪乳汁中，乳糖在消化道中被乳糖酶分解成 1 分子葡萄糖和 1 分子半乳糖后被吸收利用。

（3）多糖　是由 10 个以上相同或不相同的单糖分子以糖苷键形式结合而成的一类高分子化合物。多糖由一种单糖组成的称为同聚多糖，由多种单糖组成的多糖称为杂聚多糖。多糖有淀粉、糖原、纤维素、半纤维素、果胶及木质素等。淀粉是动物饲料可溶性糖的主要组分，在口腔或消化道中被淀粉酶分解成麦芽糖，随后又被分解成葡萄糖被吸收利用。糖原在猪体内可被磷酸激酶分解为葡萄糖，也可由葡萄糖在糖原合成酶作用下合成，糖原的作用是通过合成和分解来调节血糖，使血糖保持相对稳定。由于猪消化液中不存在纤维素分解酶，消化道后段的微生物对纤维素的利用率也很低，因此纤维素对于猪营养价值很低。此外，猪对半纤维素、果胶及木质素的利用情况也很低。

2. 糖类的生理意义　糖类的生理意义主要包括功能、机体的构成物质、机体的营养储备及合成乳糖、乳脂和非必需氨基酸等物质。

糖类的最重要的营养作用是氧化供能，不同类型的糖类在相应的分解酶作用下分解成小分子分解产物，随后完全氧化分解，为机体的一切生命活动提供所需的能量（表 5－3）。每克糖完全在猪体内氧化后，平均可产生 17.10 kJ 的热能。糖类是机体很多器官组织的构成物质，如核糖和脱氧核糖是 RNA 和 DNA 的组分，黏多糖是结缔组织基质的组分等。糖类在香猪体内可转变成糖原或脂肪储备起来，糖原在血糖降低时迅速分解为葡萄糖以补充血糖。糖类是香猪泌乳期合成乳脂和乳糖的重要原料，同时在体内可以为非必需氨基酸的合成提供碳链。

表 5－3　贵州香猪消化道中糖类分解酶及分解产物

酶的种类	来　源	分解对象	分解产物
淀粉酶	唾液、胰脏	淀粉、糖原	麦芽糖、葡萄糖
麦芽糖酶	小肠	麦芽糖	葡萄糖
乳糖酶	小肠	乳糖	葡萄糖、半乳糖
蔗糖酶	小肠	蔗糖	葡萄糖、果糖

（续）

酶的种类	来　源	分解对象	分解产物
纤维素分解酶	肠道微生物	纤维素	挥发性脂肪酸、葡萄糖、甲烷
半纤维素分解酶	肠道微生物	半纤维素	挥发性脂肪酸、葡萄糖、甲烷

（四）矿物质

矿物元素在贵州香猪体内可作为结构物质，维持细胞渗透压和机体的酸碱平衡，参与一些酶和重要功能物质的组成。目前，在养猪生产中广泛应用的矿物质有 14 种，每种元素几乎都参与了机体内的代谢活动，主要有钙、磷、钠、钾、氯、镁、硫、铁、铜、锌等。

1. 钙和磷　钙和磷占猪体灰分的 70％以上，主要以磷酸钙形式存在于骨骼和牙齿中。钙在猪体内是维持神经肌肉的兴奋性传导和感应性所必需的，直接参与凝血过程；磷是高能化合物三磷酸腺苷、二磷酸腺苷和磷酸、肌酸的组成部分，供机体生命活动所需。贵州香猪缺乏钙磷时表现为食欲下降、生长不良、消瘦、跛行、骨骼脆弱、繁殖机能受损、仔猪佝偻病、大猪骨软化等。

2. 钠、钾、氯　钠、钾、氯主要存在于体液和软组织中，主要功能是维持体液渗透压，调节酸碱平衡，控制组织中水的代谢和细胞容积。此外，钠、钾在维持肌肉神经的兴奋性上具有重要作用，氯参与胃酸形成，可激活胃蛋白酶原和唾液中的淀粉酶。生长猪缺钠和氯时，表现为食欲和消化机能减退，日增重和饲料利用率降低。缺钾主要出现食欲减退、被毛粗糙、消瘦、懒惰及共济失调等。成年猪缺钠时，最初食欲不振、精神萎靡、消瘦，严重时会发生肌肉抽搐、运动失调、心律不齐等。

3. 镁、硫　镁参与香猪机体骨骼、酶的辅助因子的构成，参与肌肉收缩偶联，保证神经肌肉的正常功能，同时参与机体的氧化磷酸化过程。猪缺镁表现为应激过敏，肌肉痉挛、软弱、不愿站立、平衡失调、抽搐，甚至死亡。硫主要存在蛋白质中，含硫氨基酸合成蛋白质和一些激素，参与糖的代谢，牛磺酸、肝素、胱氨酸和其他有机物的合成。猪饲料中含硫物质如果不足，将产生功能性和器质性病变。

（五）维生素

维生素既不能作为猪机体代谢的能源物质，也不能够作为机体器官的结构物质，但是一类维持猪生命活动和生产活动不可缺少的微量有机化合物。每一个动物个体每天对维生素的需要量很少，这些维生素在体内起到催化作用，它们促进主要营养素的合成、降解，从而控制机体代谢。

维生素按照溶解性不同可分为脂溶性维生素和水溶性维生素，脂溶性维生素有维生素 A、维生素 D、维生素 E、维生素 K；水溶性维生素有维生素 B_1、维生素 B_2、维生素 B_6、维生素 B_{12}、泛酸、叶酸、胆碱等。

1. 脂溶性维生素　维生素 A 和维生素 D 是两种比较重要的脂溶性维生素。维生素 A 是所有具有视黄醇生物活性的β-紫罗衍生物的统称，其对猪的生长、繁殖、软骨基质的发育和维持脑脊髓液压都是必需的，此外还能维持上皮细胞正常功能，抗氧化，提高机体免疫力。猪饲料中缺乏维生素 A 可以导致眼干燥症，同时呼吸道、消化道、生殖道和眼周围软组织上皮细胞出现角质化，黏膜受损，影响细胞膜的结构。维生素 D 是一类有维生素 D 活性的类固醇，约有 10 种，其中最重要的有维生素 D_2 和维生素 D_3，维生素 D 主要参与骨骼的矿化作用。猪缺乏维生素 D 会引起钙、磷吸收和代谢紊乱，骨骼钙化不足，四肢强直和跛行，发生骨折、骨质疏松，骨变性，生长缓慢，最终出现佝偻病。

2. 水溶性维生素　维生素 B_1、维生素 B_2 及胆碱是比较重要的水溶性维生素。维生素 B_1 是由 1 个吡啶分子和 1 个噻唑分子通过 1 个亚甲基连接而成，又称硫胺素或抗神经炎素。维生素 B_1 参与糖类和蛋白质代谢过程中α-酮酸的脱氧化脱羧反应。香猪缺少维生素 B_1 的表现为食欲减退、增重减慢，偶有腹泻、呕吐，脉搏变慢，体温降低，心肌退化，心脏肥大无力，悸动和呼吸急促，以致衰竭猝死。维生素 B_2 是一种含有核糖醇基的黄色物质，又名核黄素，是黄素蛋白的组成成分，此外核黄素还是许多酶的组成成分。猪缺乏维生素 B_2 的表现为四肢弯曲、僵硬及皮厚、皮疹和皮肤渗出等，母猪核黄素储量不足的表现为食欲减退、繁殖障碍。胆碱是乙酰胆碱的必需成分，乙酰胆碱是传递神经脉冲的主要化合物，胆碱同时对肝脏的长链脂肪酸的磷酸化和氧化是必需的，此外在机体代谢过程中，胆碱提供稳定的甲基，与蛋氨酸、维生素 B_{12} 和叶酸之间进行互动。猪缺少胆碱时，生长缓慢、共济失调，血脂水平下降，红细胞减少，血浆碱性磷酸酶活性升高，磷脂含量减少。猪体瘦弱，被毛粗糙，腿短，肚子大。母猪会影响到繁殖性能，泌乳量下降，仔猪成活率低，断乳体重小。

（六）水

水是动物最重要的营养物质。猪体内的水主要有饮水、饲料水和代谢水。猪体内的水分含量随着年龄、体重的增长而大幅度降低，胚胎时期猪含水量为90%以上，初生仔猪含水量80%以上，成年猪含水量50%～70%。猪缺水严重时会影响其健康和生产性能，缺水初期，食欲明显减退，随着失水增加，干渴感加重，食欲完全废绝，消化机能迟缓，机体抗病力和免疫力减弱，因此水具有重要的生理意义。

（1）水是机体的主要组成成分　体内大部分水与蛋白质结合形成胶体，使组织、器官、细胞具有一定的形态结构、硬度或弹性。

（2）水是机体中理想的溶剂　很多化合物容易溶解在水中，体内各种养分的吸收、分布、转运、代谢和废物的排泄都需溶于水后才能进行。

（3）参与许多生物化学反应　例如水解、水合、氧化还原、有机物质的合成和细胞的呼吸过程等。

（4）参与调节体温　水的比热大、导热性好、蒸发速度快、热量高，所以水能储存大量的热能，能在短时间内迅速传递热能和蒸发热能，有利于动物机体的体温调节。

（5）起到润滑作用　动物体内各种关节囊内、体腔内和各器官间存在一定的水，可以减少关节、器官、组织间的摩擦力，起到一定的润滑作用。

三、贵州香猪日粮主要营养素

猪机体及其进食的饲料中有60余种元素，这些元素是其维持生命和生产的必需元素。香猪对饲料的消化方式主要有物理性消化、化学性消化及微生物消化。同一种饲料在同种猪的不同生理阶段，消化率有所不同；不同种类的饲料，即使在猪的同一生理阶段，消化率也不同；在不同类型香猪之间，消化率差别很大。因此要根据贵州香猪不同品种、品质以及生理阶段，选择合适的饲料或添加特定的营养元素，以满足它们日常的营养需要。

1. 种公猪所需主要营养素　种公猪的质量直接关系到整个猪群的生长发育，因此应注意公猪的选种、培育和饲养的整个环节，提高种公猪质量。蛋白质是构成精液的重要成分，一般日粮中需要14%左右的蛋白质，蛋白质过多或过少都会对精液产生不利影响。形成精子的必需氨基酸有赖氨酸、色氨酸、胱氨酸、组氨酸、蛋氨酸等，其中以赖氨酸最为关键。此外，钙和磷不足会致使精子发育不全、活力下降，钙磷的比例比为1.5∶1最好。缺乏维生素A、维生素D、维生素E时，公猪的性反射降低，精液质量下降，长期缺乏时会使睾丸发生肿胀或干枯萎缩，丧失繁殖性能，公猪的日粮中每千克应配4 100 IU的维生素A、275 IU的维生素D及11 mg的维生素E。此外香猪每日还需有1～2 h的日光淋浴，来满足对维生素D的需求。

近年来研究发现硒的作用与维生素E有密切的关系，当贵州香猪缺乏硒的时候会引起贫血、精液品质下降、睾丸退化，此外盐酸和泛酸也是贵州香猪不可或缺的营养物质。

2. 种母猪所需主要营养素　种母猪的饲养应根据其繁殖周期，即妊娠前期、妊娠期及哺乳期三个不同的生理阶段进行调节。

（1）妊娠前期　妊娠前期的营养直接关系到妊娠时期的母猪质量、胎儿的生长发育情况，因此妊娠前期的母猪都应供给全面的、必需的营养物质。这个时期要特别重视蛋白质的供给，每千克日粮含蛋白质12%，日粮中氨基酸不足可致使卵子发育不良、排卵数降低、受孕率降低。此外日粮中的维生素对妊娠前期母猪的发育非常重要，日粮中维生素A不足会影响母猪卵泡成熟，受精卵难以着床，断乳后延迟发情。日粮中缺少维生素D会影响钙磷的吸收，造成机体代谢机能紊乱。在贵州香猪日粮中，粗蛋白质占15%，赖氨酸占0.65%，钙占0.75%，磷占0.54%，每千克饲料加维生素A 4 000 IU、维生素D 280 IU、维生素E 11 mg，同时应供给大量的青饲料和多汁饲料。

（2）妊娠期　从受精卵开始到分娩前的时间属于妊娠期，妊娠期应保证胎儿在母体内得到正常发育，顺利分娩，妊娠期母猪所需的各种营养物质对胎儿的健康成长至关重要。饲养过程中注意防止饲料中毒，日粮中各种营养物质应合理搭配、营养全面，日粮中粗蛋白质占13%～14%，赖氨酸占0.65%，钙占0.70%～0.80%，磷占0.60%，必须及时添加各种必需氨基酸、矿物质和各种维生素（钙、磷、维生素A、维生素D等），防止饲料发霉变质。

（3）哺乳期　饲养好哺乳期母猪是提高母猪的泌乳力和乳质，保证仔猪正常发育的关键。母猪分娩3 d内的为初乳，以后为常乳，初乳蛋白质含量比常乳高，而初乳中乳脂、乳糖、灰分含量比常乳低。哺乳期母猪的物质代谢比妊娠前期母猪高得多，因此所需的饲料量和营养物质也需要增加，饲料中蛋白质要占15%，维生素A、维生素D、钙、磷等也不可或缺，否则会使母猪泌乳量降低、体形消瘦，仔猪健康水平降低甚至患病，影响母猪再次发情配种，要在哺育的整个过程中确保营养成分均衡。遇到哺乳期母猪泌乳不足或是缺乳时，可以增加蛋白质含量丰富而又容易消化的饲料，如豆类、鱼粉等。饲料中蛋白质含量要求在16%左右，赖氨酸占0.65%，钙占0.75%，磷占0.55%，适当补充食盐以及其他维生素、微量元素，还可进行催乳分泌。

3. 仔猪所需主要营养素　要培育好幼龄香猪，应该从仔猪的接产开始，让仔猪及时吃到初乳，同时做好仔猪的保温、防压和开食等工作。初生的仔猪可以吸收母乳中少量完整的蛋白质，外源物质进入机体刺激抗体的形成，可使仔猪获得免疫力。贵州香猪仔猪饲料中粗蛋白质占17%～18%，钙占0.75%～0.85%，磷占0.55%，锌占0.65%。赖氨酸在不同时期的仔猪饲料中含量是不同的，例如哺乳期仔猪饲料中含量为0.64%～0.75%。随着仔猪日龄增加逐渐增加乳猪料，直到断乳，不能突然变更饲料，要逐渐增加青饲料，注意按照防疫程序进行防疫，直至4月龄。

4. 生长期香猪所需主要营养素　由于香猪在不同的生长发育的时期表现出不同的发育规律，因而营养需要的重点也不同。在生长初期，骨骼发育迅速，骨骼生长是生长重点，在生长后期，生长重点转移为肌肉生长，直到成年脂肪堆积变为重点。蛋白质和矿物质是生长猪需要的重点，因此给予全价营养饲料有重要意义。贵州香猪生长缓慢，其用途要求体重小，在营养供给上不能以增重为目的，在保证正常生长的前提下，适当控制能量，增加青粗饲料的比例。其营养需要建议量为：消化能为11.28～12.18 kJ/kg，粗蛋白质14%～16%，赖氨酸0.65%～0.7%，钙0.75%，磷0.55%。

第二节　常用饲料与日粮

一、贵州香猪常用饲料的种类和营养特点

目前，在香猪原产区的香猪饲养实践过程中，养殖合作社根据香猪的原生态饲料组成结构，确保高比率的粗纤维含量，配合能量饲料、蛋白质饲料、矿物质饲料、维生素和各种添加剂，结合现代加工技术，已经配制出了香猪的专用饲料。配合饲料类型多样，其营养物质互补，能提高饲料的利用率，能满足香猪各生理阶段的营养所需。

（一）能量饲料

能量饲料指的是在干物质中，粗纤维含量低于18%、粗蛋白质含量低于20%、天然含水量低于45%的谷实类、糖麸类等。其营养成分的共同特点是淀粉含量高，而粗蛋白质和氨基酸的含量较低，其中缺乏赖氨酸和蛋氨酸，色氨酸的含量也较低，易消化，能值高。

1. 谷实类饲料

（1）谷实类饲料营养特征　该类饲料大多是禾本科植物的成熟种子，突出的优点是淀粉含量高，粗纤维含量低，可利用能量高。缺点是蛋白质含量低，氨基酸组成上缺乏赖氨酸和蛋氨酸，缺乏钙及维生素A、维生素D，磷含量较高，但利用率低。

（2）常用谷实类饲料种类　玉米是谷实类饲料的主体，是最主要的能量饲料。玉米适口性好、消化率高，淀粉含量高，是香猪日粮中主要的能量来源。玉米每千克干物质含代谢能13.89 MJ，玉米蛋白质含量低，氨基酸组成不平衡，玉米仅含粗蛋白质7%～8%，缺乏赖氨酸和色氨酸。在以玉米为基础饲料能量的日粮中，需要搭配适量的豆类及动物性饲料，以弥补玉米蛋白质数量和质量的缺陷，满足不同阶段香猪能量蛋白质需要。维生素A和维生素E的含量较高，而几乎不含维生素D和维生素K。玉米含钙量不足0.1%，含磷量约0.3%，因而必须补充钙磷矿物质饲料。

2. 糠麸类饲料

（1）常用糠麸类饲料特征　糠麸类饲料包括米、面加工的主要副产品。同原粮相比较，除无氮浸出物含量较低外，其他营养成分含量都较高，米糠和麦麸的含磷量高达1%以上，但其中植酸磷占70%，吸水性强，易发霉变质，不易储存，糠麸类饲料含有丰富的B族维生素。

（2）常用糠麸类饲料种类　糠麸类饲料种类主要包括糠和麦麸。稻谷的加工副产品称稻糠，稻糠可分为砻糠、米糠和统糠。一般100 kg稻谷可出砻糠22 kg、米糠6 kg。米糠饲用价值由大米精制的程度而决定，精制的程度越高，米糠中胚乳物质进入得越多，米糠的饲用价值越高。米糠脂肪含量高达22.40%，且大多属于不饱和脂肪酸，其中还含有2%～5%维生素E。米糠的粗纤维含量不高，所以有效能值较高，其含钙量偏低，缺少维生素A、维生素C和维生素D。米糠是能值较高的糠麸类饲料，适口性较好。米糠由于含脂量较高，因此天热时易酸败变质，可经榨油制成糠饼再做饲料。麦麸淀粉含量较高，粗纤维含量较高，可达到8.5%～12%；粗蛋白质含量可达到12.50%以上，粗脂肪含量为3.90%左右，灰分含量为4.90%左右，钙含量为1.0%，含有赖氨酸0.67%，但是蛋氨酸含量很低，只有0.11%；B族维生素含量较高，如维生素B_1、维生素B_2、烟酸、胆碱，也含有维生素E；钙含量低，而磷的含量较高，植酸磷含量为80%。

3. 块根、块茎及瓜果类饲料　此类饲料包括胡萝卜、甘薯、木薯、饲用甜菜、马铃薯、菊芋块茎及南瓜等。该类饲料最大的特征是水分含量很高，可达到75%～90%，去籽南瓜中的水分含量可达93%，相对的干物质含量很低。就干物质而言，粗纤维含量较低，无氮浸出物含量高达67.50%～88.10%，消化能较高，每千克干物质含有13.81～15.82MJ的消化能。但是一些主要矿物质与某些B族维生素的含量也不足，南瓜中核黄素含量可达13.1 mg/kg。甘薯和南瓜中均含有胡萝卜素，含量能达到430 mg/kg。此外，块根和块茎饲料中富含钾盐。

（二）蛋白质饲料

通常将干物质中粗蛋白质含量在20%以上、粗纤维含量低于18%的饲料归为蛋白质饲料。蛋白质饲料包括植物性蛋白质饲料、动物性蛋白质饲料、单细胞蛋白质饲料以及酿造工业副产物等。

1. 植物性蛋白质饲料

（1）常用植物性蛋白质饲料特征　此类饲料包括饼（粕）及一些粮食加工副产品等。饼（粕）类饲料是油料籽实榨油后的产品，这种饲料包括大豆饼和豆粕、棉籽饼、芝麻饼、菜籽饼、花生饼、向日葵饼和胡麻饼等。该类油料籽实共同特点是油脂与蛋白质含量较高，而无氮浸出物含量比一般谷物类的低。因此提取油脂后的饼粕产品中蛋白质含量就显得更高，再加上残存不同含量的油分，故一般的营养价值较高。

（2）常用植物性蛋白质饲料种类　此类饲料主要包括大豆饼、棉籽饼、菜籽饼和花生饼。

① 大豆饼　营养价值很高，粗蛋白质含量为40%～45%，去皮大豆饼粗蛋白质含量可达到50%，并且品质优良，含有较多的必需氨基酸，尤其赖氨酸含量达2.5%～3%；但是蛋氨酸的含量很低，仅为0.5%～0.7%。大豆饼中钙少磷多，维生素A、维生素D含量低，B族维生素除维生素B_2、维生素B_{12}

外含量均较高，粗脂肪含量低。

② 棉籽饼　是棉花籽实提取棉籽油后的副产品，一般含有 32%～37%的粗蛋白质，是一种重要的蛋白质资源，将棉籽饼作为蛋白质饲料添加到香猪日粮中可以收到良好效果。棉籽饼蛋白质组成不是很理想，精氨酸含量为 3.6%～3.8%，而赖氨酸含量仅为 1.3%～1.5%，过于偏低，只有大豆饼的 60%，其中有效赖氨酸含量仅为大豆饼的 50%，因而棉籽饼不能作为唯一的蛋白质补充料。棉籽饼中含有对香猪有害的游离棉酚等物质，过量添加会引起香猪的中毒，在日粮中添加量不能超过 10%。

③ 菜籽饼　菜籽（油菜籽）含粗蛋白质 20%以上，菜籽饼经过榨油后油脂含量降低，粗蛋白质相对增加到 30%～40%，粗纤维含量为 12%～13%。菜籽饼中赖氨酸含量为 1.0%～1.8%，色氨酸含量为 0.5%～0.8%，蛋氨酸含量为 0.4%～0.8%，胱氨酸含量为 0.3%～0.7%。维生素含量为：硫胺素 1.7～1.9 mg/kg，泛酸 8～10 mg/kg，胆碱 6 400～6 700 mg/kg。钙磷含量高，硒的含量特高，每千克可达到 0.98 mg。菜籽饼中含有葡萄糖酸，其在芥子酶的作用下，可生成异硫氰酸酯和噁唑烷硫酮等有害物质，对香猪有毒性作用，加上适口性差，因此在配制饲料时要严格控制用量，一般不超过日粮的 5%。

④ 花生饼　适口性好，营养丰富而且易消化，饲用价值仅次于大豆饼，蛋白质和能量含量都比较高，全去壳蛋白质含量可达到 44%～46%。花生饼含赖氨酸 1.5%～2.1%、色氨酸 0.45%～0.51%、蛋氨酸 0.4%～0.7%、胱氨酸 0.35%～0.65%、精氨酸 5.2%。胡萝卜素和维生素 D 含量极低，含硫胺素和核黄素 5～7 mg/kg、烟酸 170 mg/kg、泛酸 50 mg/kg、胆碱 1 500～2 000 mg/kg。花生饼不耐储存，易生长黄曲霉，对香猪可造成极其严重的后果，因此应特别注意花生饼的储存时间和条件，杜绝霉变。

此外，还有很多其他的饼（粕）饲料，其饲用价值见表 5-4。

表 5-4　其他饼粕类及饲用豆类的饲用价值

类　别	干物质（%）	总能（MJ/kg）	粗蛋白质（%）	可消化粗蛋白质（%）	粗纤维（%）	钙（%）	磷（%）
蓖麻饼	93.5	18.58	35.3	—	33.3	—	—
	100	19.87	37.7	—	35.6	—	—
椰子饼	91.2	17.15	24.7	197	12.9	0.04	0.06
	100	18.83	27.0	216	14.1	0.04	0.07

（续）

类　别	干物质（%）	总能（MJ/kg）	粗蛋白质（%）	可消化粗蛋白质（%）	粗纤维（%）	钙（%）	磷（%）
芝麻饼	82.2	19.04	44.3	362	5.4	1.99	1.33
	100	20.67	48.0	393	5.8	2.15	1.44
黑豆（多样品种平均）	91.0	21.00	37.9	300	5.7	0.27	0.52
	100	23.01	41.6	328	6.2	0.30	0.57
秣食豆（平均）	88.4	19.62	34.5	280	5.9	0.06	0.57
	100	22.18	39.0	317	6.7	0.07	0.64
大豆	88.0	—	37.0	—	5.1	0.27	0.48

2. 动物性蛋白质饲料

（1）常用动物性蛋白质饲料特征　动物性蛋白质饲料包括鱼粉、肉骨粉、血粉、羽毛粉及蝉蛹粉等，此类饲料含有大量的蛋白质及各种必需氨基酸，还含有各种维生素和微量元素，功能价值比植物性蛋白质饲料高。

（2）常用动物性蛋白质饲料种类　动物性饲料主要包括鱼粉、肉粉和肉骨粉。

① 鱼粉　营养价值因鱼种、加工方法和储存条件不同而有较大的差异。鱼粉含水量平均为10%，蛋白质含量为40%～70%，进口鱼粉蛋白质含量一般在60%以上，国产鱼粉蛋白质含量在50%左右。鱼粉是优质的动物性蛋白质补充饲料，鱼粉的蛋白质中含有多种必需氨基酸，特别是一般饲料缺乏的赖氨酸、蛋氨酸和色氨酸含量丰富。进口鱼粉赖氨酸含量可达到5%以上，国产鱼粉为3.0%～3.5%。鱼粉脂肪含量为5%～12%。蛋白质消化率高达88%，鱼粉中钙磷含量高，比例也适宜，含钙5%～7%、磷2.5%～3.5%，食盐含量为3%～5%。B族维生素丰富，适于饲喂仔猪和种猪。微量元素中，铁含量最高，达到1 500～2 000 mg/kg，其次是锌、硒，锌达100 mg/kg以上，硒为3～5 mg/kg。一般日粮中用量可达到5%～10%。

② 肉骨粉　是经卫生检验不适合人食用的肉品或肉品加工副产品，经高温、高压或煮沸处理后脱脂干燥制成的粉状物，其营养价值很高，是很好的动物性蛋白质饲料。肉粉的蛋白质含量一般为50%～60%。肉骨粉因肉骨比例不同，蛋白质含量有差异，一般在45%～50%。肉骨粉中粗脂肪含量为4.8%～7.2%，灰分含量为20.1%～24.8%；含有较多的氨基酸，其中蛋氨

酸为0.36%～1.09%，含量不如鱼粉，赖氨酸为2.7%～5.8%，钙为5.3%～6.5%，磷为2.5%～3.9%。肉骨粉中B族维生素含量丰富，尤其是尼克酸和维生素B_{12}含量高。肉骨粉容易变质腐烂，喂养前应注意检查，喂量占日粮含量的3%～10%。

（三）常用块根、块茎及瓜果类饲料种类

1. 甘薯　甘薯是我国种植最广、产量最大的薯类作物，甘薯块多汁，富含淀粉，是很好的能量饲料来源。甘薯干淀粉含量非常丰富，蛋白质含量仅为4%，且非蛋白氮物质含量高，最好与籽实、饼类、豆类牧草等混喂。甘薯贮藏易发霉，饲喂前需要用清水浸泡，洗去真菌，煮熟或发酵后再喂，以免中毒。

2. 马铃薯　马铃薯茎叶可做青贮饲料，块茎干物质中80%左右是淀粉，各种动物对它的消化率都比较高。马铃薯植株中有一种配糖体（苷类），称茄素（龙葵素），是有毒物质，但只有在块茎贮藏期间经过日光照射马铃薯变成绿色后，茄素含量增加时，才可能发生中毒现象。

3. 胡萝卜　胡萝卜可列入能量饲料内，但由于它的鲜样中水分含量多、容积大，因此在生产实践中并不依赖它来供给能量。它的重要作用主要是在冬季作为多汁饲料和供给胡萝卜素。由于胡萝卜中含有一定量的蔗糖以及它的多汁性，在冬季青饲料缺乏时，日粮中可加一些胡萝卜改善日粮的口味，调节消化机能。

4. 南瓜　含水量较高，干物质仅为10%。其中，淀粉占5%，粗蛋白质占15%以上，胡萝卜素含量较高。南瓜味甜，香猪极喜食。

（四）液体能量饲料

1. 常用液体能量饲料特征　该类饲料包括动物脂肪、植物油和油脚（榨油的副产品）、制糖工业的副产品糖蜜和乳品加工的副产品乳清等。该类饲料属于一种高能量饲料，能量含量高，蛋白质含量较低，维生素、矿物质等元素含量较低。

2. 常用液体能量饲料种类

（1）动物脂肪　屠宰场通常将检验不合格的酮体、脏器及皮脂等进行高温处理可以得到动物脂肪，该类饲料在常温下凝固，加热则溶化成液体。动物脂

肪代谢能达到 35 MJ/kg，约为玉米的 2.52 倍，添加脂肪可提高日粮的能量水平，并改善适口性，还能降低淀粉的粉尘。贵州香猪日粮中动物脂肪可占日粮的 6%～8%，用脂肪做能量饲料，可降低体增热，减少猪炎热气候下的散热负担，夏季可预防热应激。

（2）植物脂肪　绝大多数植物油脂在常温下都是液态，最常见的是大豆油、菜籽油、花生油、棉籽油、玉米油、葵花籽油和胡麻油。植物油脂和动物脂肪的差别在于含有较多的不饱和脂肪酸（占油脂的 30%～70%），与动物脂肪相比，植物油有效能值含量稍高，代谢能可达到 37MJ/kg。植物油脂主要供人食用，也用作食品和其他工业原料，只有少量用于饲料。

（3）糖蜜　甜菜制糖业的副产品甜菜渣的数量很大，是饲养香猪的良好饲料。甜菜渣按干物质计算粗纤维的含量较高，约 20%；无氮浸出物含量很高，约 62%；可消化粗蛋白质的含量较低，仅约 4%；钙、磷的含量较低，特别是磷的含量很低，因此钙、磷的比例不当。甜菜虽经榨糖，但甜菜渣中仍保留一部分糖分。由于甜菜渣的能量含量较高，但蛋白质含量较低，维生素、钙、磷含量不足，因此为了提高甜菜渣的饲养效果，配合日粮时应补充这些养分。

（五）青绿饲料

青绿饲料包括青饲料、块根块茎饲料和瓜类饲料等。其特点是水分含量高达 70%，甚至 80%以上，干物质仅为 10%～30%。该类饲料来源广、产量高、营养丰富、价格便宜，是香猪喜爱的重要饲料。香猪对青饲料的采食量大，一般种猪每日可采食 4～5 kg，生长猪 2～3 kg。由于青绿饲料体积较大，可限制猪的随意采食，单一饲料喂养又难以满足其营养需求，因此必须与能量饲料、蛋白质饲料配合使用，才能充分发挥作用。

（1）苜蓿　系多年生豆科牧草，适口性好，鲜苜蓿中含干物质 20%～30%，粗蛋白质占鲜重的 5%左右。赖氨酸和色氨酸含量较高，还含有多种矿物质特别是钙磷及维生素 B_1、维生素 B_2、维生素 C、维生素 E、维生素 K、胡萝卜素。

（2）紫云英　富含蛋白质，并含有各种矿物质和维生素，鲜嫩多汁，适口性强。鲜饲或制粉效果都很好，替代日粮中能量和蛋白质饲料的 25%～30%对生长和育肥无影响。

（3）甘薯藤　鲜甘薯藤约含干物质 14%、粗蛋白质 2.2%、氮浸出物

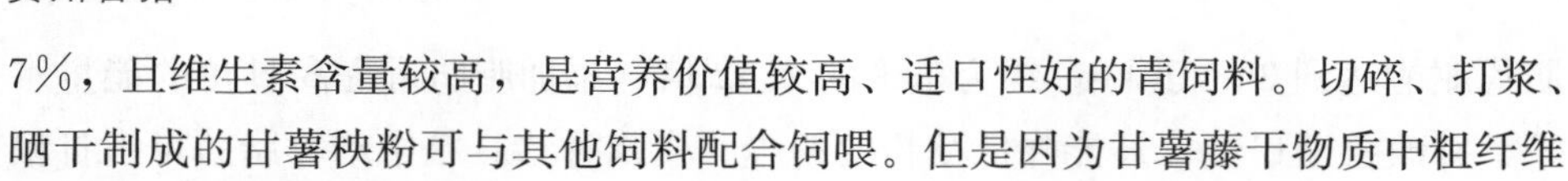

7%，且维生素含量较高，是营养价值较高、适口性好的青饲料。切碎、打浆、晒干制成的甘薯秧粉可与其他饲料配合饲喂。但是因为甘薯藤干物质中粗纤维含量较高，使用时应适量。

（六）粗饲料

该类饲料是指粗纤维含量超过干物质18%以上的一类饲料，主要包括干草、树叶、秸秆等。最大特点是体积大、粗纤维多，质地粗硬，不易消化，因此营养价值低、饲喂效果差，其中应用最多、最好的是干草粉。青草晒干或烘干制成干草，干草经加工制成草粉作为猪的饲料，常用豆科青干草制成草粉，其粗蛋白质含量较高、粗纤维含量较低，因而营养价值较高。其干物质含量为85%～90%，优质草粉具有草香味、适口性好，可以代替部分能量饲料和蛋白质饲料饲喂香猪。由于粗纤维含量较其他能量蛋白质高，故应控制喂量，草粉在香猪日粮中可以占20%～30%，是冬季日粮重要的蛋白质、维生素和钙的来源。

（七）矿物质饲料

1. 常用矿物质饲料特征　矿物质饲料是补充动物矿物质需要的饲料。香猪采食的饲料主要是植物性饲料，然而植物性饲料中矿物质的数量及比例与香猪的营养需要不相适应，必须另外补充矿物质。食盐、钙、磷为常用的矿物质饲料，微量元素则通过微量元素添加剂供给。

2. 常用矿物质饲料种类

（1）食盐　大多数植物性饲料钠、氯含量很低，故常用食盐补充，一般占猪日粮的0.3%。食盐含氯60%，含钠40%，碘盐还含有0.007%的碘。食盐不足可引起食欲下降，采食量降低，生产性能下降，并导致异食癖。食盐过量时，只要有充足的饮水，一般对香猪健康无不良影响，但若饮水不足，可出现食盐中毒。

（2）钙磷饲料　香猪常用的钙磷饲料含骨粉和磷酸氢钙。石粉中仅含有钙，不含磷。骨粉和磷酸氢钙占日粮中用量的1.5%～2.5%时，可以满足磷的需要。另外，在生长育肥期香猪的日粮中还要添加0.5%～1%的石粉，以满足钙的需要。在香猪日粮中所用的钙磷补充料在选用或选购时应考虑以下因素：纯度，有害元素含量，物理形态（比重、细度）等，钙磷利用率和价格等，以单位可利用量的单价最低为选购原则。

（3）微量元素添加剂　在完全的平衡日粮中，还要补加铁、铜、锌、锰、钴、硒等微量元素。所添加的微量元素都是相应的盐类。常用的微量元素化合物有硫酸亚铁、硫酸铜、硫酸锌、硫酸锰、硫酸钾、氯化钴、亚硒酸钠等。

（八）维生素饲料

1. 常用维生素饲料特征　来源于动、植物的某些饲料中富含大量维生素。例如鱼肝富含维生素 A、维生素 D，种子的胚富含维生素 E，酵母富含 B 族维生素，水果与蔬菜富含维生素 C。但这些都不归为维生素类，只有经过加工提取的浓缩产品和直接化学合成的产品方属于本品，鱼肝油、胡萝卜素就是来自天然动、植物的提取产品，属于此类的多数维生素是人工合成的产品。

2. 常用维生素饲料种类　目前依其溶解性将维生素分成两类：脂溶性维生素和水溶性维生素。前者包括维生素 A、维生素 D、维生素 E、维生素 K，后者包括 B 族维生素和维生素 C。脂溶性维生素只有碳、氢、氧 3 种元素，而水溶性维生素有的还有氮、硫和钴（表 5－5）。

表 5－5　猪常用的维生素饲料

种　类	外　观	粒度（万个/g）	含量	容重（g/mL）	水溶性	重金属（mg/kg）	水分（%）
维生素 A 乙酸酯	浅黄到红褐色球状颗粒	10～100	50 万 IU/g	0.6～0.8	在水中弥散	50	5.0
维生素 D_3	奶油色细粉	10～100	10 万～50 万 IU/g	0.4～0.7	在温水中弥散	50	5.0
维生素 E 乙酸酯	白色或浅黄色细粉或球状颗粒	100	50%	0.4～0.5	吸附制剂不能在水中弥散	50	5.0
亚硫酸氢钠甲萘醌（MSB）	浅黄色粉末	100	50% 甲萘醌	0.55	溶于水	20	—
亚硫酸氢钠甲萘醌复合物（MSBC）	白色粉末	100	25% 甲萘醌	0.65	在温水中弥散	20	—
甲基嘧啶醇亚硫酸甲萘醌（MPB）	灰色到浅褐色粉末	100	22.5% 甲萘醌	0.45	溶于水的性能差	20	—
盐酸 B_1	白色粉末	100	98%	0.35～0.4	易溶于水，有亲水性	20	5.0
硝酸 B_1	白色粉末	100	98%	0.35～0.4	易溶于水，有亲水性	0.30	1.0
维生素 B_2	橘黄色到褐色细粉白色粉末	100	96%	0.2	很少溶于水	—	1.5
维生素 B_6	白色粉末	100	98%	0.6	溶于水	30	0.5

（续）

种 类	外 观	粒度（万个/g）	含量	容重（g/mL）	水溶性	重金属（mg/kg）	水分（%）
维生素 B_{12}	浅红色到浅黄色粉末	100	0.1%～1%	—	溶于水	—	5.0
泛酸钙	白色到浅黄色粉末	100	98%	0.6	易溶于水	20	5.0
叶酸	黄色到橘黄色粉末	100	97%	0.2	水溶性差	—	8.5
烟酸	白色到浅黄色粉末	100	99%	0.5～0.7	水溶性差	20	0.5
生物素	白色到浅黄色粉末	100	2%	—	溶于水或在水中弥散	—	—
氯化胆碱（液态）	无色	—	70%～78%	—	易溶于水	20	—
氯化胆碱（固态）	白色到褐色粉末	—	50%	—	—	20	4.0
维生素 C	白色到浅黄色粉末	—	99%	0.5～0.9	溶于水	20	—

二、贵州香猪不同类型饲料的合理加工与利用方法

（一）香猪饲料配方的设计原则

饲料配方设计的原则有营养生理性原则、经济性原则和安全性原则。营养生理性原则是配方设计的基础，既要满足猪对各种营养物质的需要，又要使饲料适口性好。经济性原则要求所选用的饲料原料价格适宜，选择时要因地制宜，就近取材。安全性原则要求饲料中的某些成分在动物产品中的残留与排泄对环境和人类没有毒害作用或不构成潜在威胁。

1. 营养生理性原则

（1）满足各种营养物质的需求　我国在大量试验的基础上研究制定了香猪的营养需要标准，营养需要标准应考虑多种条件，如生产水平、气候变化、饲料加工、储存中损失及某些特殊需要。在实际操作中可按以下原则掌握：①营养物质的进食量均不得低于最低需要量的 97%；②能量进食量不得超过标准需要量的 105%；③设计蛋白质进食量可以超过标准需要量的 5%～10%；④配方设计中的干物质进食量不得超过标准需要量的 103%。

在饲料配方设计时，首先必须满足香猪对能量的要求，其次考虑蛋白质、矿物质和维生素等的需要。因为：①能量是猪生长和生活最迫切需要的，提供能量的养分在日粮中所占比例最大，饲料中可利用能量的多少大致可代表饲料干物质中糖、脂肪和蛋白质含量的高低；②配制日粮时还应满足香猪对蛋白质的需要，并注意能量与蛋白质的比例；③应考虑能量与氨基酸、矿物质与维生

素等营养物质的相互关系，重视营养物质之间的平衡。

（2）要了解饲料原料中的营养成分及含量变化　由于饲料的产地、品种、收获方式和收获期限的早晚、加工贮藏等因素的影响，同种饲料的营养物质组成比例和营养价值存在差异。因此在配制饲料时不能直接使用已发表的饲料营养成分及营养价值表中的数据。应对饲料配方中所选饲料的各种营养成分及营养价值有所了解，同时要了解饲料原料的营养特性和物理特性等，在此基础上根据猪的营养需要量进行配合饲料配方的计算。

（3）饲料的组成多样性，适口性好，易消化　一般饲料组成中除去提供的矿物质元素、维生素及其他添加剂外，其他含有的精饲料种类不应少于3种。饲料组成应保持相对稳定，如果必须更换饲料，应遵循逐渐更换的原则，否则会影响消化生理机能，破坏香猪肠道微生物的正常结构，引起消化系统障碍，从而影响香猪对饲料养分的消化吸收，降低生产性能。

（4）适口性好　香猪实际摄入的养分，不仅决定于配合饲料的养分浓度，而且决定于采食量。养分全面、充足、平衡的配合饲料如果适口性很差，猪吃得很少，仍会造成营养不良。适口性较差的饲料，如菜籽饼、棉籽饼、血粉等不宜多用。乳猪开食料中常需要加一些诱食剂，以促进多吃料，在确定饲料原料的用量时，还应注意不应对香猪造成伤害。

2. 经济性原则　在生产中，由于饲料费用占很大比例，配合日粮时必须因地制宜，巧用饲料，选用营养丰富、质量稳定、价格低廉、资源充足的饲料，要合理利用农副产品，如可利用玉米胚芽、玉米酒精糟等替代部分玉米等能量饲料；利用脱毒棉籽饼、菜籽饼、花生饼等替代部分大豆饼。充分利用当地饲料资源，可减少饲料运输费用，降低饲料生产成本。

3. 安全性原则　可能对香猪机体产生伤害的饲料原料不可用于配方设计，发霉变质的饲料不宜作为配合饲料的原料，受到农药等有害物质污染的饲料原料不能应用于配合饲料。从人类健康角度出发，对于某些添加剂和药物应严格按规定添加，防止这些添加剂和药物通过动物排泄物或动物产品危害环境和人类的健康。杜绝使用国家明令禁止的药物和有关化合物。

（二）香猪饲料产品分类

当前，在猪生产中，常用的饲料产品按照营养成分可分为配合饲料、添加剂预混合饲料、浓缩饲料及代乳饲料；按照饲料物理性状可以分为粉状饲料、

颗粒饲料、碎粒饲料及压扁饲料。香猪的饲料主要包括添加剂预混合饲料、浓缩饲料、营养全价的配合饲料等。

1. 添加剂预混合饲料

（1）添加剂预混合饲料原料的选择　生产添加剂预混合饲料，应对所需要的微量添加成分及载体或稀释剂进行相应的选择。各种微量成分及作为稀释剂或载体的原料种类很多，纯度、效价、性质等也各有不同，因而在生产添加剂预混合饲料时，原料的选用应注重原料的数量、种类、价格、纯度、生物效价、安全性等。

（2）添加剂预混合饲料原料的前处理　前处理主要包括粉碎、驱水与疏水、扩散与稀释、覆膜与包裹四个方面。

一是粉碎。由于添加剂预混合饲料在整个配合饲料中所占比例不大，为使其均匀分布，要求它具有一定的粒度。粒度大小取决于添加剂预混合饲料在配合饲料中的添加数量，添加量越小，粒度要求越细。

二是驱水与疏水。添加剂预混合饲料的有效成分中有许多性质不同且不稳定的化学物质，若成品含水量较高则极易结块、变质或失效，从而影响使用效果，所以对含水高的原料必须进行驱水或疏水处理。

三是扩散与稀释。对预混合饲料生产中用量极微的原料（硒、碘、钴等），应预先进行扩散或稀释处理。对相互间有颉颃作用的物料，为减少其接触机会可利用载体承载或稀释扩大。

四是覆膜与包裹。对一些易失效的活性组分，为保证其效价，可进行覆膜或包裹处理以减少不良影响对其发生作用。目前所用易失效的维生素类都是采用微颗粒化覆膜处理过的。

（3）对载体和稀释剂的要求　可作为载体和稀释剂的物料很多、性质各异，对添加剂预混合饲料的载体和稀释剂的要求见表 5 - 6。

表 5 - 6　对载体和稀释剂物料的要求

项目	含水率	粒度（目）	容重	表面特性	吸湿结块	流动性	pH	静电
载体	＜10%	30～80	接近承载或被稀释物料	粗糙，吸附性好	不易吸湿	差	接近中性	低
稀释剂	＜10%	30～200	接近承载或被稀释物料	光滑，流动性好	防结块	好		低

（4）添加剂预混合饲料的生产　应根据饲喂对象的需求、饲料背景及添加剂原料综合考虑拟定相应的配方，对一些不能直接混合使用的原料，应在生产预混合饲料之前进行相应的前处理。

（5）添加剂预混合饲料的质量要求及使用注意　所用原料必须符合国家规定质量标准及卫生标准，以保证添加剂预混合饲料的使用安全。对添加剂预混合饲料的粉碎粒度及混合均匀度要求较高，以保证微量组分在配合饲料中均匀分布。添加剂预混合饲料具有鲜明的针对性，通常对产品质量的监控采用标签负责制，即成品中所含有效成分必须与产品标签保证值相符。在使用添加剂预混合饲料时，应严格按照说明书进行，如使用对象、添加量、停喂期、配伍禁忌等，以避免误用引起不良后果。

2. 浓缩饲料　浓缩饲料主要由三部分组成，即蛋白质饲料、矿物质饲料（钙、磷、食盐）和添加剂预混合饲料，不包括能量饲料。浓缩饲料的突出特点是除能量指标外，其余营养成分的浓度很高。浓缩饲料不能直接用以饲喂动物，它必须按一定比例与能量饲料配合后，才能构成用以饲喂动物的配合饲料或精饲料补充料。

（1）浓缩饲料的种类及生产意义　浓缩饲料依其组分的不同，与能量饲料的配合比例并非是固定的，根据市场要求可以是二八浓缩饲料、三七浓缩饲料或四六浓缩饲料等。

浓缩饲料的生产是配合饲料生产发展的一种补充。对于一些有自产能量饲料的地区和牧场，可免去能量饲料原料的往返运输，节约运输费用，降低饲料成本。

（2）浓缩饲料的质量要求及使用注意　浓缩饲料与添加剂预混合饲料近似，都是属于中间产品，不经再次混合不能直接喂给动物。对其构成原料及产品的质量要求，在卫生指标上与添加剂预混合饲料相同，对粒度及混合均匀度的要求略宽于添加剂预混合饲料。浓缩饲料的配合比例及对基础饲料的要求，均应在产品说明书或饲料标签中有明确规定，以避免使用不当危害生产。特别对于含有药物饲料添加剂的浓缩饲料，使用上更应注意。

3. 配合饲料　通常按饲喂对象（动物种类、年龄、生产用途等）划分为各种型号。对这种饲料的统一要求是能全面满足饲喂对象的营养需求。用这种配合饲料饲喂动物时，只要选用的产品型号与具体饲喂对象相符，喂给量足够，则不必另外添加任何营养性饲用物质，即可满足该饲喂对象的生产或生产需要。

在配合饲料中，组分占比例最大的是能量饲料，占总量的60％～75％，

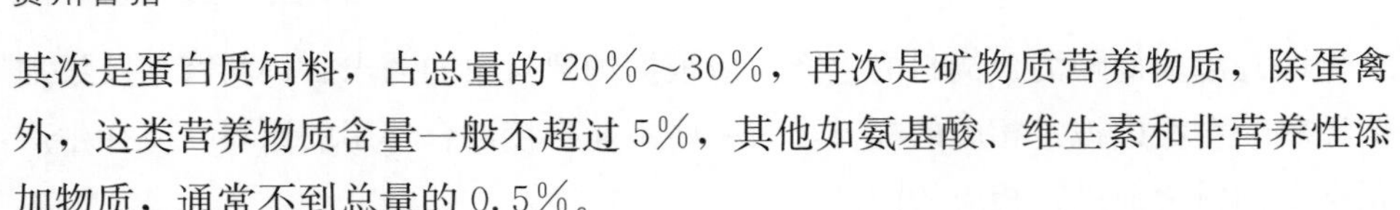

其次是蛋白质饲料，占总量的20%～30%，再次是矿物质营养物质，除蛋禽外，这类营养物质含量一般不超过5%，其他如氨基酸、维生素和非营养性添加物质，通常不到总量的0.5%。

配合饲料使用注意事项有以下几点：①由于不同饲喂对象的营养需要量是不同的，因此在使用配合饲料产品时，必须注意选择与饲喂对象相符的型号。②配合饲料可直接用于饲喂动物，不需另外添加营养性组分，以免造成饲料中营养物质间比例失衡。③应严格遵守使用规则，不可过期储存，以免其中活性组分失效。④对精饲料补充料，若变换基础饲草时，应根据动物生产反应及时调整精饲料补充料给量。⑤所谓全面满足营养需要是相对的，因而要通过观察动物反应来调整喂量，以避免营养物质浪费和缺乏。

（三）不同生长时期饲料配方

1. 仔猪饲料配方　仔猪饲料一般是指哺乳期仔猪从开食到断乳后2周左右所用的配合饲料。有些地方还为早期断乳猪提供人工乳和专门的诱食料。仔猪饲料除了应当含有充足全面、平衡的养分外，还应满足以下要求：

（1）诱食　为使仔猪能及早吃料，应在料中加诱食剂，仔猪爱吃有奶香和甜味的饲料。

（2）易消化　仔猪由于消化道没有完全发育成熟，胃酸和消化酶的分泌量都不足，因此饲料中最好能添加酸化剂、酶制剂。酸化剂中柠檬酸效果较好，酶制剂适口性较差，添加量不宜超过2%。

（3）防病促生产　由于仔猪对饲料消化能力差，饲料很容易因消化不良而腹泻。有些饲料原料中有过敏原，能使小猪肠道因过敏而患病，引起腹泻。乳猪防疫系统没有发育完善，故一般乳猪饲料中都添加抑菌促生长剂。效果较好的有杆菌肽锌＋硫酸黏杆菌素（5∶1）、高铜＋黄霉素、喹乙醇等。豆粕在配合料中含量超过20%容易导致腹泻，所以需要控制使用量。表5-7至表5-8分别是乳猪人工乳饲料配方、诱食饲料配方。

表5-7　乳猪人工乳饲料配方

原　料	配方1	配方2	配方3	配方4
牛奶（mL）	1 000	1 000	1 000	1 000
全脂奶粉（g）	50	50	100	200

（续）

原　　料	配方 1	配方 2	配方 3	配方 4
鸡蛋（g）	50	50	50	50
酵母（g）	1	—	—	—
干酪素（g）	15	—	—	—
猪油（g）	5	—	—	—
葡萄糖（g）	20	20	20	20
无机盐溶液（mL）	5	5	5	5
维生素溶液（mL）	5	5	5	5

表 5-8　仔猪诱食饲料配方（g）

原　　料	配方 1	配方 2	配方 3	配方 4
黄玉米粉	266.5	280.5	163.5	177.5
全脂奶粉	400	400	200	200
大豆粕	141	151	242	252
鱼浆	25	25	25	25
乳清粉（高乳糖）	—	—	200	200
糖（甘蔗或甜菜）	100	100	100	100
干蒸馏酒糟液	25	—	25	—
固化脂肪	25	25	25	25
碳酸钙	4	4	5	5
磷酸氢钙	—	1	1	2
碘化食盐	2.5	2.5	2.5	2.5
微量元素预混合饲料	1	1	1	1
维生素预混合饲料	10	10	10	10

2. 生长猪饲料配方　生长猪需要更多的蛋白质，随着年龄的增长，蛋白质需要量逐渐减少，能量与蛋白质的比例增加。生长猪对饲料的适应能力较强，可以应用各种价格较低的饲料资源，但对一些有抗营养因子的饲料需控制用量，以免发生危害。表 5-9 列出了生长猪饲料配方。

表 5-9　生长猪饲料配方（%）

原　　料	配方 1	配方 2	配方 3	配方 4	配方 5
玉米	50	52.3	56	50	45
小麦	10	10	10	10	15
麸皮	3	2	—	2.5	2.5
豆粕	27	20	25	24	20
花生粕	—	5	5.4	—	—
菜籽粕	—	2	—	—	4
膨化大豆	5	5	—	10	10
鱼粉	2	—	—	—	—
石粉	1.07	1.08	1.16	1.19	1.15
磷酸氢钙	0.55	1	0.8	0.8	0.8
食盐	0.3	0.32	0.32	0.32	0.32
盐酸赖氨酸	0.08	0.3	0.32	0.19	0.23
添加剂预混料	1	1	1	1	1

3. 种猪饲料配方　种猪对饲料品质的要求较高，未脱毒的菜籽饼、棉仁饼等含有毒物质的饲料要少用或不用。妊娠前期母猪需要的营养物质不多，但营养应全面而平衡；妊娠后期和哺乳母猪需要营养物质较多，特别要注意钙、磷、维生素和微量元素的供给。种公猪日常的饲料配方没有特殊要求，但要满足种公猪日常的营养需要。表 5-10 是种猪几个生长阶段的参考饲料配方。

表 5-10　种猪的饲料配方（%）

饲　　料	妊娠前期				妊娠后期		哺乳期		种公猪	
	1	2	3	4	1	2	1	2	1	2
玉米（%）	64.1	60.3	62.0	52.0	50.0	43.3	57.6	49.4	64.8	56.7
麸皮（%）	32.3	27.3	23.9	27.0	47.0	43.5	30.5	30.1	21.3	20.9
豆粕（%）	1.0	3.4	—	—	1.0	—	9.8	8.3	11.7	10.2
小麦（%）	—	—	—	10	—	10	—	10	—	10
棉仁粕（%）	—	—	5	2.8	—	—	—	—	—	—
磷酸氢钙（%）	1.78	0.13	0.24	—	—	0.1	0.07	0.06	0.42	0.41
石粉（%）	—	0.45	0.44	0.5	1.18	1.05	1.13	1.2	0.93	0.94
食盐（%）	0.32	0.32	0.32	0.3	0.32	0.32	0.4	0.44	0.35	0.35
添加剂（%）	0.5	0.5	0.5	0.5	0.5	0.5	0.5	0.5	0.5	0.5
沸石（%）	—	7.6	7.6	6.9	—	1.23	—	—	—	—

（四）不同类型猪饲料生产工艺

在20世纪70年代以前，我国的饲料的加工仅仅是简单的混合过程，几乎没有工艺要求。近年来，我国的养猪业已经逐步由传统的单一饲料粗放型转向以配合饲料为主体的集约型生产模式，目前已经由单一的饲料混合工艺发展到饲料粉碎、饲料混合、配料计量、颗粒饲料制造、膨化饲料加工、微电脑控制等多个不同工艺环节相互衔接的成套工艺设备。

1. 配合饲料和浓缩饲料生产工艺　配合饲料与浓缩饲料的加工方法基本类似。饲料的加工根据饲料生产厂家的规模大小、资金情况和场地面积，分半自动化生产和全自动化生产。

（1）半自动化生产工艺　适合生产规模小的饲料厂或大型养猪场，其投资小，占地面积小，在满足必要的质量控制与设备前提下，能充分利用人力资源和饲料厂现有的设施。半自动化生产工艺主要包括配料、混合、通风与清洗、包装等生产工艺。

一是配料工艺。浓缩饲料是由多品种、配量小、价格高的微量组分、蛋白质饲料和载体组成，配合饲料除包括以上原料外，还有用量大的能量饲料。为了保证配料精度，根据物料和称量条件，配备多种配料秤，以保证配料称重的综合误差达到0.01%～0.03%。

二是混合工艺。混合工艺要求浓缩饲料在机体内的残留量少，以减少微量元素的污染，微量组分原料浓度高，加入量少者，要予以稀释。一般在配置室设1台小容量的稀释混合机进行原料稀释，将其稀释到配料称量占总称量的5%以上时，方可混合。另外，原料的投料顺序对混合均匀度的影响也很大，必须严格按照操作顺序进行。

三是通风与清洗。在工作场所应设有脉冲除尘器、吸风罩、吸风口等装置，并保证输送管道及接缝处密封，以防污染。更换品种时要对设备（料仓、混合机等）进行清洗，并检验原料仓、配料仓和成品仓有无死角、霉变或结块等。

四是成品包装。成品包装分为手工包装和机械包装两种。手工包装劳动强度大、效率低。机械包装设备的出现大大降低了工人的劳动强度，同时提高了生产效率。机械包装设备由机械自动定量秤、灌装机械、缝袋装置和输送检量装置组成。物料自料仓进入自动定量秤后，自动定量秤将物料按照定额进行称量，通过自动或手控使物料落灌装机械所夹持的饲料袋内，然后松开夹袋器，装满饲料的饲料包通过传送带送至缝袋装置，缝包后仍由转送带送入成品库。

（2）全自动化生产工艺　全自动化生产工艺与配合饲料的半自动化生产工艺基本相似，分先粉碎后配料和先配料后粉碎两种加工工艺，主要由粉碎、配料、混合、输送、除尘、包装、储存等工艺组成。

一是先粉碎后配料生产工艺。该工艺是指将粒（块）状原料先进行粉碎，然后再进入料仓进行配料、混合等其他工艺。这是一种最常用的加工工艺，目前国内多采用此种工艺。生产工序为：第一，原料的接收与清理；第二，粉碎；第三，自动配料；第四，配料的混合；第五，成品包装。

先粉碎后配料生产工艺的优点：①粉碎机可置于容量较大的粉碎仓之下，原料供给充足，机器始终处于满负荷生产状态，呈现良好的工作特征。②分品种粉碎，可针对原料的不同物理性质及饲料配方的粒度要求调整筛孔大小，还可以配有不同型号粉碎机或在粉碎机前配一破碎机以获得最大经济效益。③粉碎工序之后配有大容量料仓，储备能力大，粉碎机的短期停机维修不会影响整个生产。④装机容量低。缺点：①料仓数量多，投资较大。②经粉碎后粉料在配料仓中易结拱，对仓斗的形状要求较高。

二是先配料后粉碎生产工艺。此种生产工艺是指将原料先计量配料，然后进行粉碎、混合、打包等工艺。生产工序为：第一，原料的接收与清理；第二，配料；第三，粉碎；第四，混合；第五，成品包装。

先配料后粉碎生产工艺的优点：①原料仓兼做配料仓，可省去大量的中间配料仓及其控制设备，简化了流程。②避免了中间粉状原料在配料仓的结拱现象。缺点：①装机容量比先粉碎工艺增加20%～50%，动力消耗高5%～12.5%。②一旦粉碎机发生故障，会影响整个生产。③微量组分在粉碎中会分离或飞散，所以微量组分将会被直接添加在混合机内。

2. 颗粒饲料生产工艺　颗粒饲料生产工艺与粉料配合饲料生产工艺基本相同，只是颗粒饲料多一个制粒工艺。制粒工艺是制粒工程中最关键最复杂的环节，它直接影响到颗粒饲料的质量和产量，包括调质工艺、制粒工艺和冷却工艺，制粒工艺又分环模制粒工艺和平模制粒机制粒工艺两种。

一是调质工艺。调质工艺是制粒工程中的重要环节，调质的好坏直接影响颗粒饲料的质量。调质的目的是将配合好的干粉料调制成为具有一定水分、温度和利于制粒的粉状饲料，一般是通过加入蒸汽来完成调质工艺。调质包括蒸汽供给调节系统和调质系统。蒸汽供给是由锅炉来完成的，常用的蒸汽锅炉有燃煤锅炉和燃油锅炉两种，锅炉工作压强应当维持在 0.55～0.69 MPa。从锅炉出来的蒸汽通过蒸汽管路进入调制器，由于不同类型饲料需要的蒸汽压强不同，其大小可由蒸汽管路来进行调节。输入调节器的蒸汽必须是饱和蒸汽，避免使用湿蒸汽，调制器的旋转搅拌使得蒸汽和干粉料充分混合，达到调质目的。

二是环模制粒机制粒工艺。制粒机工作时，粉料先进入喂料器，喂料器内设有控制装置，控制着进入调制器的粉料量和均匀性，其供料量随着制粒机的负荷进行调节。若负荷较小，就加大喂料器旋转，反之则减小喂料器的旋转。喂料器调节范围一般在 0～150 r/min。经过一段时间调质后，调质均匀的物料先通过保安磁铁去杂，然后被均匀地分布在压辊和压膜之间，由供料区经压紧区进入挤压区，被压辊钳入模孔连续挤压成形，形成柱状饲料，随着压模回转，被固定在压模外面的切刀切成颗粒饲料。

三是平模制粒机制粒工艺。制粒机工作时，物料由进料斗进入喂料螺旋。喂料螺旋由无级变数器控制转速来调节喂料量，保证主电机的工作电流在额度负荷下工作。物料经喂料螺旋进入搅拌器，再次加入适当比例的蒸汽充分混合，混合后的物料进入制粒系统，位于压粒系统上部的螺旋分料器均匀地把物料撒布在压模表面，然后由螺旋的压辊将物料压入模孔并从底部压出。经模孔出来的棒状饲料由螺旋切刀切成要求的长度，最后通过出料圆盘以切线方向排出机外。

四是冷却工艺。按照空气介质和颗粒料的流动方向分为逆流冷却和顺流冷却，两种冷却工艺都能将颗粒料冷却干燥到要求的温度和水分，但对加工质量却有不同的影响。

逆流冷却工艺是空气的流动方向和颗粒饲料的流动方向相反的一种冷却工艺。刚刚脱离颗粒机的粒料温度高、湿度大，与之相遇的空气已经与前面的饲料发生湿热交换，其温度较高、水分较大，物料和空气间的温差不大，二者间发生的湿热交换过程比较平稳，因此这种冷却工艺制得的颗粒料表面光滑，粉化率低，耐水时间长。

顺流冷却工艺是空气的流动方向和颗粒饲料的流动方向相同的一种冷却工艺。刚刚脱离颗粒机的粒料温度高、湿度大，而与之相遇的空气却是温度低、水分少的空气，物料和空气间的温度、水分差别较大，二者间发生的湿热交换过程比较剧烈，最终导致产品表现干燥不完全，制得的颗粒料表面不光滑，粉化率高，耐水时间短。

因此实际工作中宜选择逆流冷却工艺。

三、贵州香猪的典型日粮结构

香猪的生命周期一般可以分为出生前、哺乳期、生长期和繁殖期等，每一时期都有其独特的营养需要。根据香猪所处不同的生长阶段和生理特点，应给予合理的饲料类型和配方。

1. 乳猪饲料　乳猪是从刚出生至5周龄的猪，该时期饲料适用于乳猪哺乳期补料用，饲料必须具备营养性、适口性和抗病性。饲料中要求营养水平为消化能11.2～12.59 kJ/kg，粗蛋白质17%～18%，赖氨酸0.75%，钙0.75%～0.85%，磷0.55%～0.65%，微量元素和维生素按需供给。

2. 仔猪饲料　仔猪饲料适用于乳猪断乳后饲用，生长所需营养全部通过采食饲料获取。仔猪消化能力还不十分健全，饲料的营养品质直接影响仔猪健康。因此该阶段的营养水平为消化能11.12～12.59 kJ/kg，粗蛋白质17.0%，赖氨酸0.7%，钙0.75%，磷0.5%。

3. 生长期饲料　生长期饲料一般采用全价营养饲料。全价营养饲料是指猪饲料必需营养全价、平衡，满足猪的能量、蛋白质、纤维素、矿物质的营养需要。生长猪正处于生长发育最旺盛的时期，饲料营养必须满足其骨骼、肌肉生长的需要，而骨骼的生长与磷有关，必须及时添加矿物质等元素。饲料中的蛋白质是形成肌肉的主要原料，其含量直接影响猪体内蛋白质的消化和生长发育，此外维生素和微量元素也要保证。生长期间营养水平为消化能11.70～12.10 kJ/kg，粗蛋白质14%～16%，赖氨酸0.65%～0.70%，钙0.75%，磷0.5%～0.6%。

4. 妊娠期母猪饲料　妊娠后期，由于妊娠代谢加强，加之胎儿前期发育慢，因此妊娠母猪对营养物质的需要在数量上相对较少，饲料中可较多搭配青粗饲料。饲料的营养水平在满足胎儿生长需要的前提下满足母猪适度增长即可。此时，如营养过量，会造成母猪肥胖，增加难产风险；如营养不足，不仅影响产仔数量和初生重，而且影响哺乳期的泌乳性能。营养水平一般控制为消化能10.88～11.28 kJ/kg，蛋白质13%～14%，赖氨酸0.6%，钙0.7%～0.8%，磷0.55%～0.65%，每日每头猪采食量可以控制在1.5 kg以内。

5. 哺乳期母猪的饲料　由于泌乳，哺乳期母猪所需营养物质比妊娠母猪高。哺乳母猪除本身的生命活动需要营养，每日还要产乳 4～6 kg。母猪乳汁的品质和产量取决于母猪饲料的营养水平及供应量。对其饲料的营养水平建议：消化能 11.4～12.56 kJ/kg，粗蛋白质 16%～17%，赖氨酸 0.6%～0.7%，钙 0.7%～0.75%，磷 0.5%～0.6%。每头母猪采食量取决于产仔数量和母猪体况，一般为 1.5～2.0 kg。

第六章 贵州香猪饲养管理技术

香猪是我国著名的国家二级保护地方猪种，主产于贵州、广西两省份接壤的九万大山之中，由于受地理、生态条件限制，饲料不足，长期在闭塞的山区低营养水平饲养，因此该猪种具有喜吃青粗饲料、耐粗饲、体型小、增重慢、营养需要低的特点。香猪在生理结构、解剖、营养、新陈代谢及血液生化指标等方面与人类相似，可以作为中医舌象和多种疾病的模型，代替猴、犬等动物运用于医学生物实验已成趋势。因此香猪是一种理想的异种器官移植供体动物。根据香猪的不同用途，其在饲养方面与其他猪种的饲养存在一定的差异。

第一节 仔猪培育特点和培育技术

一、幼龄香猪的饲养管理

（一）哺乳仔猪的饲养管理

哺乳仔猪的饲养管理应该从仔猪的接产开始，让仔猪及时吃到初乳，并做好仔猪的保温、防压和开食等工作。仔猪的体重与营养需要与日俱增，母猪的泌乳量在仔猪 20 日龄后开始下降，如不及时补料，就会影响仔猪的正常生长。及早补饲可以锻炼仔猪的消化器官及消化机能，促进胃肠发育。给仔猪补料宜在 15 日龄以后开始。30 日龄可让仔猪自由采食乳猪料，随日龄增加逐渐增加乳猪料，直至断乳。根据香猪的生产目的，断乳后就用作乳猪产品加工者可直接出售；留作种用的乳猪，应留在原圈内饲养，将母猪赶出原圈。

（二）后备猪的饲养管理

后备猪就是准备留作种用的小公猪和小母猪。培育后备猪的任务是获得体格健壮、发育良好、品种特征突出和种用价值高的种香猪。后备猪不可过肥，否则会失去种用价值，应以满足生长发育的需要为原则。香猪生长发育特点为前期大于后期，因此养好断乳仔猪是培育后备猪的关键。

仔猪断乳到6月龄，应按照育种计划的要求对后备猪进行选择和组群。将体格健壮，发育良好，无外形缺陷，乳头数在5对以上、分布均匀、无瞎乳头的仔猪，组成核心群饲养管理。小公猪要求健康，遗传性能稳定，无遗传疾患，生殖系统器官健全，睾丸大而明显，左右对称，摸时感到结实而坚硬，淘汰单睾、隐睾和具包皮炎的公猪。要实行公、母分群分圈饲养管理，“大猪要囚，小猪要游”。运动对后备猪非常重要，既可锻炼身体，促进骨骼和肌肉正常发育，保证体型匀称结实，防止过肥或肢蹄不良，又可增强体质和性活动能力。

后备猪也要按体重大小和体质强弱分群饲养。刚转入后备猪群时，应根据面积大小确定每圈饲养头数，随着年龄增长，逐渐降低饲养密度。后备猪应日喂2次，保持圈舍干燥、温暖，切忌潮湿、拥挤，防止发生腹泻和皮肤病。

香猪性成熟早，4月龄即达性成熟。此时香猪会烦躁不安，经常互相爬跨，少食，生长迟缓。后备公猪达到有性欲要求月龄后，要分圈饲养，加大运动量，这样不仅能促进食欲、锻炼体质，还可避免造成自淫的恶癖。

为掌握后备猪的生长发育情况，每月应对其称重1次。参加配种前应测量体尺，并统计后备猪饲料消耗量，观察后备母猪的发情情况，记录初情期及发情表现，作为以后考察母猪发情正常与否的依据和参考。

除此之外，后备猪的管理与保育猪的管理类似。

（三）保育猪的饲养技术

断乳对仔猪的应激较大，应尽量做好营养和管理工作。减轻断乳应激，首先应从营养上保证仔猪摄入均衡营养。

仔猪在断乳前，大概每小时吸入1次母乳，但断乳后给其饲喂固体日粮极易导致仔猪短时期拒食。在经过12～24 h的饥饿后，仔猪可能会采食大量的饲料从而导致腹泻。因此应保证仔猪正确的日粮组成、日粮形式和饲喂方式，以帮助断乳仔猪提早进食而避免肠道疾病发生。断乳仔猪的日龄越小，对营养和饲养管理的要求就越高。

1. 营养摄入　营养摄入与每天的摄入量和日粮中的营养成分含量有关。刚断乳的仔猪每日饲料摄入量很少，故应提高日粮中的营养成分含量以满足需要。同时也可通过调整饲喂方式、改变饲料形状等方法提高仔猪采食量。因此，可通过以下要点提高仔猪采食量：①少量多餐，使仔猪容易得到新鲜的日粮；②改变饲料的物理形状，颗粒料可促进仔猪采食；③营养成分含量由高到低，刚断乳时采用成分含量较高的日粮，当仔猪采食量增加后可降低日粮成分含量。

（1）饲喂方式　仔猪习惯于群体采食，以群体方式饲养时，可促使新断乳仔猪顺利过渡到采食固体日粮。断乳后，应当提供足够的采食位供仔猪采食。断乳后 24 h 内，当仔猪较小时，可让仔猪在木板上采食，对刚断乳的仔猪效果较好。饲喂时应保证饲料槽内具有足够的饲料，否则易引起争斗或其他不正常行为。

（2）饲料形状　日粮形状可影响仔猪的采食量并进而影响其生长发育。仔猪厌食大颗粒饲料，给其添加直径为 2～4 mm 的颗粒料会优于投喂大颗粒或破碎料。因此应注意断乳日龄较小仔猪饲料的物理形状。饲料投喂时也可使用粉料，但会增加饲料的浪费量，浪费量会接近 10%～15%。颗粒料在制作过程中需要加热、加压，以增加饲料的消化率，同时投喂颗粒料也可减少饲料浪费。

2. 饲料原料　早期断乳仔猪饲料需要较高的消化性和适口性，并可防止仔猪肠道疾病。消化性和适口性较高的饲料还可以促进仔猪尽快地采食，促进其尽快增重，有效减少消化道不适和提高饲料利用率。

（1）能量饲料　能量饲料主要包括糖类和油脂。糖类中的乳糖和葡萄糖在乳猪饲料中的使用量较多。高水平乳糖可刺激仔猪采食和快速增重，但乳糖或其他乳制品含量较高时饲料不容易制粒。淀粉是主要的碳水化合物，在大多数猪饲料中的含量较高。但是以淀粉为主要能量的饲料不太适用于仔猪，因其生长过程中还未能产生足够的胰腺淀粉酶和肠内双糖酶，饲喂后仔猪的生长速度相对较慢，而给仔猪提供以乳糖、葡萄糖为主要能量的饲料时乳猪将获得更快的生长速度。因此早期断乳仔猪饲料中应添加更多的葡萄糖、乳糖、脂肪和植物油来提供能量；同时，可热处理谷物使其裂解淀粉，促其被酶水解，这种热处理主要包括膨化和热制粒。

（2）蛋白质饲料　蛋白质饲料包括动物蛋白质饲料和植物蛋白质饲料，断乳仔猪饲料中使用动物蛋白质较多，动物蛋白质主要有鱼粉、血浆蛋白、喷雾干燥血粉、奶制品等，植物蛋白质主要有豆粕。断乳仔猪饲料中应含有较高比例的奶制品和动物血浆蛋白，不仅能帮助仔猪从吮吸母乳向采食固体饲料转化，而且这种饲料对断乳体重低的仔猪效果十分明显。饲料中的血浆蛋白消化率高，能刺激断乳仔猪采食，可促进小肠绒毛增长，改善小肠的吸收能力，因此在饲料中的应用较广泛。另外，鱼粉蛋白在断乳仔猪饲料中的应用也较广泛，但鱼粉蛋白的质量参差不齐，故要挑选优质的鱼粉蛋白。因仔猪的消化系统发育不完善，因此早期断乳仔猪饲料中仅添加少量豆粕。当仔猪采食高水平豆粕的饲料时，会出现腹泻并导致生长发育不良。当断乳仔猪身体发育逐渐完成后，饲料中豆粕的含量可适当增加。

在香猪饲料中添加氨基酸可提高香猪的生产效率。蛋氨酸、赖氨酸、色氨酸和苏氨酸均可作为饲料添加剂添加到保育猪日粮中。氨基酸添加剂可帮助平衡氨基酸水平，在一定程度上可降低粗蛋白质和植物蛋白质在饲料中的使用量，增加保育猪的饲料采食量，促进生长。

（3）非营养性添加剂　酸化剂、香味剂、治疗用的微量元素和抗生素等被称作非营养性添加剂。它们可改善饲料味道，在一定程度上促进仔猪采食、防治疾病，促进仔猪的正常生长。

① 酸化剂　哺乳期间仔猪胃内有丰富的乳酸菌，通过酵解乳酸菌能够产生乳酸，乳酸与仔猪胃液中的胃酸一起维持了胃中较强的酸性环境，抑制了有害细菌在胃及消化道中的增殖。当仔猪断乳后，断乳仔猪胃内的乳酸菌数量急剧下降，而胃酸的分泌也需要一定的适应时间，因此其胃内的酸性强度降低。此时向断乳仔猪日粮中添加一定量的有机酸能够维持仔猪胃内的酸性环境，避免仔猪胃内酸性环境变化过大。

② 治疗性微量元素　生产实践中在饲料中添加一定量的铜可以提高仔猪的生长速度，如添加含量为200～235 mg/kg氯化铜或者硫酸铜。在断乳后的早期生长阶段将铜作为添加剂添加到饲料中的作用尤为明显。适量水平的铜含量可以刺激磷脂酶及脂肪酶的活性，促进脂肪消化。此外，在饲料中短时期地加入锌也能促进仔猪生长及减少腹泻。

3. 保育猪的日常管理　保育猪的日常管理工作非常重要，会因猪场的布局、设施、规模、气候等不同而产生差异，但在管理过程中均应尽可能做到全进全出，然后对空猪栏进行彻底消毒和冲洗。这样可以清除猪群中遗留的病原微生物，减少交叉感染，确保新进断乳仔猪健康成长。

（1）进猪前的准备　进猪前要做好充分准备，主要包括圈舍及其辅助设施清洁、维修及整理工作。进猪前，首先要将圈舍冲洗干净，冲洗原则是杜绝新进猪群能接触到任何残留的猪粪及饲料痕迹。冲洗时，应拆开饲料槽、拆开房间栏板，选用高压冲洗机冲洗，冲洗圈舍部位包括墙壁、地面、天花板，还应包括房间窗户、水管、加药器及料槽。圈舍表面冲洗完毕后，应清理下水道污水，并将下水道冲洗干净。其次冲洗完毕后应检查维修栏位、保温箱、饲料槽等，检查饮水器是否完好、加药器是否正常，检查电器是否损坏、电线是否老化、窗户可否正常开闭。检查完毕后应选用合适的消毒药物消毒，消毒完成后空置 12 h。最后将拆开的料槽、栏板等辅助设施组装好，并投放灭蝇药、灭鼠药，准备进猪。

（2）仔猪的进入　断乳仔猪进入保育舍时应注意，将体重相近、大小相同的断乳仔猪分入相同的圈栏，如果数量足够多，还应分性别饲养，这样一方面可以减少后期的工作量，另一方面可以提高猪的整体均匀度。条件较好的猪场还可分性别提供猪饲料以节约成本。

将断乳仔猪分进保育猪舍后，应将体型弱小的仔猪安置在所有圈舍的中部，以利于圈舍保暖。进猪时可根据实际情况预留 1～2 间空栏，以便安置病弱个体。如果猪栏采用全漏缝地板样式，则在地板上放置一块木板或橡胶垫，上面投放少许乳猪料诱导仔猪采食，同时可在料槽中添加少量乳猪料供断乳仔猪采食。添加饲料时要保持少量多次，这样可以保证饲料的新鲜度。如果进入的仔猪个体弱小，可在栏内地板上放置一小型料槽，主要用于添加奶粉、维生素或提供电解质，同时应注意保暖。

（3）保育舍的正常工作　饲养员进入猪舍后首先应快速巡查所有猪舍，排除需要紧急处理的异常情况，然后打扫卫生、添加饲料。添加饲料应适量，饲料量不可超过香猪群体 24 h 的采食量。在添加饲料过程中，应仔细观察刚断乳仔猪是否能正常采食、饮水及排便情况，确保其能适应新环境及饲料。饲料投喂完毕后还应检查舍内温度是否合适，当温度偏低时，猪群会打堆睡觉；如果温度适宜，则猪群整体分布均匀。检查通风换气系统是否有效，确保香猪舍内有足够的新鲜空气。检查自动饮水器是否正常工作，高度是否适宜。观察仔猪的精神状态，及时发现疑似病猪，若出现病猪应及时治疗，或者转至病猪栏。在进猪几天后，可根据对猪群的日常观察情况进一步分群，及时将弱小仔猪单独饲养，并延迟换料的时间。及时记录每天的工作情况及观察到的重要信息。

（4）转群　断乳仔猪一般在保育舍内饲养 7 周时间，当香猪长到 3 月龄时，保育舍就会变得逐渐拥挤，此时则需要转群，将保育舍的香猪转至育肥舍饲养。转入育肥舍时应避免混群，可减少争斗。转群时还应统计本批猪的料重比、日增重和死亡率。

（5）资料备案　在饲养过程中每周还应清点存栏量，统计死亡数量和饲料用量。

4. 保育猪的健康控制　保育猪的健康控制主要包括饮水加药、饲料加药、免疫、日常治疗。

（1）饮水加药　仔猪对断乳会产生应激反应，因此饲养保育猪的一个重要环节即是减少应激反应对保育猪的影响。刚断乳的仔猪拒绝采食饲料，但是会有饮水行为。因此当断乳仔猪产生应激反应时，可在饮水中添加维生素或者电解质，可有效缓解断乳仔猪的应激反应，提高其抵抗力。添加维生素或者电解质可通过饮水加药器的方式添加，这种加药方式准确、简单。因断乳仔猪不再得到母乳中的抗体，故其很容易受到致病菌的威胁，因此在断乳后的前 2 周，可在饮水中添加可溶性的抗生素，防止细菌感染，抗生素种类可根据季节及疾病流行情况进行变动。

（2）饲料加药　铜和锌在香猪的生长过程具有重要的作用，能促进香猪的生长，并且具有一定的杀菌作用。早在 20 世纪 80 年代中后期，人们就将铜添加到断乳仔猪饲料中，而在 20 世纪 90 年代中期，人们用锌替代铜加入其中，实践证明锌具有比铜更好的效果。当锌的含量达到 2 000 mg/kg 以上时，添加锌的早期断乳猪饲料能使仔猪更好地抑制大肠杆菌繁殖，并能促进仔猪的生长，但是添加锌的断乳猪饲料的使用时间不宜太长。

断乳仔猪最常见的疾病是仔猪腹泻，为有效防止这种疾病发生，很多断乳猪饲料中都添加有高浓度的抗生素。但是，当仔猪刚断乳时，会出现短时间的拒食现象，总体的采食量较少，因此其效果总体较差。一般条件较差的猪场，在断乳后的 1～2 周时间，仔猪体内的母源抗体逐渐消失，其可能会逐渐表现出不同的疾病，因此可根据猪场的实际情况，提前 10 d 左右将药物加入饲料中。为避免产生抗药性，可采用脉冲式加药。

（3）免疫　疫苗的总体成本较高，一般用于高危险性的疾病的预防，而低危险性的疾病使用较少。疫苗注射要选择合适的时间，在断乳后的约 1 周时间，从乳汁中获得的母源抗体还能有效地保护仔猪，但是随着时间延长，母源抗体的保护作用将会逐渐消失，因此选择注射疫苗的时间应在母源抗体能力降低之后、失去保护作用之前。当疫苗接种时间过早时，疫苗会中和仔猪体内的抗体，导致免疫失败；而当疫苗接种过晚时，仔猪可能会因缺乏抗体或疫苗的保护作用而感染疾病。因此，应该制定合理的免疫程序，可在疫苗接种之前测定抗体浓度，确定最佳的免疫时间。疫苗接种后，还应定期监测仔猪体内的抗体水平，确保免疫效果。

集约化猪场的生产条件一般都较优越，并且进猪的方式是全出全进，总体上仔猪的健康状况良好，即使发病也较易控制。因此，集约化猪场的保育猪阶段，一般仅选择注射集中高危险性疾病的疫苗，如口蹄疫、猪瘟等，有时候也可以根据季节情况或者临时注射其他疫苗。当猪场建设的规范性较差时，仔猪可能会出现不同程度的疾病，因此应根据以前的饲养经验注射疫苗降低发病率和病死率。有的疫苗会导致仔猪的应激现象，因此疫苗注射时应具有选择性，减少香猪应激。如果能通过饲料或饮水加药的方式达到同样的目的，则可选择饲料或者饮水加药预防。当仔猪达到 2 月龄时，应对其进行体内外驱虫，这样可以保证仔猪的生长速度，提高饲料转化率。

（4）日常治疗　饲养员应加强对仔猪的观察，发现疑似病猪应报告给兽医师。兽医师根据仔猪病理表现决定治疗方式，并将其转入病猪栏，治疗后应做好标记，以确定治疗用的药物及药物注射次数。如果仔猪出现群体性发病，并且发病速度很快，则可在饲料或者饮水中加入相应的抗生素。如果疾病的病情很严重，出现死亡现象，兽医应对尸体进行解剖并进行实验室诊断，尽快确诊和控制疾病。对于条件较差的猪场，应提前 1～2 周在饲料中或者饮水中加药预防呼吸系统等的常见疾病，减少损失，提高生产效率。除此之外，还应关注仔猪的腿关节和膝关节肿大现象。

二、运输途中香猪的管理

香猪的运输主要包括铁路运输、公路运输、水路运输、空中运输四种途径，香猪主产区由于交通不便，农户多用肩挑、马驮的方式运输。购买者可根据地域选择便捷、快速的运输方式进行运输。

（一）长途运输

长途运输中必须准备好青绿饲料、饮用水、食槽和必需的药品，此外，还要带上手电筒、提水桶、扫帚、注射器等。

猪群上车后，情绪很不稳定，表现惊恐、烦躁，撞来撞去，因此车速应该控制在 30 km/h 以内。当车运行一段时间后，猪群开始疲劳，逐渐进入睡眠状态，开始安定下来。

夏季，汽车长途运输最佳时间为 17：00 至次日 11：00，12：00 至 16：00 为运输途中休息、补水、补料时间。补充猪体内水分有两种方法，一是多喂青绿饲料；二是喂生理盐水，应让每一头猪都能饮足水。用配合饲料、馒头等进行补料，一般喂五六成饱为宜，防止强者吃得太多、弱者吃得太少。喂料时仔细观察每头猪的食欲和精神状态，发现绝食的病猪应采取紧急治疗措施。

（二）运输途中环境控制

运输途中温度最好保持在 20 ℃左右。温度过高，加上运输应激升温，香猪因出汗、呕吐会失水，猪烦躁不安会引起碰撞死亡。温度过低，香猪会受凉感冒和引起其他病症。为避免以上情况发生，应用木栏分隔装运，木栏规格以 120 cm×40 cm×30 cm 为好，特别是公路运输车速不能太快，猪群密度不能过高。

三、香猪场日常管理制度

香猪场要建立多项日常工作管理制度，以保证管理人员和饲养人员工作有序、高效。

（一）清洁卫生制度

（1）搞好全场的环境、圈舍卫生，定期消毒。

（2）严格执行每季度进行 1 次全场彻底大消毒，每周进行 1 次场地、圈舍、周转性小消毒。

（3）预防消毒，坚持做到整个场地、圈舍、墙壁、走道、粪便污物清扫洗刷干净后，用20%的石灰乳涂刷或用消毒药液喷洒。食槽、用具随时消毒，保持每个圈舍入口消毒池药液不干。

（4）加强门卫进出人员管理，外来人员不允许进场参观，必要时可经消毒池和紫外线灯照射消毒后，换衣帽、鞋，再彻底进行1次消毒，方可进场。

（5）搞好全场种猪的健康管理，定期在饲料、饮水中预防性给药和消毒。

（二）香猪饲养管理技术操作规程

1. 工作目标

（1）保育期仔猪成活率97%以上。

（2）60日龄转出仔猪体重6～7 kg。

2. 操作规程

（1）香猪转入前对空圈进行清扫消毒，空圈时间不少于3 d。

（2）刚转入幼猪舍的断乳仔猪要及时供足清洁饮水。

（3）对转入幼猪舍前2 d的断乳仔猪注意限饲，以防仔猪消化不良引起腹泻。以后自由采食，少喂勤添，每天添料3～4次。

（4）随时调整猪群，按强弱、大小分群，保持合理密度，病猪、僵猪及时隔离饲养。

（5）保持圈舍卫生，加强猪群调教，训练猪群养成定点吃料、定点睡觉、定点排便的习惯。夏季应该经常给猪洗澡。

（6）经常注意观察香猪的呼吸等不同体征情况，仔细观察猪群采食及排粪情况，如发现有病猪，应对症治疗。严重病猪应隔离饲养，统一用药。

（7）按季节气候变化，做好通风换气、防暑降温及防寒保暖工作，同时注意控制舍内有害气体浓度。

（8）分群和合群时，可先向圈内喷洒消毒液改变圈舍的气味，减少个体间咬架的频率，合群后注意观察猪群。

第二节　生长育肥猪的饲养管理

1. 育肥仔猪的选择　育肥的仔猪以自繁自养为宜，选择健康、无病的仔猪育肥，并进行猪瘟、猪肺疫、猪丹毒、仔猪副伤寒的免疫注射。

2. 育肥方式　香猪多采用直线育肥的方式，此法是在仔猪去势、断乳后开始育肥，直至出栏只饲喂高能量、高蛋白质的全价饲料，并加喂适量猪饲料添加剂，满足各种营养物质需要，科学管理以加快育肥猪的生长发育速度。

3. 育肥前准备工作　育肥前要检查猪舍及其一切设备，及时修补毁坏的猪栏地面，保证食槽及饮水器能正常使用。同时清洗消毒猪舍、猪栏和食槽后空置1 d，保持猪舍清洁、干燥。猪舍清扫整修完毕后应准备好饲料和必需的药品。

4. 育肥期的饲养

（1）饲料　育肥期应饲喂全价配合饲料。根据生产计划，育肥期可分为三个阶段。第一阶段仔猪体重10～15 kg，此阶段应保证饲料中蛋白质含量，可参考饲料配方为玉米面52%、豆饼18.5%、麸皮12%、稻糠8%、鱼粉5%、骨粉3%、贝壳粉1%、食盐0.5%。第二阶段仔猪体重15～25 kg，其日粮配方为玉米面55%、豆饼16.5%、麸皮10%、稻糠12%、鱼粉3%、骨粉2%、贝壳粉1%、食盐0.5%。第三阶段仔猪体重25 kg至出栏，其日粮配方为玉米面55%、豆饼15.5%、麸皮12%、稻糠12%、鱼粉2%、骨粉2%、贝壳粉1%、食盐0.5%。育肥期间的香猪消化机能完善，饲料中蛋白质含量逐渐降低，粗纤维含量适量增加，饲喂期间应增加青饲料和青贮饲料，在日粮中加喂30%～40%的青饲料或青贮饲料，不仅可以降低饲料的费用，还可增加香猪食欲，提高饲料转化率，同时还要及时检查香猪生产过程中各种方法和措施的实际效果。

（2）饲喂　香猪需要饲喂干料或半干料，可饲喂颗粒饲料、干粉料或湿拌料。颗粒饲料具有质量稳定、定量准确、污染少、无浪费等优点；干粉料具有省工、省事的优点，但稍影响仔猪的采食，浪费饲料；湿拌料其料水比为1∶1，冬季用温水，夏季用凉水拌料，拌料后2～4 h饲喂为宜。采用拌料饲喂时，湿拌料时间不能过长或过短，过长可造成营养物质失效或酸变，如水溶性维生素，过短则达不到软化饲料的目的。

（3）饲喂量　饲喂量一般按猪体重3%～6%喂料，具体阶段不同。第一阶段按猪体重的5%～6%喂料；第二阶段按猪体重的4%～5%喂料；第三阶段按猪体重的3%～4%喂料。饲喂料可采用自由或限量采食，以八成饱为宜。每日分别在7:00、11:00、16:00、21:00饲喂。2月龄香猪应增加其活动量，促进骨骼生长，2月龄后应减少香猪的活动量，促其长膘，提高出肉率。

（4）饲喂制度　饲喂制度要稳定，日常饲喂应做到定时、定量和定质。

（5）使用添加剂　饲料添加剂一般是酶制剂、酸制剂、微生物制剂、中草药添加剂等，可以促进香猪生长。如在 5 日龄的普通断乳仔猪日粮中添加 0.1%复合酶，可提高日增重 8%，饲料转化率提高 35%以上；在普通仔猪饲料中添加 1.5%～2%的延胡索酸，仔猪日增重可提高 8%，采食量提高 5.2%，饲料转化率提高 4.4%。

（6）饮水　可设专用水槽或料水槽兼用，也可设自动饮水器，让仔猪自由饮水。喂完料后添加足够的饮水，严防缺水。冬季添加温水，夏季提供凉水。春秋季节饮水量应控制在体重的 16%，夏季为 23%，冬季为 10%。

5. 育肥期管理

（1）驱虫　进入育肥舍第一天后，可采用敌百虫、丙硫苯咪唑等驱虫药物给仔猪驱虫。驱虫前使仔猪空腹，按每千克体重用敌百虫 0.1 g，研细拌入少量精饲料中，使仔猪一次吃完。丙硫苯咪唑按每千克体重用 40 mg，研细拌入少量精饲料中，使仔猪一次吃完。驱虫最佳时间是夜晚，可使虫体在白天排出，便于及时处理，防止污染环境。

（2）适宜的环境条件　一要保持适宜的温度。在一定的温度范围内，猪增重速度最快时，气温与体重呈直线负相关，如果体重 10 kg，则适宜的温度是 25.4 ℃，体重 30 kg 则是 24.2 ℃。适宜的温度能使仔猪生长达最大速度：气温在最适温度以上时，采食量减少，饲料转化率和增重率同样下降。二要保持适宜的湿度。猪舍适宜的空气相对湿度为 60%～80%，如果猪舍内启用采暖设备，空气相对湿度应降低 5%～8%。三要有合理的光照。育肥猪舍的光线只要不影响猪的采食和便于饲养管理操作即可，因此建造生长育肥猪舍以保温为主，不必强调采光。四要保持空气新鲜。猪舍内要经常通风，及时处理猪粪尿和脏物，注意合适的圈养密度。五要保持猪舍安静。

（3）合理分群　分群时应按不同香猪品种分圈饲养，以便为其提供适宜的环境条件。分群时还要考虑不同香猪的个体状况，不能把体重、体质参差不齐的仔猪混群饲养，以免强夺弱食，使猪群不整齐。分群后要保持猪群的相对稳定，在饲养期内尽量不再并群，否则不同群的香猪相互咬斗，影响其生长和育肥。

（4）圈养密度　一般来说，1 头 10～15 kg 小香猪占地面积为 0.8 m^2 左右，1 个 10 m^2 的圈可饲养 10～12 头肥猪。

（5）加强调教　育肥香猪在并群或调入新圈时，要加强调教，使之能在固定地点排粪、睡觉、吃食和饮水。

（6）注意观察猪群　经常检查猪群采食、发育等情况，及时调整饲料配方，发现疫病要及时报告，采取有效措施进行治疗和处理。

（7）适时出栏　仔猪饲养到5～7周龄后，就可作为烤猪原料上市，此时应及时出栏；如果出售种猪，一般2～4个月出栏；成猪出栏以30～35 kg为宜。

第七章 贵州香猪保健与疾病防治

第一节 猪群保健

一、香猪疾病的防治原则

（1）消灭环境中的传染源　排泄病原体的香猪是疾病发生的主要传染源。因此隔离猪舍可防止传染病在猪群个体中扩散，而且能更容易从余下的猪群中发现并隔离疑似病猪。

（2）将香猪从污染的环境中移开　当不同饲养设备混合堆放在一起时，则猪舍不易被彻底清扫；而当不同饲养设备分开存放时，猪舍则较易清扫。新断乳的仔猪应饲养于清洁完毕的猪舍。

（3）增加香猪对疾病的抵抗力　从不同角度增加香猪对疾病的抵抗力，当香猪按照体型大小和年龄分组时，香猪猪群的健康管理措施将变得更加有效，如驱除寄生虫及温度控制将会更容易，这些管理措施可有效强化香猪的免疫系统，利于疾病预防。

（4）提高特异免疫力　一些合理的管理方式能提高香猪的特异免疫力，当采用群体全进全出管理方式时，通过圈舍清扫，可以降低香猪生长环境中病原微生物的污染程度。仔猪在进出时能逐步地接触到部分病原体，形成特异性免疫抗体，从而逐步提高了新进香猪的免疫力。

（5）减少应激反应　应激反应是香猪对外界干扰的反应，香猪会消耗自身的能量用于应对应激，因此适时观察温度变化情况、空气气流速度等，调控不同因素对香猪产生应激反应，可以提高香猪饲养的效率。

二、香猪的防疫制度和健康检查

香猪的健康状况直接关系到群体的持续性以及生命科学实验研究数据的正确性和可靠性，因此在整个香猪饲养及管理进程中，必须制定相应的防疫制度，同时随时做好种群中各个香猪身体健康状况检查。

根据各地猪场疫病发生情况，拟定适合于本地区的免疫程序。平时注意观察香猪的精神状况、饮食情况、粪便有无异常及身体不适等症状，如沉郁、呆立、食欲不佳、便秘、腹泻和呕吐等。发现疾病后及时做出正确诊断，进行合理有效的治疗。香猪养殖主要预防猪瘟、猪副伤寒、猪丹毒、水肿病、日本脑炎和猪细小病毒病，还需注射猪传染性肠胃炎、猪萎缩性鼻炎疫苗。近年来，根据猪病流行情况及发展趋势还需对高致病性蓝耳病、口蹄疫、圆环病毒病等疫病加以防控。另外需经常对养殖场周围环境进行打扫、除草、灭鼠、灭蝇、灭蚊。对新购入的香猪至少要经过 2 周的隔离检疫，并使之适应新的环境后才能混群饲养。

猪群一旦发生重大疫病，应立即上报并对猪场进行封锁，对发病猪舍进行隔离，并由专人负责。首先要提高生物安全重要性认识。其次认真对待引种工作，防止病原被带进猪场。最后在做好预防工作的同时，还需加强对不同阶段和不同季节的香猪健康状况检查，观察其毛发状况、精神面貌、食欲、排泄和活动情况等具体生理情况，每年春秋两季做好相应疾病预防工作。在加强饲养管理的基础上，坚持“预防为主，治疗为辅”的原则。

三、消毒及常用消毒药物

（一）香猪猪场消毒

消毒是贯彻预防为主原则的一项重要措施，其目的在于消除被传染源散播于外界环境中的病原体，以切断其传播途径，防止疫病继续蔓延。根据消毒目的，可结合平时饲养管理对猪舍、场地、用具和饮水等进行定期消毒，以达到预防一般传染病的目的。随时消毒，即在发生传染病时，及时消灭从猪体内排出的病原体而采取的消毒措施。消毒的对象包括病猪舍，隔离场地，被病猪分泌物及排泄物污染的一切场所、用具和物品。结束封锁前，应进行定期多次消毒。病猪解除隔离、痊愈或死亡后，或在疫区解除封锁前，还应进行一次终末消毒，主要为了消灭疫区内可能残留的病原体。

消毒时要正确使用消毒药物，按消毒药物使用说明书的规定与要求配制消毒溶液，药量与水量的比例要准确，不可随意加大或减少药物浓度。不准将任意两种不同的消毒药物混合使用或消毒同一种物品，因为两种消毒药物合并使用时，物理或化学性配伍禁忌常使药物失效。消毒时要严格按照消毒操作规程进行，消毒后要认真检查，确保消毒效果。消毒药物应定期轮换使用，不能长期使用一种消毒药物消毒，以免病原体产生耐药性，影响消毒效果。消毒药物一般现配现用，并尽可能在短时间内一次性用完，如消毒药物放置时间过长，会使药液的浓度降低或完全失效。消毒操作人员要佩戴防护用品，以免消毒药物刺激眼、手、皮肤及黏膜等，同时，消毒时应注意防止消毒药物伤害猪群及物品。

（二）香猪猪场常用消毒药物

1. 苯酚　苯酚对猪舍、猪圈、猪栏、卡车和猪场中仪器设备的消毒灭菌效率较高，它有很强的杀菌能力和渗透力，其作用较石灰的效力高1倍，经常以1%～5%的溶液使用，以高压喷洒的方式喷洒消毒。配制苯酚消毒液时可用热水溶解，增加苯酚的溶解度，提高苯酚的使用效率。苯酚有强烈、持久的臭味，因此其在分娩猪舍或密闭建筑物内的使用受限。利用苯酚消毒时可用松香油添作苯酚的基质，降低苯酚的刺激性气味。

2. 碱类　一般用于消毒的碱类物质是氢氧化钠，是有效的消毒剂。为降低碱类消毒剂的腐蚀作用，一般消毒时只用2%的热碱水溶液，而需要破坏残留的细菌孢子体时，则需要用5%的氢氧化钠溶液。利用氢氧化钠消毒时，则有可能损害物体表面的图案、颜料和纺织品，使用时应注意消毒时间，但氢氧化钠溶液不会损害猪舍的木制品、搪瓷品、泥制品和除铝制品以外的金属制品。

碱类消毒剂还可用生石灰制成，生石灰制成的20%溶液经济实惠，用来粉刷物体表面进行消毒，将会获得较好的消毒效果，可用于猪舍建筑物消毒。此外，石灰粉末可以撒在院子里或者水泥地面上，用作普通消毒。但应避免在水泥地面上过量使用石灰，防止损坏猪蹄及其皮肤。

3. 洗涤剂　肥皂或其他洗涤剂是温和的消毒剂，它们对某些革兰氏阳性菌如皮肤表面的细菌具有杀菌作用，对于与粪便污染物有关的革兰氏阴性菌则效果不大。这类消毒剂的主要价值在于对污染的有机物质的机械清除作用。

4. 卤素消毒剂　卤素类消毒剂，如氯气和碘，有强大的抗菌能力，在有机物质存在的情况下，碘比氯气作用更强。碘液的效力与碘液中的以游离状态存在的碘离子直接相关。碘伏是碘元素溶解在酒精里制成的2%的溶液，是很有效的防腐药，浓度更高的碘伏（7%）有更强的抗菌作用，但是对组织有更大的刺激。碘伏是一个碘和溶解性油包水佐剂的复合物，它们不会附着染色，没有刺激性，也没有产生过敏反应的危险。碘伏有时指的是软化的碘盐，用来消毒水泥地板和分娩猪舍设施。专用于仪器使用的碘伏含有磷酸液，不能用于皮肤消毒。

5. 甲醛　甲醛消毒常用配制的福尔马林溶液，福尔马林熏蒸可有效杀死猪舍中细菌菌体和孢子、病毒、真菌，熏蒸时需要保持甲醛在大气中合理的气体浓度并维持一定的时间，因此福尔马林熏蒸消毒时建筑物必须密封，熏蒸前必须彻底清洁建筑物。

常用的熏蒸方法是在整个建筑物里每隔3 m放置一桶，里面放入170 g高锰酸钾，然后从出口处的远端开始，快速依次在每个桶里倒入340 g的福尔马林溶液（40%甲醛溶液），每个桶里面产生的气体大约能够消毒30 m^3 的空间。甲醛气体在温度高于27 ℃时可达到最大效力，在温度低于18 ℃时开始冷却液化。熏蒸消毒对动物和人危险度极高，因此熏蒸消毒结束后，建筑物至少应换气24 h。

6. 脚浴池消毒液　脚浴池可有效预防猪舍建筑物之间的交叉污染。脚浴池消毒液的质量变化可起到猪舍卫生措施的警示作用，许多消毒产品可用于脚浴池消毒液，一般情况下脚浴池消毒液是苯酚。脚浴池中消毒剂的浓度在0.1%的水平上时可对鞋子进行有效的消毒，脚浴池消毒液能够被肥皂灭活，使用硬水配制消毒液时也会降低消毒效果。当脚浴池消毒液浓度低时消毒液将会失效，且可能变成一个传染源，并造成安全的假象。

有效的脚浴池应满足一定的条件：长度和宽度必须足够，以促使人员通过；脚浴池的深度应在10 cm以上；必须定期排干和清洁；不允许脚浴液外溢、冰冻或干燥；当脚浴池变得很脏和失去作用时，脚浴池消毒液必须更换。

四、免疫

（一）香猪的疫苗接种

香猪疫苗接种可有效刺激免疫系统产生相应的抗体，有效的免疫计划可最大限度地满足猪场需要，但是疫苗接种对香猪群体的保护程度有效，不能依靠疫苗给畜群提供完全的保护。

实际生产过程中，应根据当地及猪场疫病发生情况，拟订适合于本猪场的免疫程序。主要预防猪瘟、猪副伤寒、猪丹毒、水肿病、日本脑炎和猪细小病毒病，还要注射猪传染性胃肠炎、猪萎缩性鼻炎疫苗。近年来根据猪病流行情况及发展趋势，还要对高致病性蓝耳病、口蹄疫、圆环病毒病等疫病加以防控。

除了常见疾病预防外，还需要进行香猪驱虫。猪场一般在仔猪 25 日龄及断乳时各进行体内外驱虫 1 次，以后每个季度进行全场驱虫。为了减轻兽医的工作强度，可选择高效、低毒、半衰期长、使用方便的驱虫药，如伊维菌素透皮剂、多拉菌素。

（二）香猪疾病的药物预防

当香猪自身免疫力下降时，可产生疾病。导致香猪免疫抑制性疾病的病因有很多，例如病原微生物因素、营养因素、理化因素、应激因素及药物因素等，这些因素最终可导致香猪的抵抗能力下降，受到各种疾病威胁。因此要及时给予疫苗预防和药物预防，其中药物对预防免疫抑制性疾病能够起到很好的效果，例如在母猪配种之前 1 个月时，选用针对性的药物进行预防能减少疾病的感染与传播；对分娩前后的母猪用药及对处于初生、断乳、转群、换料、免疫、运输等关键环节的猪群用药可增强疾病的抵抗力；通过在喂食的饲料中加入高效的抗病毒药物，可以有效地提高仔猪的抗病能力、免疫力。

选择不同的药物进行预防可获得不同的免疫效果。在母猪产仔后的 1～3 d，每天给仔猪饲喂芽孢杆菌活菌 1 次，按照各种药物中的含量，选择合适的剂量喂食可有效预防疾病。在仔猪断乳前 3 d 左右注射“猪用转移因子”，在仔猪断乳前后 1 周时间内，在饲料中加入泰乐菌素、强力霉素，同时在饮用水中加入葡萄糖溶菌酶，能够有效地预防仔猪的发病。

导致香猪疾病的因素间相互联系，因此应科学选址，强化管理，加强品种选育，搞好基础设施建设，合理制定并落实因地制宜的预防保健综合措施，充分增强香猪自身的体质。同时畜牧工作者对其应给予足够的重视，加强安全高效新型疫苗和兽药、免疫增强剂、微生态制剂、中草药、各种添加剂等研发工作，定期运用广谱高效低毒驱虫药在饲养各阶段有计划地驱虫，从而避免疾病发生。

五、香猪的卫生管理

（一）环境控制

在北方寒冷地区饲养的实验用香猪对环境的要求相对严格一些。环境控制的主要内容有防噪、保暖、防暑、通气、绿化、污水及粪尿等废物处理等。香猪大多对周围环境神经质，噪声过多、人员吵闹均能引起猪的不安，影响采食，出现护仔过度而咬死幼仔等不良行为，所以应当注意防噪。在冬季环境温度过低（－30～－28 ℃）致使幼猪受冻，严重时引起死亡，因此应采取必要的保暖措施。在夏季高温（30 ℃以上）易使香猪中暑，可采用通风、洒水等降温措施保持适宜环境温度。此外，环境绿化、污水、粪尿及废物处理等也应当有合理安排。

（二）完善规章制度

饲养员和实验员需经过系统培训才能上岗工作。工作人员进入饲养栏要换鞋、穿工作服、洗手等，无关人员禁止进入饲养栏。工作人员在工作时应做好详细生产记录，如产仔记录、配种记录、饲料消耗记录、生产周转记录。行政管理人员需要做好行政管理记录，如出勤、财物、物资管理等。

生产记录和管理记录是生产及管理的主要依据，应当认真如实记载。饲养员或实验员每天检查水、电、换气、空调等设施的运转情况，登记温湿度，观察香猪发情、饮水、采食饲料、健康等情况（特别注意粪便是否正常），以及观察产仔、哺乳仔猪等情况。如有异常，应迅速处理，并报告负责人，认真做好各种记录。在上述饲养管理过程中，要尽量减少对猪的干扰。

应做好舍内外的清扫工作，舍内使用甲醛熏蒸消毒，并对饲具进行清洗和消毒。饲养过程中，每天扫栏 2 次，每周冲洗猪栏 2～3 次；春季每月消毒猪

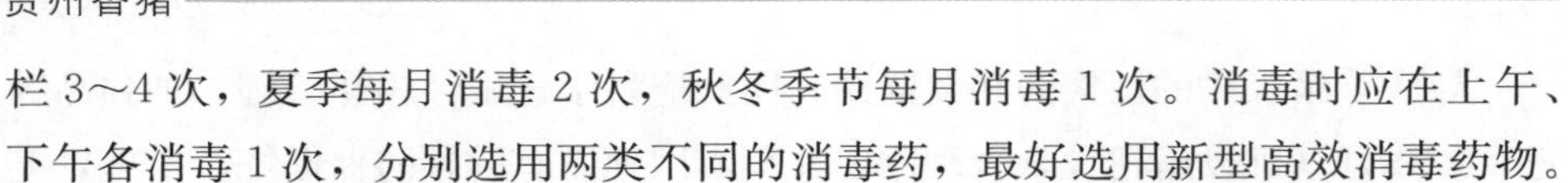

栏 3～4 次，夏季每月消毒 2 次，秋冬季节每月消毒 1 次。消毒时应在上午、下午各消毒 1 次，分别选用两类不同的消毒药，最好选用新型高效消毒药物。此外，应经常清洗水槽、料槽。

六、香猪猪场常备药物、医疗器械及适用对象

（一）猪场常备药物及适用对象

1. 治疗用药　猪场主要治疗用药有抗病毒二号（主要成分为黄芪多糖）注射液、氟苯尼考注射液、氨苄青霉素、庆大霉素、阿托品、肾上腺素、病毒灵（利巴韦林）、柴胡、氨基比林、安乃近、安痛定、地塞米松、维生素 B_1、维生素 C、维生素 K_3、酚磺乙胺、双黄连注射液、板蓝根注射液、生理盐水、5%糖盐水。抗病毒二号注射液主要用于增强体质，稀释猪瘟疫苗，配合其他抗菌药物，辅助治疗；氟苯尼考注射液主要治疗咳嗽等呼吸道病；氨苄青霉素主要治疗感冒；庆大霉素主要治疗肠炎腹泻及呼吸道病；阿托品主要配合抗生素治疗严重腹泻；肾上腺素主要用于抗过敏、抗休克；病毒灵主要治疗病毒性感冒或治疗病毒性疾病；柴胡为退热药，常和安乃近、地塞米松配合成复方柴胡使用；氨基比林、安乃近、安痛定属同一类药，起解热镇痛作用；安乃近配青霉素治疗一般性不吃料的猪，妊娠母猪使用剂量不能过大，否则会导致流产；地塞米松用于治疗咳嗽、气喘，配合安乃近、柴胡注射液治疗高热；维生素 B_1 主要用于健胃，可治疗厌食；维生素 C 是体质调节药物；维生素 K_3 主要用于出血性疾病的治疗；双黄连注射液主要和青链霉素合用治疗猪高热厌食；板蓝根注射液是抗病毒类药物，配合抗生素用于抗病毒；长效土霉素注射液是广谱抗菌药。

2. 保健药物　保健类药物主要有黄芪多糖粉剂、病毒灵粉剂、驱虫药、碳酸氢钠、脱霉剂。黄芪多糖粉剂有多种作用，为猪场常用药物；病毒灵粉剂是抗病毒药，主要用于治疗病毒感染；驱虫药主要作用是驱虫；碳酸氢钠能中和胃酸，溶解黏液，降低消化液的黏度，并加强胃肠的收缩，起到健胃、抑酸和增进食欲的作用，碳酸氢钠在消化道中可分解释放出二氧化碳，由此带走大量热量，有利于炎热时维持机体热平衡，饲料中添加碳酸氢钠，可提供钠源，使血液保持适宜的钠浓度；脱霉剂主要去除玉米中的霉菌毒素。

（二）猪场常备医疗器械及适用对象

猪场常备医疗器械主要包括人工授精用器具、标记器具及其他常用器具。适用于人工授精类的器具主要有恒温电热板、恒温水浴锅、电子秤、磁力加热搅拌器、一次性靴套、一次性防御工作服、一次性长臂手套、润滑剂、过滤纸、采精袋、超声测孕仪、B超测孕仪、17 ℃恒温冰箱、假母猪台（采精架）、猪精液稀释粉、输精瓶、输精管。适用于标记类的器具主要有猪用记号笔、耳孔钳、耳刺钳、电热断尾钳、耳号钳、耳号针、耳号牌、耳号笔。其他常用器材类有猪用助产绳、塑料饲料勺（饲料铲）、猪用饲料车、仔猪转运车、子宫清洗器、去势刀、不锈钢助产钳、保定绳（套猪器）。

七、香猪的给药方法

1. 注射给药　给猪注射药液是预防、治疗猪病经常采用的方法之一。其优点是能免除胃肠内酸、碱等对药物效果的影响，给药量准确，药效快，可直接注入口服药不易达到的部位。常用的注射方法有皮下注射、肌内注射、静脉注射、腹腔注射等。一般采用金属注射器，应提前做好调校，先检查金属注射器玻璃管两端的防漏胶垫是否漏气，根据猪大小选用不同的针头，成年猪用12号短针头，幼龄猪采用6号短针头；注射部位一般在猪的耳根后面下半部，这个部位的肌肉组织疏松，对药物易吸收和分散。

2. 皮下注射　皮下注射时首先在注射部位消毒，用左手拇指、食指和中指提起皮肤，使其成为一个三角皱褶，右手持注射器，在皱褶中央将针头与皮肤呈45°斜向刺入皮下，深3 cm左右，放开左手，推动注射器柄头，注入药液，注射完毕用酒精棉球局部消毒。如果一次需要注射较多的药液，应分几点注射。注射结束后，为了加速药液的消散及吸收，可用碘酒或酒精棉球揉压注射部位皮肤片刻。注射部位一般选择皮薄、容易移动且活动性较小的部位，如耳根后方、大腿内侧等。

3. 肌内注射　肌内注射一般选择肌肉比较丰满的颈部或臀部，但体质瘦弱的猪最好不要在臀部注射，以免误伤坐骨神经。肌内注射时应首先在注射部位剪毛、消毒，右手持注射器，将针头垂直刺入注射部位的肌肉内，抽动活塞未发现有回血即可注入药液。

4. 静脉注射　静脉注射时注射部位是耳背部的耳缘静脉。注射时用酒精棉球涂擦耳朵背面的耳缘静脉，使其怒张，助手用手指强压耳基部静脉，使血管鼓起。注射人员左手抓耳朵，右手将抽好药液的玻璃注射器装上针头，以10°～15°的角度刺入血管，抽动活塞有回血，表示针头已刺入血管，此时助手放松耳根部压力，注射者用左手固定针头于刺入部位，以防针头摇动或滑出；右手拇指推动活塞徐徐注入药液。药液推完后，左手拿酒精棉球紧压针孔处，右手迅速拔针，以免发生血肿。

5. 腹腔注射　注射部位大猪在腹胁部，小猪在耻骨前缘之下 3～5 cm 中线侧方。注射时用左手稍微捏起腹部皮肤，将针头向与腹壁垂直的方向刺入，刺透腹膜后即可注射。给小猪注射时，由饲养员将猪两后肢侧提起来，用两腿轻轻夹住前躯保定，使肠管前移，注射人员面对猪的腹部，在耻骨前缘下方与腹壁垂直地刺入针头，刺透腹膜即可注射。注射时不宜过紧或偏于前方，以免损伤内脏器官，也不可过分偏于后方，以免损伤积满尿液的膀胱。

6. 香猪口服喂药方法　给香猪喂服药物，可依据是否患有疾病及药物的气味、形态、剂量等不同，而采取不同的有效给药方法。

（1）拌饲法　凡是还能采食的病猪，最简单的给药方法就是将所需的药量均匀地混合在少量的饲料中让其吞食。但是这种药物必须没有特殊气味，比如人工盐、碳酸钙等，否则病猪会拒食。

（2）汤匙给药法　一般给猪喂食液体药物或将药物调制成液体状时用此法。将病猪保定好后，用木棍将猪嘴撬开，手拿药匙，从猪舌侧面靠腮部倒入药液，等咽下后，再灌第二匙，如猪含药不咽，可摇动木棍促使咽下。要注意防止过急或量多而使药液呛入气管。

（3）长嘴瓶罐服法　先将药调制适当，装入长嘴瓶内，一人用左手拿粗细均匀的、长为 33～67 cm 的木棍，顺猪的右口角插入卡在猪嘴内，将嘴打开，再用右手拿药瓶从猪的左口角插入，慢慢将药液灌入口腔，使猪自行吞咽。

（4）丸剂或舔剂给药法　将药物加入适量玉米面等粉料，调成黏糊状，待猪保定好后，用木棍撬开猪嘴，用薄木板将药抹在猪的舌根部，使其吞咽。若制成丸剂，只需将药丸扔至口腔深部，猪便可吞下。向仔猪投喂具有特殊气味的药物时，用此法既简单又安全。

（5）胃管投药法　给猪投水剂药物时，往往药量较多，若不慎易发生误咽，可采用胃管投药。病情严重的猪不能采食，可用胃管给猪投流食，但要熟练胃管投药方法，避免造成不必要的伤害。

（6）空腹法　在猪患病初期或病情较轻的情况下，而药物又无特殊异味，可在病猪过夜后、早晨空腹时，把药物拌在猪爱吃的少许饲料中喂服，使之快速吃光。这种方法既不浪费药物，又可以达到预期效果。

（7）迫吞法　某些固体药物较难给病猪喂服，可将药物放在适量的面粉中，加水调成糊状，再把猪头抬高，用木棍撬开猪嘴抹于猪舌根部，迫使其吞咽。

（8）灌入法　有些药物有特殊气味，猪自然是避而远之，或者猪因患病已经不再有食欲，无法将药物掺兑在猪食里一同喂下。西药可加水稀释，中药煎好后冷却，抓住猪两耳，夹紧两腿，使猪呈半卧状态，将猪头部略微抬高，用木棍将猪嘴撬开，将药物灌入猪的嘴中，使其咽下，但务必要注意，在灌药时切不要过急和粗暴，以防止药物呛入肺部，造成病猪死亡。

（9）经鼻投药法　将病猪站立或横卧保定，要求鼻孔向上、嘴巴紧闭，把易溶于水的药物溶于 30～50 mL 水中，再将药水吸入胶皮球中，慢慢滴入病猪鼻孔内，猪会逐步把药水咽下。这种方法简单易行，大小猪都可采用。量大或不溶于水的药物不宜采用此法。

第二节　香猪主要传染病及其防治

一、香猪急性、热性传染病

当前猪急性、热性传染病仍然是流行面最广、危害最严重的一类传染病，该类病在有些猪群的发病率几乎达100%，死亡率达30%～50%。经实验室诊断，这类疫病主要包括猪瘟、猪链球菌病、猪丹毒、猪弓形虫病和猪附红细胞体病等。

（一）猪瘟

猪瘟又称“烂肠瘟”，是由猪瘟病毒引起的一种急性、高毒传染性疾病，特征为高热稽留和血管壁变性引起广泛出血、硬塞和坏死，具有很高的发病率和死亡率。

1. 病原体　猪瘟病毒是黄病毒科、瘟病毒属的一个成员，猪是本病唯一的自然宿主，病猪和带毒猪是主要的传染源。感染猪在发病前可以从口、鼻及泪腺分泌物、尿和粪中排毒，并延续整个病程。本病一年四季均可发生，一般以春、秋季较为严重。

2. 症状　猪瘟根据临床症状和特征可以分为急性、亚急性和慢性三种类型。急性型猪瘟表现为突然发病，体温升高至 41～42 ℃，皮肤和结膜发绀、出血，出现精神沉郁，厌食，经一至数天发生死亡。亚急性型猪瘟除上述症状外，发病至死亡时间延长，期间可出现粪便干稀交替，眼睛周围见黏性分泌物，皮肤和黏膜以出血为主，多于发病后 14～20 d 后死亡。慢性型猪瘟主要表现为消瘦、贫血、全身衰弱、常俯卧，行走时缓慢无力，时有轻热，食欲缺乏，便秘和腹泻交替，病程可达一个月以上，有的能够自然康复。脾脏梗死是猪瘟最有诊断意义的病变，此外还会出现胆囊、扁桃体梗死，淋巴组织扣状肿，死胎仔猪出现明显的皮下水肿、腹水和胸腔积液。

3. 防治　预防猪瘟需要严格执行疫苗接种程序，临床出现猪瘟症状后可使用黄芪多糖注射液经肌内注射进行初步治疗，同时考虑口服抗生素预防或治疗继发感染。加强平时的预防措施可有效减少本病发生，其基本原则主要是预防引进传染源和传播媒介，提高猪群的抵抗力。提倡自繁自养，若由外地引进新猪，应到无病区选购，做好预防接种，到场后隔离检疫 2～3 周。猪舍要经常消毒，禁止闲杂人员和其他动物进入猪舍，严格检疫猪的流通环节。发生疫情后要实行紧急措施，立即隔离或扑杀可疑病猪，要就地隔离观察其他有感染可能的猪，充分消毒病猪接触的所有物品。

（二）猪丹毒

猪丹毒是一种急性传染病，通常呈高度发热的败血症状，急性型的病例伴有特征性皮疹，一般夏冬季节发病较多。

1. 病原体　猪丹毒杆菌是极纤细的杆菌，病猪和带菌猪是本病的主要传染源，健康猪误食被污染的饲料，饮水或掘食了土壤中带菌物而引起发病，也可由撕咬的创伤和蚊蝇等媒介传播。

2. 症状　猪丹毒一般潜伏期为 3～5 d，分为急性、亚急性和慢性三种。急性猪丹毒病猪表现为突然发病，体温升高至 42 ℃以上，食欲下降或不吃，结膜潮红，病初粪干燥，后期腹泻，发病不久病猪耳后、颈、胸腹、腋下等皮肤较薄处出现各种形状的深红方形或菱形疹块，指压不褪色，严重的后肢麻痹，呼吸困难，寒战，病程一般 3～4 d。亚急性猪丹毒病猪体表的红色疹块初期坚硬，后变红，多呈扁平凸起，界限明显，体温下降，其后形成痂皮，脱落自愈，病程为 8～12 d。慢性猪丹毒病猪体温一般或稍高，有的四肢关节肿胀，跛行，有的常发生心内膜炎，有的发生皮肤坏死，变成革样痂皮，病猪腹部显青紫色，有的发生腹泻，最后高度衰竭死亡。

3. 防治　防治猪瘟需要坚持春秋预防接种，一般使用猪丹毒弱毒（活）菌苗，用氢氧化铝生理盐水稀释后，大小猪一律皮下注射 1 mL，同时加强对猪舍的消毒工作，保持猪舍卫生。在猪丹毒发病早期，可使用青霉素、磺胺类药物等，并使用复方氨基比林稀释青霉素进行肌内注射，每天注射 2 次，对本病也有一定疗效。

二、猪呼吸道传染病

随着香猪规模化养殖程度提高，猪呼吸道传染病已成为影响香猪业健康发展的一类重要传染病。此类疫病主要有猪流感、猪肺疫、猪气喘病、蓝耳病、传染性胸膜肺炎、圆环病毒感染、副猪嗜血杆菌感染和传染性萎缩性鼻炎等。此类病症的特点是咳嗽、气喘、呼吸困难，有时会出现体温升高等。猪呼吸道传染病病情明显，易于观察，养殖户可通过对发病特点和症状正确判断，及时就医、及时处理，采取科学的药物治疗和防病措施解决疫情影响。

（一）猪流感

1. 病原体　猪流感又称猪流行性感冒，是由流行性感冒病毒引起的急性高度接触性传染病，传播迅速，呈流行性或大流行性，本病以发热和伴有急性呼吸道症状为特征。猪流感病毒主要分为 A、B、C 三型，A 型流感病毒可自然感染猪，常突然发生，传播迅速，呈流行性或大流行性，此型的某些亚型在无遗传重组的情况下，可从一种动物传向另一种动物，病畜是主要的传染源，康复动物和隐性患者在一定时间内也可以带毒排毒。猪流感多发生于天气骤变的晚秋、早春及寒冷的冬季。外界环境的改变、营养不良及内外寄生虫侵袭均可促进本病的发生和流行。

2. 症状　猪流感潜伏期很短，几小时到数天，自然发病平均 4 d，人工感染则为 24～48 h。病猪体温突然升高到 40.3～41.5 ℃，有时可高达 42 ℃。食欲减退甚至废绝，精神极度委顿，肌肉和关节疼痛，常卧地不愿起立或钻卧垫草中，捕捉时则发出惨叫声。呼吸急促、腹式呼吸、夹杂阵发性痉挛性咳嗽。粪便干硬，眼和鼻流出黏性分泌物，有时鼻分泌物带有血色。病程较短，如无并发症，多数病猪可于6～7 d后康复。如有继发性感染，则可使病势加重，发生格鲁布性出血性肺炎或肠炎而死亡。个别病例可转为慢性，持续咳嗽、消化不良、瘦弱，长期不愈，可拖延1个月以上，也常引起死亡。

3. 防治　动物患流感康复后，虽可获得对同一亚型的短期免疫力，但不能抵抗其他亚型的感染，因为亚型之间无交叉免疫力。在自然界A型流感病毒的亚型众多，而且可能经常发生变异，对猪来说，依靠少数几个亚型的疫苗往往不能奏效。因此，一般性的兽医卫生措施仍是目前防治本病的主要手段，必要时可对疫区实行封锁措施。本病尚无特效治疗药物，一般用解热镇痛等对症疗法以减轻症状，使用抗生素或磺胺类药物来控制继发感染。

（二）猪肺疫

1. 病原体　猪肺疫又称锁喉风，是由巴氏杆菌引起的一种急性传染病。健康香猪的上呼吸道和消化道中常有非致病性巴氏杆菌，当外界环境的改变如寒冷、过劳、饥饿、饲养管理不当、营养不良和寄生虫等原因使猪抵抗力减弱时，病原体大量繁殖致使香猪发病。健康猪接触病猪的排泄物亦可经消化道或呼吸道感染。

2. 症状　感染猪肺疫的香猪主要表现为体温升高、被毛粗乱，鼻腔流出黏性或脓性分泌物，往往带有血丝，呼吸困难，一般呈腹式呼吸，常呈犬坐姿势，食欲减退或拒食。病初时便秘，后期则腹泻。发病时耳后、颈部、腹部内侧等皮肤出现红包斑点，叫声沙哑。随病势发展，病猪会出现呼吸困难，心搏加速，终至不能起立而死亡。慢性病猪体温一般不高，食欲时好时坏，主要是咳嗽，呼吸困难或偶尔气喘，病猪日渐消瘦，往往发生慢性关节炎，后期出现腹泻，一般衰弱而死。

3. 防治　对于患有猪肺疫的香猪，一般可以肌内注射青霉素、链霉素，剂量加倍，或是肌内注射20%磺胺噻唑钠液。

（三）猪气喘病

1. 病原体　猪气喘病又名地方流行性肺炎，是由猪支原体所引起的一种急性或慢性接触性传染病，主要特征是咳嗽、气喘。病猪和带菌猪是本病的主要传染源，在咳嗽和打喷嚏时将支原体排到周围环境中，健康猪和病猪直接接触飞沫经呼吸道传染。猪拥挤、圈舍寒冷潮湿、气候突变、感冒等其他原因可以加速本病的发生。

2. 症状　潜伏期长短与气候、饲养管理条件有关，一般在4～12 d或更长一些。本病主要症状为咳嗽、气喘。病初短声连咳，继而痛咳，气喘严重时咳嗽不明显，咳嗽在早晨出圈舍时容易听到。气喘症状多在发病中期出现，呼吸次数明显增加，呈明显的腹式呼吸，体温一般无明显变化，食欲正常或稍有变化，但随病情发展，气喘严重，病猪食欲下降或拒食。病猪后期常常气喘，不愿走动。

3. 防治　目前猪气喘病的治疗办法很多，但均不能根除本病，一般使用抗生素治疗。发病早期应用四环素效果比较好，四环素按每千克体重30～40 mg，肌内注射，每天2次，连续5～7 d。硫酸卡那霉素，每千克体重3万～4万U，肌内注射，每天1次，连续5 d，防止产生抗体。

（四）猪蓝耳病

1. 病原体　猪蓝耳病即猪繁殖与呼吸综合征，通常表现耳朵发蓝，改称蓝耳病。本病是由病毒引起猪的一种繁殖障碍和呼吸道的传染病。其特征为厌食、发热，妊娠后期发生流产、死胎和木乃伊胎；幼龄仔猪发生呼吸道症状。

2. 症状　猪蓝耳病主要侵害繁殖母猪和仔猪，而成年香猪发病温和。病猪和带毒猪是本病的主要传染源，感染母猪有明显的排毒特征，如鼻分泌物、粪便、尿均含有病毒。耐过猪可长期带毒和不断向体外排毒。公猪感染后3～27 d和43 d所采集的精液中均能分离到病毒，7～14 d从血液中可查出病毒，以含有病毒的精液感染母猪。猪蓝耳病传播迅速，主要经呼吸道感染。病猪主要表现为体温升高，食欲缺乏，部分猪双耳、体表及乳房皮肤发绀，母猪流产，产死胎、弱仔、木乃伊胎，新生仔猪呼吸困难，病死率高达80%～90%。青年猪和公猪的症状较轻。

3. 防治　确保猪舍清洁卫生，定期开展生猪圈舍消毒。坚持预防为主，做好免疫工作，严格按照国家规定的免疫程序进行操作，对于弱毒苗的应用一定要谨慎。对于已经确诊为蓝耳病的猪，可用弱毒苗接种以缓解仔猪的呼吸道症状，降低病死率，提高母猪的繁殖力，减少经济损失。

三、猪消化道传染病

目前消化道传染病在我国仍然是严重危害香猪的一类传染病，此类疫病症状主要表现为消化不良、腹泻、脱水等。常见传染病有猪痢疾、猪流行性腹泻、白痢、仔猪副伤寒（沙门氏菌病）、仔猪红痢、仔猪黄痢、猪增生性肠炎、猪传染性胃肠炎及轮状病毒感染等。消化道传染病的防治原则是抗菌消炎，控制原发病原，防脱水症状、心力衰竭和酸中毒，以健胃消食疗法和止泻补液进行支持治疗、对症治疗，特别要注意控制继发感染的影响。

（一）猪痢疾

1. 病原体　猪痢疾是由致病性猪痢疾短螺旋体引起的一种肠道传染病。其特征为大肠黏膜发生卡他性出血性炎症，有的发展为纤维素坏死性炎症，临床表现为黏液性或黏液出血性腹泻。病猪和带菌猪是主要传染源，康复猪带菌可长达数月，经常从粪便中排出大量菌体，污染周围环境、饲料、饮水或经饲养员、用具、运输工具的携带传播。猪痢疾主要经消化道传播，通常健康猪通过受污染的饲料、饮水而感染。

2. 症状　猪痢疾的流行经过比较缓慢，持续时间较长，且可反复发病，往往先在一个猪舍开始发病几头，以后逐渐蔓延开来。猪痢疾在较大的猪群流行时，常常拖延达几个月，症状潜伏期 3 d 至 2 个月以上，自然感染多为 1～2 周。一般可分为最急性、亚急性和慢性 3 个类型。

最急性猪痢疾往往会突然死亡，病初精神稍差，食欲减退，粪便变软，表面附有条状黏液，以后迅速腹泻，粪便为黄色、柔软或水样，重病例在 1～2 d 粪便充满血液和黏液。随着病程发展，病猪精神沉郁，体重减轻，迅速消瘦，起立无力，极度衰弱，最后死亡，病程约 1 周。亚急性和慢性猪痢疾病情较轻，一般粪便中黏液、坏死组织碎片较多，病猪血液较少，病期较长，进行性消瘦，生长迟滞，不少病例能自然康复，但在一定间隔时间内，部分病例可能复发甚至死亡，病程一般 1 个月以上。

3. 防治　加强日常管理，确保猪舍清洁卫生，做好冬季防寒保暖工作，夏季通风良好。加强对养殖场的全面消毒，定期采用过氧乙酸、次氯酸钠等消毒；在发病高峰期，可在猪饲料中添加痢菌净（乙酰甲喹），预防本病的发生。隔离饲养患病猪，及时清理圈舍内的粪便，进行规范性消毒，按照无害化处理方式对病死猪进行严格的处理，以防止病情进一步向其他猪群扩散蔓延。所有患病的香猪均应该给予痢菌净进行有效的治疗。

（二）猪流行性腹泻

1. 病原体　猪流行性腹泻是由猪流行性腹泻病毒引起的一种急性接触性肠道传染病，其特征为呕吐、腹泻和脱水。猪流行性腹泻仅发生于猪，各种年龄猪均能感染本病，哺乳仔猪、保育猪和成年猪发病率均很高，尤以哺乳仔猪受害最为严重，母猪发病率变动很大，为15%～90%。病猪是主要传染源，病毒存在于肠绒毛上皮和肠系膜淋巴结，随粪便排出后污染环境、饲料、饮水、交通工具及用具等。猪流行性腹泻的主要感染途径是消化道。

2. 症状　猪流行性腹泻的潜伏期一般为5～8 d，人工感染潜伏期为8～24 h，主要的临床症状是水样腹泻，或者在腹泻之间有呕吐，呕吐多发生于采食和吃乳后，症状的轻重随年龄的大小而有差异，年龄越小症状越重。1周龄内新生仔猪发生腹泻，至3～4 d会出现严重脱水而死亡，病死率可达50%，最高的病死率达100%。病猪体温正常或稍高，精神沉郁，食欲减退或废绝。断乳猪、母猪常呈现精神委顿、厌食和持续腹泻（约1周），并逐渐恢复正常，少数猪恢复健康后生长发育不良。育肥猪在同圈饲养感染后均发生腹泻，约1周后康复，病死率为1%～3%。猪流行性腹泻临床症状和病理变化与猪传染性胃肠炎极为相似，但通过仔猪接种、直接免疫荧光、免疫电镜及中和试验，发现猪流行性腹泻与猪传染性胃肠炎在抗原性上有明显差异。

3. 防治　猪流行性腹泻应用抗生素治疗无效，可参考猪传染性胃肠炎的防治办法。在猪流行性腹泻流行地区可对妊娠母猪在分娩前2周，以病猪粪便或小肠内容物进行人工感染，刺激其产生乳源抗体，以缩短本病在猪场中的流行时间。此外我国已研制出猪流行性腹泻病毒甲醛氢氧化铝灭活疫苗，使用后保护率达85%，可用于预防本病；研制出了猪流行性腹泻病毒和猪传染性胃肠炎二联活疫苗，用这两种疫苗免疫妊娠母猪，乳猪通过初乳获得保护。在发病猪场断乳时免疫接种仔猪可降低这两种病的发病率。

（三）沙门氏菌病

1. 病原体　猪沙门氏菌病又名副伤寒，是由沙门氏菌属细菌引起的疾病总称。各种年龄阶段猪均可感染，但幼年猪较成年猪易感。沙门氏菌病常发生于6月龄以下的仔猪，以1～4月龄者发生较多。病猪和带菌猪是本病的主要传染源，它们可由粪便、尿、乳汁以及流产的胎儿、胎衣和羊水排出病菌，污染水源和饲料等，再经消化道感染健康香猪。配种或用患病公猪精液人工授精均可发生感染，此外子宫内感染也有可能。沙门氏菌病一年四季均可发生，在多雨潮湿季节发病较多，饲养管理较好而又无不良因素刺激的猪群甚少发病。

2. 症状　沙门氏菌病在临床上多表现为败血症和肠炎，也可使妊娠母畜发生流产。仔猪副伤寒的潜伏期一般由 2 d 到数周不等，临诊上分为急性、亚急性和慢性。急性（败血型）仔猪副伤寒体温突然升高（41～42 ℃），精神不振，不食，后期会出现腹泻、呼吸困难或耳根、胸前、腹下皮肤有紫红色斑点。有时出现症状后 24 h 内死亡，但多数病程为 2～4 d，病死率很高。亚急性和慢性仔猪副伤寒感染病猪体温升高（40.5～41.5 ℃），精神不振，寒战，喜钻垫草，堆叠一起，眼有黏性或脓性分泌物，上下眼睑常被黏着。少数发生角膜混浊，严重者发展为溃疡，甚至眼球被腐蚀。病猪食欲缺乏，初便秘后腹泻，粪便淡黄色或灰绿色，粪便恶臭，病猪很快消瘦。部分病猪在中后期皮肤会出现弥漫性湿疹，有时腹部皮肤可见绿豆大、干涸的浆性覆盖物，揭开覆盖物可见浅表溃疡。慢性仔猪副伤寒病情往往拖延 2～3 周或更长，最后致使病猪极度消瘦，衰竭而死。

3. 防治　目前国内已有猪的副伤寒菌苗，必要时可选择使用。根据不少地方经验，制成单价灭活苗常能收到良好的预防效果。治疗副伤寒病情，可选用经药敏试验有效的抗生素，并辅以对症治疗。磺胺类药物（磺胺嘧啶和磺胺二甲嘧啶）也有疗效，可根据具体情况选择使用。为防止本病通过猪传染给人，病死猪应严格执行无害化处理，加强屠宰检验。

四、猪繁殖障碍性传染病

近年来，此类传染病在我国很多养猪场与地区呈现大面积流行，损失极其惨重。其病原体除了猪细小病毒、猪流行性乙型脑炎病毒和猪弓形虫外，目前危害更为严重的是猪伪狂犬病病毒、猪繁殖与呼吸综合征病毒、猪圆环病毒和猪衣原体等。

（一）猪伪狂犬病

1. 病原体　本病是由猪伪狂犬病病毒引起的一种急性传染病。感染猪的临床特征为体温升高，新生仔猪表现神经症状，还可侵害消化系统。病猪、带菌猪及带毒鼠类是本病的主要传染源，病毒主要从病猪的鼻分泌物、唾液、乳汁和尿中排出，有的带毒猪可持续排毒一年。传播途径主要依靠直接或间接接触，还可经呼吸道黏膜、破损的皮肤和配料等发生感染。

2. 症状　猪伪狂犬病潜伏期一般 3～5 d，临床症状随年龄增长而有差异。2 周龄以内哺乳仔猪，病初发热，呕吐、腹泻、厌食、精神不振、呼吸困难，呈腹式呼吸，继而出现神经症状，共济失调，最后衰竭而死亡。3～4 周龄猪病程略长，多便秘，病死率可达 40%～60%，部分耐过猪常有后遗症，如偏瘫和发育受阻。2 月龄以上猪，症状轻微或隐性感染，表现为一过性的发热、咳嗽、便秘，有的病猪呕吐，多在 3～4 d 恢复。成年猪常为隐性感染，妊娠母猪感染后可引起流产、死胎、胎儿干尸化及呼吸系统症状，无奇痒。伪狂犬病毒对初生仔猪则引起神经症状，出现运动失调，麻痹，衰竭死亡，病死率 100%。

3. 防治　目前没有猪伪狂犬病的特效治疗药物，对感染发病猪可注射猪伪狂犬病高免血清，对断乳仔猪有明显效果，同时应用黄芪多糖中药制剂配合治疗。此外，应对未发病受威胁猪进行紧急免疫接种。因此，猪伪狂犬病应以预防为主。对新引进的猪要进行严格的检疫，引进后要隔离观察、抽血检验，对检出阳性猪不可留作种用。种猪和成年猪都要定期进行灭活苗免疫。猪场要进行定期严格的消毒措施，最好使用 2%的氢氧化钠溶液或酚类消毒。猪场内要进行严格的灭鼠措施，消灭鼠类带毒传播疾病的危险。

（二）猪圆环病毒病

1. 病原体　猪圆环病毒病是由猪圆环病毒引起猪的一种传染病，猪圆环病毒分布广泛，猪群血清阳性率达 20%～80%，主要感染断乳后仔猪，一般集中于断乳后 2～3 周和 5～8 周龄的仔猪，哺乳仔猪很少发病。

2. 症状　主要感染 8～13 周龄猪，其特征为体质下降、消瘦、腹泻、呼吸困难。猪圆环病毒侵害猪体后引起多系统进行性功能衰竭，临床症状表现为生长发育不良和消瘦、皮肤苍白、肌肉衰弱无力、精神差、食欲减退、呼吸困难。

3. 防治　目前针对猪圆环病毒病尚无有效的治疗方法，主要通过加强饲养管理和兽医防疫卫生措施预防，一旦发现可疑病猪及时隔离，并加强消毒，切断传播途径，杜绝疫情传播。

第三节　香猪主要寄生虫病及其防治

猪寄生虫病是猪三大类疾病（普通病、寄生虫病、传染病）之一。大多数寄生虫病为慢性疾病，既不像传染病那样传染迅速、发病明显，造成的损害也不像传染病那么严重，因此常被人们所忽视。香猪体内寄生虫的种类可以分为猪体外寄生虫、猪体内寄生虫以及人畜共患寄生虫。

猪寄生虫病的特征是发病季节和临床症状不明显，多种寄生虫病多重感染，寄生虫直接吸取猪体营养导致贫血。寄生虫在生长发育过程中不断排出代谢产物及毒素，对机体产生不同程度的损害，对猪体造成机械损伤，增加各种疾病的传播风险。寄生虫感染猪临床诊断和用药困难。猪寄生虫病的防治措施是根据寄生虫的不同类型采用不同类型的驱虫药物，驱虫药物主要包括咪唑类（如左旋咪唑）、大环内酯类、有机磷酸酯类、苯骈咪唑类（如阿苯达唑）及脒类化合物。此外，做好猪的防治措施，做好猪场的选址，最好自繁自养，科学规范地做好防疫工作，加强检疫工作，做好保健工作，增强猪体自身的抵抗力，发病时要认真分析，找出病因，做好病原清除工作。根据粪检结果、当地寄生虫病发生规律及寄生虫的生活周期，了解寄生虫从感染到排出虫卵的时间（表 7－1），合理制定驱虫程序和防制措施，确保香猪健康地生长发育。

表 7－1　猪寄生虫从感染到排出虫卵的时间

寄生虫	时间（d）	寄生虫	时间（d）
蛲虫	3～8	红胃虫	17～19
肺线虫	2～3	结节虫	23～60
鞭虫	30～40	囊虫	60
蛔虫	60～75	姜片吸虫	90
猪肾虫	180～360		

一、猪体外寄生虫

猪体外寄生虫多寄生在猪皮肤层，该病能引起相应部位的病变，如溃疡、剧痒和脱屑等。螨、蚊、蜱、虱和蝇等属于体外寄生虫，但是对猪生长危害最大的是螨虫。体外寄生虫主要影响猪的正常生活规律、采食量，从而导致饲料转化率降低，进而影响猪的生长速度。同时体外寄生虫还是一些疾病的传播者，如猪的细小病毒病、乙型脑炎和猪附红细胞体病等，给养猪业带来了巨大的经济损失。

（一）猪疥螨病

1. 病原体　猪疥螨病是疥螨寄生于猪皮肤表皮层内所引起的慢性寄生性皮肤病，以患部剧痒、结痂、脱毛、皮肤增厚、具有高度传染性为典型特征。本病流行广泛，感染率较高，在寒冷的冬季和秋末春初，家畜毛长而密，若是猪舍潮湿，畜体卫生状况不良，皮肤表面湿度较高，则更适合螨的发育繁殖。此外，螨病具有传染性，患病个体与健康个体直接接触或间接接触都有可能传染，兽医和养殖人员的衣物等都可能传播螨病。

2. 症状　猪疥螨病通常于头部、眼下窝、面颊部及耳部发生，之后逐渐蔓延到背部、躯干两侧及后肢内侧，仔猪感染更为严重，患处发痒，剧痒是螨病整个病程中典型的临床症状，患畜常在饲槽、栏杆等处摩擦，皮肤干燥、粗糙，造成皮肤脱毛、结痂、增厚等外观，严重者形成龟裂并有液体流出，病猪日渐消瘦，生长缓慢。

3. 防治　对于已经确诊的螨病，应及时隔离治疗，可用蝇毒磷、双甲脒、溴氰菊酯、20%碘硝酚注射液、1%伊维菌素注射液等。具体使用方法是用0.025%～0.05%浓度的蝇毒磷药液喷洒、0.05%浓度的双甲脒喷洒或者0.05%浓度的溴氰菊酯药液喷洒；20%碘硝酚注射液以每千克体重10 mg剂量皮下注射；1%伊维菌素注射液以每千克体重0.2 mg剂量皮下注射。猪疥螨病的防治应包括猪舍、猪群及治愈个体等不同方面。猪舍要保持清洁、干燥、宽敞、透光、通风良好，猪舍及饲养管理用具应定期消毒。观察猪群中有无发痒、掉毛现象，及时挑出可疑病猪，隔离治疗。治愈个体和新引进的个体应隔离观察，确保没有患病现象后再合群。使用合理的治疗药物定期进行药物预防。

（二）猪虱病

1. 病原体　猪虱病是由猪血虱寄生于耳基部周围、颈部、腹下、四肢的内侧等体表部位引起的外寄生虫病。本病主要流行于卫生条件较差的猪场和散养猪，其传播方式主要是动物间直接接触，或通过混用的管理用具和褥草等间接传播。

2. 症状　猪血虱吸血时分泌含有毒素的唾液，使被吸血部发痒，动物蹭痒，不安，影响采食和休息。患猪因啃咬患部和蹭痒，被毛粗乱、脱落，甚至造成皮肤损伤。患猪消瘦，发育不良，生长性能降低。

3. 防治　猪虱病可参照猪疥螨病药物治疗方法治疗，可用杀昆虫药喷洒体表。常用药物有菊酯类（溴氰菊酯、氰戊菊酯），伊维菌素皮下注射也有很好的效果。在药物除虱的同时应加强饲养管理，保持猪舍清洁、通风，垫草要勤换，对管理用具要定期消毒。

二、猪体内寄生虫

体内寄生虫对猪危害较大，并且猪体内寄生虫的种类较多，主要有蛔虫、猪后圆线虫、结节线虫、鞭虫、肺丝虫和附红细胞体等。大多数种类的体内寄生虫的虫体和宿主争夺营养成分，导致猪不能很好地吸收养分，同时幼虫的移行会破坏猪的内脏组织结构及其生理机能。这都将影响猪的正常生长，导致猪的采食量减少、体重下降和抗病力减弱。妊娠母猪感染体内寄生虫病则可能造成胎儿发育不良，也可能导致流产、死胎、新生仔猪体重偏小等症状。

（一）猪蛔虫病

1. 病原体　猪蛔虫病是由猪蛔虫寄生于猪小肠内所引起的一种消化道寄生虫，本病呈全球性分布，感染普遍，危害严重，主要侵害2～6月龄的仔猪，可导致发育不良、生长受阻，严重者发育停滞，形成“僵猪”，甚至造成死亡。经口摄食感染性虫卵的饲料和饮水是主要的感染途径，另外，猪蛔虫不仅生殖能力极强，而且虫卵对外界环境的抵抗力也很强。猪蛔虫卵还具有一定的黏性，可借助食粪甲虫、鞋靴等传播。

2. 症状　猪蛔虫幼虫在体内可对肝和肺造成器官和组织损伤，患病猪临床表现为精神沉郁、食欲减退、异嗜、营养不良、贫血、黄疸。猪蛔虫幼虫感染严重时表现体温升高、咳嗽、呼吸增快、呕吐和腹泻等症状，幼虫移行时还引起嗜酸性粒细胞增多，出现荨麻疹和某些精神症状反应。蛔虫数量多时常聚集成团，堵塞肠道，严重时因肠破裂而致死，在饥饿、驱虫等应激条件下，蛔虫可进入胆管，造成胆管蛔虫病，导致黄疸、贫血、呕吐、消化障碍、剧烈腹痛等症状，严重者可导致死亡。

3. 防治　对于本病的治疗可选用以下方法：左旋咪唑按每千克体重 8～10 mg，一次混料喂服或肌内注射；丙硫苯咪唑按每千克体重 10～20 mg，一次混料喂服；甲苯咪唑按每千克体重 10～20 mg，一次混料喂服；氟苯达唑按每千克体重 5 mg，口服或混料喂服；芬苯达唑按每千克体重 10 mg，口服；伊维菌素和阿维菌素按每千克体重 0.3 mg，一次皮下注射；多拉菌素按每千克体重 0.3 mg，一次肌内注射。

猪蛔虫病还可以采取有效措施进行预防。断乳仔猪，选用抗蠕虫药进行一次驱虫，并且在 4～6 周后重复 1 次；母猪妊娠前和产仔前 1～2 周进行驱虫；后备猪配种前驱虫 1 次；公猪每年至少驱虫 2 次。产房和猪舍在进猪前都需要进行彻底清洗和消毒，可选用 60 ℃以上的 3%～5%热碱水、20%～30%热草木灰水和新鲜石灰等杀死虫卵。做好猪场各项饲养管理，供给猪充足的维生素、矿物质和饮水，饲料和饮水要新鲜清洁，避免猪粪污染，仔猪断乳后要与母猪分开饲养，以防仔猪感染。

（二）猪后圆线虫病

1. 病原体　猪后圆线虫病又称猪肺线虫病，是由猪后圆线虫寄生于猪的支气管和细支气管引起的一种呼吸系统寄生虫病，本病主要危害幼猪，引起肺炎，严重影响猪的生长发育。本病流行广泛，感染率高、强度大，流行具有季节性。猪一般在夏季最易感染，冬春季节次之，多发生于 6～12 月龄的猪，但南方温暖地区一年四季均可发生。

2. 症状　猪后圆线虫病轻度感染时症状不明显，但影响猪的生长发育，严重感染时呈现阵发性咳嗽，尤其在早晚时间、运动或采食后更加剧烈。病猪被毛干燥无光，逐渐消瘦贫血，食欲减少，直到拒食，生长发育缓慢甚至停滞。鼻孔内有脓性黏稠液体流出，呼吸困难，肺部听诊有啰音，有的病例可以发生呕吐、腹泻，病程长者常形成僵猪。

3. 防治　防治猪后圆线虫病可以采用丙硫苯咪唑、苯硫咪唑或伊维菌素等药物驱虫，对出现肺炎的猪，应采用抗生素治疗，防止继发感染。此外还应采取综合性预防措施，保持猪舍和运动场干燥，防止蚯蚓生存繁殖，粪便及时处理，对流行区的猪定期驱虫，春秋季节各进行 1 次。

三、人畜共患寄生虫病

此类疾病主要是指在人和猪体内都能寄生的一类寄生虫病，主要有猪旋毛虫病、猪弓形虫病、猪囊虫病及绦虫病等。

（一）猪旋毛虫病

1. 病原体　猪旋毛虫病是由旋毛虫寄生于猪体内而引起的一种内寄生虫病，是一种重要的人畜共患寄生虫病。成虫寄生在肠道，称为肠旋毛虫；幼虫寄生在肌肉，称为肌旋毛虫。旋毛虫繁殖能力较强，每条雌虫可产1 000～1 500条幼虫，对外界的不良环境抵抗能力较强，因此旋毛虫病广泛流行。猪感染旋毛虫的主要来源是鼠，另外饲喂被污染且未经处理的废肉、泔水等也是猪感染旋毛虫的重要来源。猪对旋毛虫有很大的耐受性，虫体对胃肠影响很小，主要病变在肌肉，如肌细胞的横纹肌消失、萎缩，肌纤维膜增厚等。

2. 症状　人工感染的猪，在感染后的3～7 d食欲减退、呕吐和腹泻，感染后15 d左右表现肌肉疼痛或麻痹，运动障碍，叫声沙哑，呼吸、咀嚼及吞咽呈现不同程度的障碍，体温升高和消瘦等症状，有时眼睑和四肢水肿。

3. 防治　选用丙硫苯咪唑、甲苯咪唑等广谱、高效、低毒的驱线虫药物可以预防旋毛虫病。此外，加强猪的饲养管理，加强猪舍的清洁卫生，大力开展灭鼠工作，防止鼠粪污染饲料亦可减小患病概率。严格执行肉品检验制度，加强宣传，提倡熟食，严禁吃生猪肉，不用泔水喂猪，同时发现可疑病猪立即隔离，采取有效措施给予治疗。

（二）猪囊虫病

1. 病原体　猪囊虫病即猪囊尾蚴病，是由猪带绦虫的中绦期幼虫猪囊尾蚴寄生于猪的肌肉、脑、心、眼等器官中所引起的一种寄生虫病。猪囊虫病是一种危害十分严重的人畜共患寄生虫病，是全国重点防治的寄生虫病之一，也是肉品卫生检验的重要项目之一。猪囊虫病呈世界性分布，感染源是人体内寄生的有钩绦虫排出的虫卵。猪囊虫病的发生与流行与猪的饲养管理和人的粪便管理密切相关。在有些地方，猪采用放养方式，因此呈现人无厕所、猪无圈的现状。还有的地方采取连茅圈，大大增加了猪与人类接触的机会，因而造成本病流行。

2. 症状　猪囊虫病对猪的危害一般不明显，初期由于六钩蚴虫在体内有移行，引起组织损伤，有一定致病作用。成熟囊尾蚴的致病作用常取决于寄生部位，数量居次要。大量寄生的初期，常在一个短时期内引起寄生部位的肌肉发生疼痛、跛行和食欲减退等，幼猪被大量寄生时，可能造成生长迟缓、发育不良。寄生于眼结膜下组织或舌部表层时，可见豆状肿胀。典型重度感染病例常显现为两肩显著外张，臀部不正常的肥胖宽阔而呈哑铃形或狮体状，发音沙哑或呼吸困难。

3. 防治　对有囊尾蚴的猪肉，不能食用。对于这类病应着重预防，而不是治疗，发现病例应及时做无害化处理。饲养时应采取综合性防治措施，大力开展驱除人绦虫、消灭猪囊虫的"驱绦灭囊"的防治工作。猪带绦虫病人是猪囊尾蚴感染的唯一来源，应对高发人群进行普查，发现人患绦虫病时，及时驱虫，驱虫治疗是切断感染来源的极其重要的措施。加强人类管理和改变猪的饲养方式，人粪要进行无害化处理。加强肉制品卫生检验。对猪宰场严格管理，定点屠宰、集中检疫，对有囊尾蚴的猪肉，应做无害化处理，严禁销售。用猪囊尾蚴细胞工程疫苗及基因工程疫苗对疫区的猪进行免疫预防。此外，应提高人们对猪囊尾蚴病危害的认识，改变不良饮食习惯。

（三）猪弓形虫病

1. 病原体　猪弓形虫病是由刚地弓形虫寄生于猪的多种有核细胞中引起的寄生虫病。本病分布于世界各地，猪的感染很普遍，但多数为隐性感染，是严重的人畜共患寄生虫病。本病秋冬季节和早春发病率最高，可能与猪机体抵抗力因寒冷、运输、妊娠而降低及此季节时外界条件适合卵囊生存有关。传染源主要为病猪和带虫动物，病猪的唾液、痰、粪、尿、乳汁、腹腔液、眼分泌物、肉、内脏、淋巴结以及急性病例的血液中都可能含有速殖子。猪弓形虫感染途径广泛，经口感染是本病最主要的感染途径，母猪血液中的速殖子经胎盘可感染胎儿，弓形虫还可经皮肤、黏膜感染，也可通过眼、鼻、呼吸道等侵入猪体内。

2. 症状　本病的临床症状与猪瘟类似，体温升高到 40.5～42 ℃，呈稽留热型。病猪精神沉郁，食欲废绝或减弱，呼吸困难，呈明显的腹式呼吸，呈犬坐姿势，流浆液性鼻液。皮肤发绀，嘴部、耳部、下腹部及下肢皮肤出现红紫色的斑块或间有小出血点。有的病猪耳郭上形成痂皮，甚至耳尖发生干性坏死，结膜充血，有眼眵。仔猪感染后，常见腹泻，尿少，呈黄褐色，有的病猪出现癫痫样痉挛等神经症状。妊娠母猪感染后会出现流产或者导致新生仔猪先天性弓形虫病而死亡。感染的病猪急性病例会出现全身性病变，淋巴结、肝、肺和心脏等器官肿大，并有许多出血点和坏死灶。肠道重度充血，肠黏膜上可见到扁豆大小的坏死灶。

3. 防治　使用磺胺类药物对急性病例的治疗具有一定的疗效，可选用磺胺嘧啶、磺胺六甲氧嘧啶，此外磺胺甲氧苄啶和二甲氧苄啶对弓形虫的滋养体同样有效。加强疾病预防，加强猪舍卫生管理，保持清洁，对猪舍、养殖器具定期消毒。加强对猫的管理，加强防鼠灭鼠、灭蝇、灭蟑螂工作，阻断猫和鼠粪便污染饲料及饮水。患病个体、流产仔猪等排泄物及场地均需进行严格消毒处理，防止再次污染。

第四节　香猪常见普通病及其防治

近些年，随着猪生产标准化、规模养殖水平的不断提高及疫病防控措施的落实，各种猪的高危传染病得到了有效的控制，但一些常见的普通病却逐渐猖獗起来，成为制约香猪产业健康可持续发展的重要疾病。这些疾病可以分为胃肠道疾病、营养代谢性疾病及产科疾病等，其中胃肠道疾病主要有消化不良、胃肠炎和胃溃疡等；营养代谢性疾病包括中暑、维生素 A 缺乏症、硒和维生素 E 缺乏症、钙磷缺乏症、黄曲霉毒素中毒及食盐中毒等；产科疾病主要包括流产、难产、胎衣不下和产后瘫痪等。对于这些疾病，每个饲养场地必须制定出适合本场实际情况的疾病防治措施和制度，可以从以下几个方面着手：对各种疾病按程序搞好免疫接种；定期进行药物驱虫；通过加强饲养管理预防普通病；对一部分疾病可通过添加药物来预防；遵守严格的卫生消毒制度。

一、胃肠道疾病

香猪消化不良、胃肠炎和胃溃疡是香猪日常饲养管理中的常见普通病。本节主要提出香猪消化不良、胃肠炎及胃溃疡的诊治及预防方法，为防控此类疾病提供参考和借鉴。

（一）消化不良

1. 病因　消化不良属于香猪的常见病之一，是指猪胃肠黏膜表层发生的轻度炎症，也称为胃肠卡他。猪的消化器官机能由于受到扰乱或某些障碍，其胃肠消化、吸收机能减退，食欲减少或停止，从而导致猪的消化不良。猪消化不良死亡率很低或无死亡，但是影响猪的正常生长发育，降低饲料的利用率，影响养猪效益。

猪的消化不良多发生于仔猪，其原因有两个方面：一方面是妊娠母猪饲料管理差，饲料中缺乏蛋白质、维生素和某些矿物质，因而使胎儿在母体内正常发育受到影响，出生后体质衰弱，抵抗力低下，极易消化不良；另一方面，初生仔猪管理不当，吃初乳过晚，猪舍寒冷潮湿，卫生条件差也是造成仔猪消化不良的重要因素。此外，饲喂天气突然改变，饲料温度变化无常，时饥时饱或喂食过多，饲喂粗硬或冰冻的饲料，饲料中混有泥沙或带有毒物质，饲料霉烂变质，饮水不洁等都会致使猪消化功能受到扰乱。

2. 症状　本病的临床症状主要表现为猪食欲废绝，生长迟缓，精神不振，喜饮水，口臭，有舌苔，有时表现腹痛、呕吐。10 日龄以内的仔猪为黄色黏性的稀粪，少数开始时就呈黄色水样稀粪，如病期延长，可能转化为灰黄色黏性粪便。10～30 日龄的仔猪发生消化不良时，多数开始时就呈灰色黏性或水样粪便，以后可能转为灰色或灰黄色条状，最后为球状而痊愈。其他日龄的病猪，一般粪便干硬，有时腹泻，粪内混有未消化的饲料。

3. 防治　在治疗方面，一般治疗可给予病猪稀粥或米汤饲喂，充分饮水。对于哺乳仔猪可施行饥饿疗法，禁乳 8～10 h，饮以适量的生理盐水，在清除胃肠内容物后，可给予稀释乳 50～100 mL，8 d 喂饮 5～6 次，痊愈后逐渐转为正常饲养。治疗的基本原则是清肠止酵、消炎、调整胃肠功能。清肠止酵常用硫酸钠（镁）或人工盐 30～80 g 或植物油 100 mL，鱼石脂 2～3 g，加水适量，一次内服。调整胃肠功能可用胃蛋白酶 10 g、稀盐酸 5 mL、水 1 000 mL，混合，仔猪每天灌服 10～30 mL；或者人工盐 3.5 kg、焦三仙 1 kg，混合成散剂灌服，每次每头 5～15 g，便秘时加倍，仔猪酌减；或者健胃散 10 g、酵母片 6 g、苦味酊 10 mg，混合一次内服，连服 3～5 d。消炎止泻可以口服抗生素或磺胺类药物，如庆大霉素、氨苄青霉素、复方新诺明等；黄连素 0.2～0.5 g，一次内服，每日 2 次；硅酸铝 5 g，颠茄浸膏 0.1 g，淀粉酶 1 g，分 3

次在一天之内喂服或拌入饲料中给予。

在预防方面，饲喂时要定时、定量，冬季喂温食（保持在 15～25 ℃），饮温水或凉水，饲料变化要逐渐过渡，不喂发霉、变质的饲料。注意圈舍和饮水卫生，保持圈舍干燥，注意消毒和驱虫，注意季节变化，保持圈舍适宜温度。对仔猪补喂粗纤维含量丰富的饲料，每天补给适量的食盐。

（二）胃肠炎

1. 病因　猪胃肠炎是指胃肠黏膜表层及深层组织的重剧性的炎症，临床上由于胃和肠的炎症多相继发生或同时发生，故合称胃肠炎。按其病因可分为原发性胃肠炎和继发性胃肠炎；按其炎症性质可分为黏液性胃肠炎、化脓性胃肠炎、出血性胃肠炎、纤维素性胃肠炎和坏死性胃肠炎；按其病程经过可分为急性胃肠炎和慢性胃肠炎，临床上以急性继发性胃肠炎多见，属于猪的常见多发病之一。原发性胃肠炎的发生与饲养管理不当密切相关，主要包括：饲喂发霉变质、冰冻腐烂的饲料或污染的饮水；采食蓖麻、巴豆等有毒植物；误食含酸、碱、砷、磷、汞等有强烈刺激性或腐蚀性的化学物质；猪舍阴暗潮湿、气候突变、环境卫生条件不良、车船运输、过劳、过度紧张，猪处于应激状态，容易致使胃肠炎的发生。猪的继发性胃肠炎常见于各种病毒性传染病（猪瘟、传染性胃肠炎等）、细菌性传染病（沙门氏菌病、巴氏杆菌病等）、寄生虫病（蛔虫等）。

2. 症状　患有胃肠炎的猪初期仅表现为消化不良症状，食欲减退，粪便带黏液，精神不振。随着患病猪胃肠道炎症的逐渐加剧，猪胃肠道的内容物产生异常发酵和腐败，并助长了胃肠道内有害细菌的毒害作用，当有害细菌分解的有害产物或毒素被机体吸收后，就会导致患病猪的机体发生代谢障碍与消化机能紊乱，食欲明显减退乃至废绝，并出现先短时间的便秘而后腹泻的症状。患病猪至后期，肛门括约肌表现松弛甚至直肠脱出，排便失禁；部分猪发生脱水症状，还可出现自体中毒症状，严重者可出现全身肌肉抽搐或昏迷现象，体温可降至常温以下，患病猪多在虚脱或衰竭中死亡。急性胃肠炎病程一般 2～3 d。

3. 防治　在治疗方面，胃肠炎的治疗以消炎为根本，早发现、早确诊、早治疗。注意对症治疗，一般卡他性胃肠炎，只要控制饮食，并给予中性盐类泻剂，常可以迅速痊愈；对于重度胃肠炎，主要用抗生素和磺胺类药物治疗，通过药敏试验，选择有效的抗菌药物。要注意抗菌药物均以口服为宜；在呈现毒血症期间，应结合其他全身疗法，如镇痛、强心和补液。胃肠道收敛剂可用于卡他性胃肠炎，而对于细菌性和中毒性胃肠炎，则不宜过早地应用；当粪便黏液分泌物中泡沫增多时，可在收敛剂中加白垩或炭末；还可用胃肠道保护剂如硝酸铋、次碳酸铋等。

在预防方面，在日常的饲养管理中，减少各种应激情况对猪群的影响。加强猪舍防寒防潮湿措施，尤其在气温交替变化的时候。制定严格合理的消毒管理程序，定期组织清扫猪舍内的污物，进行有效的药物消毒处理。保持舍内通风、清新、干燥。喂养香猪的饲料要新鲜，保证定时定量，少喂勤添。平时发现消化不良的猪要及时治疗，以防病情加重转化为胃肠炎。

（三）胃溃疡

1. 病因　日常饲养管理不善、饲养密度过大、突然更换饲料、饲料过于粗糙或者精细、缺乏维生素 C 及硒等原因可造成胃溃疡，此外胃溃疡也可继发于其他传染病、寄生虫病及中毒症。

2. 症状　亚急性和急性型可发生于不同年龄的猪，常见于运动或者兴奋之余，多因胃出血而突然死亡。临床上出现贫血、虚弱及呼吸加快，病初腹痛、磨牙、不安，体温较正常。亚急性和慢性型症状持续时间较长，临床上出现厌食，轻度腹痛，渐进性贫血，排泄少量黑色粪便，偶尔腹泻，体重减轻，体形消瘦，可在 1 周后好转或是转变为慢性疾病。通过粪便、血液或胃镜检查初步诊断，最急性和急性的猪表现为突然死亡，尸体无色素部位呈现白垩色，胃壁有大量出血。

3. 防治　在治疗方面，治疗原则是中和胃酸、保护溃疡面、减轻疼痛。中和胃酸可用氢氧化铝或者是硅酸镁等抗酸药剂，也可从减少胃酸分泌着手，使用甲氰咪胍、呋喃硝胺等Ⅱ型组胺受体阻断剂减少胃酸分泌，效果明显。保护溃疡面的目的在于防止大面积出血，更有效地促进溃疡面的愈合。药物治疗可在饲喂之前，将 15 g 聚丙烯酸钠溶入水中，频率为 1 次/d，连续饲喂 1 周时间，可起到较好的治疗效果。减轻疼痛应该使用消炎镇痛类药物，临床上肌内注射浓度为 2.5%的盐酸氯丙嗪溶液 4～5 mL，治愈效果较好。

在预防方面，要改善日常饲养管理，尽量避免应激事件的发生，减少各种疾病诱发事件发生。注意饲料调配的营养性、合理性。饲料不要太细，保证饲料中维生素 E 及硒元素的含量。在饲料中添加铜作为促进猪生长的元素时，要特别注意铜元素会诱导胃溃疡疾病的发作，考虑配合使用碳酸锌具有较好的抑制效果。此外，在猪种引进过程中，不要选择有遗传易感性的品种，这样可降低疾病发生的概率。

二、营养代谢性疾病

（一）中暑

1. 病因　中暑是日射病和热射病的总称，是炎热夏季猪群最常见的热应激性疾病。猪群由于在烈日暴晒头部过久、暑热天气或湿热环境下，体热不能发散而蓄积体内，造成体内产热和散热的平衡失调，导致严重的中枢神经和心血管、呼吸系统机能紊乱。中暑可分为日射病和热射病两种。日射病是指猪群在长时间阳光直射和暴晒下，表现出体温升高、呼吸加快等病理反应。而热射病是指猪群在炎热季节的潮湿环境中，新陈代谢旺盛，产热多、散热少，体内急热，引起严重的中枢神经系统功能紊乱的现象。

2. 症状　中暑的临床表现主要有呼吸、心搏加快，节律不齐；体温升高，达 42 ℃以上，触摸皮肤烫手，全身流汗；口流白沫，流涎呕吐，步态不稳；眼结膜发红，结膜充血或发绀，瞳孔初散大后缩小。严重的倒地抽搐痉挛、流涎，四肢做游泳状划动。一般都是突然发病，有些病猪犹如电击一般突然晕倒，甚至在数分钟内死亡。重者倒地不起，如不及时治疗可在数小时内死亡。多数病例神经沉郁、站立不稳、陷入昏迷，也有部分病例精神兴奋、狂躁不安，难于控制，呈癫痫发作，数小时死亡。

3. 防治　在治疗方面，治疗的原则是防暑降温、镇静安神、强心利尿、缓解中毒、防止恶化。发现中暑猪，应该迅速将患猪转移到阴凉通风处，用凉水浇或用冷湿毛巾敷头部，冷敷心区，也可用凉水喷洒全身或进行冷水浴，使体温降至 38.5～39 ℃。对于轻度中暑的猪，可以用以藿香正气水、绿豆汤、葡萄糖水、清暑香薷散进行治疗；对于重度中暑的猪，采用藿香正气水 200 mL，西瓜汁 2 000 mL，绿豆汤 1 000 mL，对病情特别严重的猪可静脉放血 500 mL，以缓解病情；对于体温较高而不退热的猪，可肌内注射青霉素 40 万～80 万 IU 或磺胺嘧啶 5～10 mL；对于心力衰竭昏迷的猪，肌内注射 10%安钠咖 5～10 mL 或 10%樟脑磺酸钠 10 mL 等药物进行治疗。

在预防方面，要科学建造猪舍；饲养密度适宜；采取遮阳办法；供给充足饮水；炎热季节常用冷水喷洒猪体，中午让猪在阴凉处休息；大群猪在炎热季节转群或车船运输时应注意通风，做好防暑急救准备工作，可选择早晚运输，途中定时给猪喷淋凉水。

（二）维生素A缺乏症

1. 病因　维生素A缺乏症是体内维生素A或胡萝卜素摄入不足或吸收障碍引起的一种慢性营养性缺乏症，是猪维生素缺乏的常见病之一。本病常见于冬末春初青绿饲料缺乏之时，以夜盲、眼干燥症、角膜角化、生长缓慢、繁殖机能障碍及脑和脊髓受压为特征，仔猪较成年猪易发病，成年猪少发病，哺乳期仔猪发病则多因乳汁中缺乏维生素A而引起。

2. 症状　患有维生素A缺乏症的病猪主要表现为食欲减退、消化不良、仔猪生长发育迟缓，体重低下，衰弱乏力，生产能力低下；蹄生长不良，干燥，蹄表有龟裂或凹陷；眼干燥，脱屑，皮炎；被毛蓬乱缺乏光泽，脱毛；神经运动失调、痉挛、惊厥、瘫痪；公猪睾丸退化缩小，精液不良，母猪发情异常、流产、死产、胎儿畸形；抗病能力降低，极易继发鼻炎、支气管、胃肠炎等疾病和某些传染病。

3. 防治　在治疗方面，平时增补胡萝卜、黄玉米等富含维生素A或胡萝卜素的饲料。单一性的维生素A缺乏，首选的药物为维生素A。肌内注射维生素A，仔猪2万～5万IU，每日1次，连用5 d，或者用松针20 g捣汁或煎汁，放在饲料内一次喂服。

在预防方面，猪群主要使用的是全价饲料，保证饲料中维生素A和胡萝卜素的含量，并根据不同生理状态或者日龄饲喂不同配方的日粮，比如哺乳仔猪和哺乳母猪应给予更高含量的维生素A和胡萝卜素。长期使用单一饲料配方时要注意添加足量的青绿饲料、胡萝卜、块根类及黄玉米，必要时还应给予鱼肝油或维生素A添加剂。

三、产科疾病

（一）流产

1. 病因　母猪流产是指母猪妊娠期间，由于各种原因胚胎或胎儿与母体之间的生理关系发生紊乱，造成妊娠中断，胚胎或胎儿排出体外。流产是母猪的常见病之一，母猪配种妊娠后 11～12 d 容易流产。流产除造成母猪产仔数量减少外，母猪配种后流产还可造成母猪繁殖周期延长，甚至造成一些母猪完全丧失生育能力，进而被淘汰。引发母猪流产的病因复杂多变，主要包括传染性流产和非传染性流产，传染性流产如一些病原微生物和寄生虫引起猪的流产，非传染性流产如药物性流产（泻药、利尿药、麻醉剂、糖皮质激素类、抗蠕虫药、大环内酯类药物）、中毒因素流产（霉菌毒素、农药中毒、亚硝酸盐中毒、棉酚中毒、杀鼠药中毒等）、环境、管理因素流产（严寒刺激、炎热、跌倒、争斗等）、营养不良因素流产和误配因素流产等。

2. 症状　猪隐性流产常发生于妊娠早期，由于胚胎尚小，骨骼还未形成，胚胎大部分被母体吸收，而不排出体外，俗称“化胎”。早产的临产预兆和产程与正常分娩相似，胎儿是活的，但未足月即提前产出，因妊娠时间短，胎儿生命力较弱，如能做好保温、协助哺乳或人工喂乳尚可存活。流产过程中子宫颈口已张开，容易致使腐败菌入侵，使胎儿发生腐败，使母猪全身症状加剧，从阴门不断流出恶露，如不及时治疗，将引起广泛的子宫炎，母猪体温升高、不食、沉郁、呻吟不安，甚至会导致败血症死亡。

3. 防治　在治疗方面，治疗的原则是尽可能制止流产。不能制止时，要及时采取措施促进死胎排出，保证母猪的健康。发病时应根据不同情况采取不同措施，妊娠母猪表现出流产早期症状，胎儿仍然存活者，应尽量保住胎儿，防止流产。当流产胎儿排出受阻时，应实施助产。

在预防方面，应加强妊娠母猪的饲养管理，避免挤压、碰撞妊娠母猪，饲喂营养丰富、容易消化的饲料，严禁喂冰冻、霉变及有毒饲料。做好预防接种，定期检疫和消毒，谨慎用药，以防流产。

（二）难产

1. 病因　母猪难产是指胎猪发育正常，但由于各种原因，分娩的第一阶段、第二阶段明显延长，胎儿和胎衣不能正常排出。难产如果处理不当，不仅会危及母体及胎儿的生命，而且能引起母猪生殖道疾病，影响以后的繁殖力。母猪难产的病因很多：一是产道性难产，多见于初产母猪，主要是产力性难产，多见于体弱、有病、高胎次或产仔多的母猪，由于疲劳造成子宫收缩无力，无法将胎儿排出产道引起难产。二是膀胱积尿性难产，多见于体弱、有病的母猪，由于膀胱麻痹，尿液不能及时排出，膀胱积聚大量尿液，挤压产道引起的难产。三是胎儿性难产，表现为胎儿横位在产道中，造成产道堵塞引起的胎位不正性难产。四是应激性难产，多见于初产、胆小的母猪，由于受到突然惊吓或分娩环境不安静等外界强烈刺激，子宫不能正常收缩引起难产。此外，营养因素、管理方面的因素和疾病因素等都可能引起母猪难产。

2. 症状　造成难产的原因不同，因而表现不尽相同，有的在分娩过程中反复起卧，痛苦呻吟，母猪阴户肿大，有黏液流出，时做努责，但不见仔猪娩出。有时母猪产出部分仔猪后，间隔很长时间不能继续产出仔猪，有的母猪努责轻微或不再努责，长时间静卧，若时间过长，仔猪可能死亡，严重者可致母猪衰竭死亡。

3. 防治　通过适当治疗可减少难产的发生。发生难产时，先将该母猪从限位栏内赶出，在分娩舍过道中驱赶运动约 10 min，以期调整胎儿姿势。此后再将母猪赶回栏中分娩，如不能奏效则再选用药物催产或施助产术。产力性难产治疗原则是促进子宫收缩，如使用药物催产可选用 5%的葡萄糖氯化钠注射液 250 mL，加缩宫素 20 U 静脉滴注，一直持续到胎儿全部排出，此外还可进行手术助产。对于产道性难产，发现此类情况，禁用缩宫素，应及早进行剖宫产术。胎儿性难产的治疗方式一般是人工助产，经过助产疏通产道后，母猪可顺利产下发育正常的胎儿。

在预防方面，在选种时，应选择后躯圆润、尾根上翘、外阴发育良好的母猪；非育种要求杜绝近亲配种；严格控制配种母猪的体重和年龄，8 月龄之前的母猪不能用于繁殖配种，对于年龄较大、易患病及产道狭窄产仔困难的母猪应及时淘汰。加强母猪的饲养管理，促使妊娠母猪合理运动，做好疫病监测。

第五节　贵州香猪疾病防控的主要措施

一、建筑要求及饲养环境保障措施

1. 建筑要求　猪舍建筑物的朝向应为坐北朝南或东西朝向，层高 4.0 m 左右，采光良好，通风顺畅，排污畅通。设施内应分为种用公猪单圈饲养区、后备公猪饲养区、种用母猪群养区、妊娠母猪及哺乳母猪单圈饲养区、仔猪饲养区，不同生理期猪分区饲养。

2. 饲料及饮水　贵州香猪饲喂全价营养颗粒饲料，颗粒饲料投喂于隔栏

式食槽内，猪分栏采食。饲养间内设置自动饮水器，在不同高度合理分布，随时供应符合城市自来水标准的饮用水。

3. 冬季取暖　贵州香猪耐热不耐寒，当环境温度低于 16 ℃时应对幼龄猪采取保暖措施。保暖措施包括地面铺设木板垫床、增加玻璃纤维电热垫、安装红外灯等。成年猪采用安装红外灯的方式取暖。幼龄猪主要采用铺设木板垫床、增加玻璃纤维电热垫、安装红外灯等方式取暖。

4. 饲养密度　猪属于群居性动物，除了种用公猪和临产及哺乳母猪单独饲养外，一般均为合群饲养。种用公猪单独一间，饲养密度不低于 2.0 只/m^2，确保有足够的活动空间，合群饲养时要求同性别、同年龄段的猪一起饲养。

二、疾病预防措施

贵州香猪对大部分病原微生物具有较强的抵抗力，其他品种猪常见的传染病和寄生虫病也只是偶有发生，但贵州香猪对某些猪病病原微生物较敏感，如猪瘟病毒、猪丹毒等。以防病重于治病为原则，严格执行清洁、消毒、防疫、隔离工作。每天用高压水枪冲洗猪圈 1～2 次，哺乳母猪和临产母猪除外。每周对外环境和猪舍内部进行彻底消毒，一般交替使用过氧乙酸、来苏儿、次氯酸钠等消毒剂。有计划地进行重点防治传染病的疫苗注射，每年春、秋季防疫各 1 次，体内和体外驱虫各 1 次，疾病预防还应该根据本地区疫情有针对性地进行防疫。

第八章 贵州香猪养殖场建设与环境控制

第一节　养殖场选址与建设

养猪业是个长期的产业，如果猪场选址及布局不合理，将会出现各种问题，如供电不足、供暖不足等，严重时还会造成环境污染，导致生态不平衡等情况发生。养殖场址的选择，是猪生产的开始，因此场址的选择十分重要。猪场选址必须综合考虑社会经济、自然环境、猪群的生理和行为需求、卫生防疫、生产流通、组织管理和场区发展等各种因素，努力做到因地制宜、科学选址、合理布局。科学选址最基本的条件是符合当地畜牧业发展规划要求，不在法律、法规规定的禁止养殖的区域内选址。

1. 远离村庄、城镇等公共区域　猪场一定要设置在居民区的下风区，场址尽量远离村庄或居民区，最好亦处于水源的下方，防止污染。猪场不宜选择在风口或气流交换强烈的地方，也不宜选择在气流交换不足的低洼地或深涧、窝塘地。总之选址应远离省道，接近县道，紧邻村道，周围 1 km 内无村庄，3 km 内无化工厂、肉类加工厂、屠宰场和其他畜禽场，并且人迹罕至。虽然远离交通要道，猪场选址也要充分考虑交通便利性，以利于饲料、产品等的运输。

2. 地势干燥开阔、背风向阳　猪场应建造在地势较高、干燥平坦、背风向阳、稍有斜坡的无疫区内，这是猪舍保温防潮的基本条件。同时应选择地下水位低、无洪涝威胁的区域。

低洼地带夏季通风不良，空气闷热，湿度较大，会导致寄生虫等有害生物繁殖，使香猪容易患病，增加卫生防疫成本。冬季阴冷导致猪健康水平下降及生产性能降低，增加饲养成本和治疗成本。此外，低洼地带的建筑物折旧率增大，使用年限减少。而选择开阔、干燥的地势有利于猪群的保温、通风和污水的排放，并能防止污水倒灌进猪舍，利于清洁和猪舍内部干燥。

山区建场要求场地干燥、阳光充足、避免冬季寒风的侵害；平原区建场要求地势较高、排水方便；不建议在山窝里建设 2 000 头以上的规模猪场。选择场址时，首先要确定面积，要根据当前及今后发展的需要，留有充分的余地。一般可按照每 667 m^2 200 头以上的标准计算。

规模猪场的猪群规模大、饲养密度高，必须做好卫生防疫工作。一方面在整体布局上应着重考虑猪场的性质、猪本身的抵抗能力、地形条件、主导风向等方面，合理分布圈舍，满足其防疫距离的要求；另一方面还要利用生物性、物理性特点采取一些行之有效的防疫措施，改善防疫环境。良好的生物防疫屏障能有效降低养猪业的疫病风险系数，选择具有天然屏障（山川、河流、湖泊）的地带建设猪场是猪场选址需要考虑的最基本的条件，同时还要考虑今后 30 年内周边环境对猪场的影响。

猪场场址应该选择地形开阔整齐、有足够面积的区域，地形狭长或多边角都不便于场地规划与建筑物布局；面积不足会造成建筑物拥挤，给饲养管理，改善场区、猪舍环境及防疫、防火等均造成不便。地势选择一般要求西北高东南低，也可以选择北高南低、西高东低或排水良好的平地，上述地势要求有利于排水、保持圈舍干燥与环境卫生及利用太阳能采暖，减少能源消耗。

3. 地质与地基　猪场选址处应无辐射污染、无有毒有害元素超标、无化学污染、无生物污染、无滑坡及无风化地质等。猪场选择的地基应无地下河、无古河道及无地基沉降等。

土质对猪场也会有较大程度的影响，土质不同，其空气含量、透水性及黏度等均有很大差异。土质大致可确定为砾土、沙土、黏土和壤土四个类型，其中黏土不易渗水，雨季常导致泥泞状态，影响养殖场的正常工作。因此，场址土质最好选择土质坚实、渗水性强的沙质壤土。

土壤土质对猪的健康和生产力具有较大影响。黏土一般较为潮湿，其是病原微生物、寄生虫卵以及蝇蛆等存活的良好场所，此外，黏土有机质含水量大、抗压性低，易导致建筑物的基础变形而缩短使用年限。沙土类易于干燥和有利于有机物的分解，修建在沙土上的建筑物易发生歪斜和倒塌。因此修建猪场的土壤以沙壤土较为理想。但如果受客观条件限制没有理想的土壤，也可通过掺沙子或石子的方式弥补当地土壤的缺陷。

4. 水源水质及电力能源　猪场选址需要具有良好的水源水质。所用水源必须充足，必须合乎猪饮用的卫生标准，最好能达到饮用水标准。养殖场不仅需要足够的猪饮用水，还需要大量的饲养管理用水，如冲洗猪舍、清洗器具、清洁环境、绿化灌溉等。因此，水源的水量必须同时满足场内人员生活、猪饮用及饲养管理的需要。

养殖场建设还必须考虑电力能源的供应情况，一般养殖场应离电源较近并能获取充足稳定的电力。为能够保障电力持续供应，养殖场内最好有自己的备用电源及变压器。养殖场内的电力主要用于照明、送排风、空调等设备以及人员办公、生活使用。

5. 交通便利　交通便利对猪场建设十分必要，利于各类材料的出入运输。但是，为了猪场疫病的防疫以及防止猪场对周围环境的污染，养殖场不可太靠近主要交通干道。一般情况下，养殖场距铁路及国家一、二级公路应不少于300 m，距三级公路应不少于150 m，距四级公路应不少于50 m。同时，养殖场还需距离居民点500 m以上，若养殖场规模较大（如万头猪场），则养殖场距离居民点应不少于2 000 m。如果有围墙、河流、林带等屏障设施，养殖场与居民点的距离可适当缩短。

养殖场日常的饲料、猪及生产和生活用品的运输任务繁忙，在建筑物和道路布局上还应考虑生产流程的内部联系和对外联系的连续性，尽量使运输路线方便、简洁。在能满足运输猪与饲料的前提下，场内运输道路和人行道路最好硬化。

6. 远离疫源地　养殖场的建设还应避开周围疫源地。首先，养殖场建设要远离其他畜牧场。若养殖场间距离太近，疫病易通过空气、蚊蝇、动物等各种途径传播，引起猪疫病的发生。因此，各养殖场间距应在5 km以上。其次，养殖场建设要远离屠宰场。屠宰场是疫病的集散地，可能携带汇集各种不同的病原体，具有通过运输车辆、空气、污水造成疾病病原体向外扩散的潜在风险。

因此，养殖场应建设在距离大型化工厂、矿场、皮革厂、肉品加工厂、屠宰场或其他畜禽场3 km以上的地方，这样有利于隔离病原的传播。几种常见疾病的传播距离见表8－1。

表 8-1 疾病与邻近养殖场间的最小传播距离

疾　　病	最小距离（km）
伪狂犬病	3.5
传染性胃肠炎	1.0
气喘病	3.5
萎缩性鼻炎	1.0
放线菌胸膜肺炎	1.0
口蹄疫	40.0
猪流感	6.0

7. 便于粪便的处理　选择场址时，应考虑养殖场固体、液体废弃物经自然发酵及沉淀处理后，能与种植业结合或能被就近用于农业生产，使养殖场做到低能耗、零排放，实现资源循环利用，实现共赢，使生产效益最大化。因此，在养殖场建设时应考虑设计建造沼气池，或留有建设沼气池的场地，便于粪便处理。

8. 通信网络畅通　为了充分利用发达的网络通信系统，促进现代商业发展模式，养殖场选址还应考虑网络通信畅通。因此，养殖场建设时应考虑固定电话、移动电话、互联网全覆盖，还尽量减少养殖场建设中信息通信的额外投资。

第二节　养殖场建筑的基本原则

贵州香猪养殖场的建设布局影响着劳动生产效率、生产成本及经济效益。场内各建筑的安排要做到经济利用土地，各建筑物间联系方便、布局整齐紧凑，尽量缩短供应距离。一般把猪场分为行政办公区、生产区和隔离区。从上风向开始应按行政办公区、生产区及隔离区的顺序建筑。

生产区根据全年主风向按育种核心群、良种繁殖场、一般繁殖场等布局，每个分区或分场则按种公猪舍、空怀母猪舍、妊娠母猪舍、产房、断乳仔猪舍、生长测定舍、肥猪舍、装猪台排列。种猪场应设种猪选购室，选购室最好和生产区保持一定的距离，介于生活区和生产区之间，以隔墙（设置玻璃观察窗）或栅栏隔开。生产区内的通道应包含清洁通道和污染通道，这样避免清洁饲料等物质受到污染。猪场的饲料库一般设在一角，饲料由运输车运输到生产区外，饲料运输车不得进入生产区内。此外，公猪舍在上风向或一边建筑，兽医室也应设上风向侧面一角，解剖室应设立在下风向处，距生产猪舍应尽可能远。

养殖场环境的好坏直接影响着香猪养殖业的成败和经济效益。在养殖场内重要猪舍间的路旁种草种树，绿化环境，改善场区内的小气候，净化空气。通常情况下，绿化地带的气温比非绿化地带降低10%～20%。此外，场区绿化可使有害气体减少25%，尘埃减少35.2%～66.5%，恶臭减少50%，噪声减弱25%，空气中细菌数减少21.7%～79.3%。因此，在养殖场的上风向处也可种植一个宽的防风林带。

一、养殖场建筑总体布局

养殖场场区按照建筑物不同用途、性质以及卫生防疫划分为若干区，主要分为生产区、饲养管理区、隔离区，其中生产区是养殖场的核心区。

1. 生产区　养殖场的总体布局将以生产区为中心，生产区即香猪舍，它根据贵州香猪不同生长时期的生理特点及其对环境的不同要求确定。一般可分为种猪养殖室、雄性香猪与种用雌性香猪配种舍、妊娠香猪舍、分娩香猪舍、保育仔香猪舍（哺乳室）、生长香猪生产室、育肥香猪生产室、商品香猪待售室以及洗澡间、消毒通道、消毒池、兽医室、值班室、粪便处理系统等组成。其中雄性香猪舍与种用雌性香猪配种舍多以前敞式或半敞式带有运动场的形式为好；妊娠香猪舍可为有窗封闭式或前敞式；分娩香猪舍和保育仔香猪舍为有窗封闭式，并备有夏季防暑、冬季保温设备。

2. 饲养管理区　主要由饲料加工车间、饲料仓库、办公室、修理车间、变电所、锅炉房、水泵房等组成。

3. 隔离区　应远离生产区，设在生产区的下风向、地势较低的地方。隔离区主要包含兽医室、病香猪隔离室、尸体处理室等。

养殖场内房舍的建设安排应做多方面考虑，首先要考虑工作人员工作环境的舒适程度以及生活集中场所的环境保护，尽量保护管理及饲养人员工作环境不受饲料粉尘、粪便气味及其他废物的污染；其次要注意贵州香猪群体的卫生防疫，尽量杜绝污染源对生产区的污染。因此，在建筑规划上要合理安排上风向及下风向区域不同的建筑设施，使人流、物流流向合理，防止交叉污染。

二、猪舍的设计与建筑

在符合工艺流程的基础上，猪舍的设计与建筑还需考虑地域的差异，不同地区设计与建筑的猪舍的侧重点不同，如黄河以北地区应以保暖为重点，而黄河以南地区则应以防潮隔热、防暑降温为重点。

猪舍布局分设清洁通道和污染通道，清洁通道与污染通道分开。清洁通道一般位于场区中部靠近每栋猪舍管理间一端，用于饲养人员出入和饲料的运送，进口与场区大门相通；污染通道一般位于猪舍的另一端，用于运送粪便等垃圾，出口应与堆粪场相连。场区外围应建设围墙或防疫沟，并建立绿化隔离带。

（一）猪舍的建筑形式

猪舍的建筑形式主要分为单列式猪舍和双列式猪舍。单列式猪舍适合小型养殖场，其优点是投资少、通风好、维修方便、结构简单，缺点是劳动效率低下。按其建筑形式又可分为敞开式和半敞开式两种。双列式猪舍适合大型养殖场，其优点是管理方便，不受自然条件的限制，能有效地控制生产环境和提高劳动效率，缺点是投资较大及结构较复杂。按其建筑形式又可分为有窗封闭式猪舍和全封闭式猪舍。

1. 敞开式猪舍　是由两侧山墙、后墙、屋顶和支柱等组成，其优点是投资少、结构简单，缺点是受自然条件影响较大。敞开式猪舍按其建筑形式又可分为单坡式和双坡式两种。

2. 半敞开式猪舍　除两侧山墙、后墙、屋顶外，前侧墙体多为1 m左右高的半截墙。在北方地区，为了防寒，有的半敞开式猪场在设计时会装上玻璃窗，而南方地区一般悬挂防风帘。半敞开式猪舍的建筑形式除了单坡式、双坡式外，另外还有钟楼式和拱式。

3. 有窗封闭式猪舍　即是在前后墙体上留有窗户，用于调控室内的空气和通风，适合于哺乳期母猪、断乳仔猪和生长育肥猪等。它的优点是管理方便，保温性能好，圈舍利用率高，但缺点是投资大，粪便处理较困难。

4. 全封闭式猪舍　即前后墙体不留窗户，在两侧山墙上装有通风口，通风口上安有换气扇，同时舍内还装有供暖、降温、排污等机械设备，为猪群创造一个优良的生存环境，不足之处是投资较大，结构复杂，需要有足够的电能供应。

猪舍的排列多种多样，应因地制宜，尽量以布局紧凑、节约用地为原则。目前，大型养殖场有单排式养殖场、双排式养殖场和多排式养殖场。单排式养殖场的道路组织比较简单，可以把饲料供给通道和粪便清理通道分为左右两边，这样可以互不干扰。双排式养殖场的中间为饲料通道，两边为粪便清理通道。这样饲料输送线路较短，可节约劳动力。多排式养殖场采用多排式总体布置，线路走向比较复杂，饲料通道和粪便通道有时不容易辨别。

（二）猪舍的建筑结构设计原则

贵州地处我国南方，气温较高，降水量充沛，四季常青，另外在原产地饲喂方式多是放牧型，一天补充1～2次少量米糠类饲料，并无正规猪舍，简单草棚即可。但如果在其他地方养殖香猪，尤其是北方，必须有合乎下列条件的猪舍才能安全过冬：一是阳光充足，墙壁屋顶必须隔热保温，并能为猪舍内提供热源。二是每3间猪舍（约40 m^2）安装一台排风扇，舍内设置漏水地沟，以防冬季过于潮湿，电源及电控设备齐全。三是舍外设运动场，并且从舍内到运动场外粪场有一个约3%的坡，防止积水。

贵州香猪产房建筑要求达到25 ℃的室温，同时注意通气和地面干燥。舍内必须加设加热源，否则不容易达到25 ℃室温。较大规模的猪场可以考虑配备锅炉，用热水管、暖气片或热气等各种方式加热，达到加温的目的。

猪舍的高度一般不要低于2 m（地面至屋顶），否则不便于操作。为加强夏季通风换气，还应在猪舍背面墙底设置地窗。一般情况下，各栋猪舍之间距离按照猪舍屋檐高度的3倍计算，这样可以防止前排屋顶挡住后排猪舍的采光，防止前排污气灌入后排猪舍。但是如果各栋猪舍间距太大，便会造成土地浪费。

（三）饲养设施

1. 圈舍建设　圈舍是贵州香猪栖息的场所，圈舍应该牢固、安全、稳定，且方便猪的进出。一般每头雄性种香猪需要圈舍面积5～6 m^2，每头母猪需要圈舍面积4～5 m^2，每头亚成体种猪或育肥群猪需要圈舍面积1.5～2 m^2。圈舍建设可以分为楼式圈舍、沼式圈舍和独立圈舍。

（1）楼式圈舍　在过去，人们还采用楼式圈舍，即在住房楼下隔出专用猪

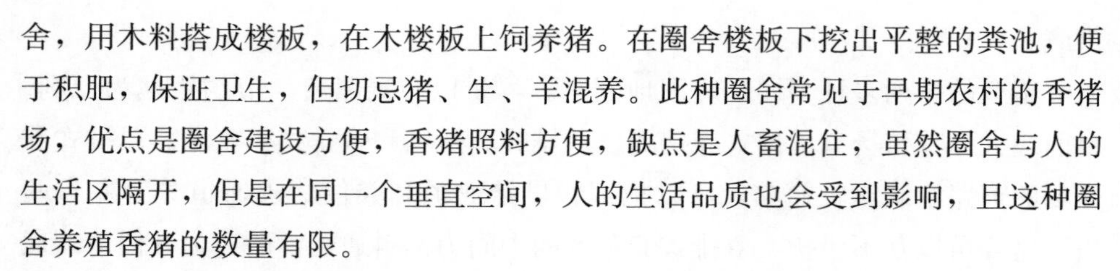

舍，用木料搭成楼板，在木楼板上饲养猪。在圈舍楼板下挖出平整的粪池，便于积肥，保证卫生，但切忌猪、牛、羊混养。此种圈舍常见于早期农村的香猪场，优点是圈舍建设方便，香猪照料方便，缺点是人畜混住，虽然圈舍与人的生活区隔开，但是在同一个垂直空间，人的生活品质也会受到影响，且这种圈舍养殖香猪的数量有限。

（2）沼式圈舍　即结合农村改厨、改厕共建猪舍和沼气池，建设平面猪舍，利用猪粪填充沼气池，又将沼液用于喂猪、喂鱼、施农肥，形成农业的良性循环。

（3）独立圈舍　即离开住房单独寻找场地建立圈舍。独立圈舍可以充分考虑香猪养殖所需要的环境和条件，建筑的建造方式多样，可用砖混或木料建成平面猪舍或座楼式猪舍，可以多间联建在一起，可以充分借鉴现代化的养殖技术设计现代化的香猪生产场所。

三种不同的圈舍建造方法可以针对不同的养殖规模，楼式圈舍和沼式圈舍适合于农村小型的香猪养殖场，养殖规模有限，而独立圈舍可以根据自己的养殖规模选择场址、环境，养殖规模较大。

2. 附属设施　主要包括料槽、补料间、饲料加工及调制设施、青贮窖、粪便处理池等。

（1）料槽　可用木料、金属、石料、混凝土等，按猪的大小制成的不同规格。一般大猪槽的规格为 30 cm×20 cm×15 cm，小猪槽的规格为 40 cm×15 cm×10 cm。

（2）补料间　主要是针对仔猪而设置，只能让仔猪进入补料间采食，可用木板或砖块在圈舍内围成一个小间，可为固定式，也可为移动式。可以根据仔猪的数量设置补料间的大小。

（3）饲料加工及调制设施　圈舍设计时还应该设置饲料加工及调制设施，其中包括粉碎机、切菜机、拌料桶等。

（4）青贮窖　主要是用来贮藏青饲料，可以根据条件挖成圆形或方形等不同规格的青贮窖，专用于青饲料贮藏。

（5）粪便处理池　是专用于处理香猪粪便等排泄物，在农村小型香猪场最好修建沼气池，如无沼气池，则应修建专用粪便池，让粪便堆积发酵，保证圈舍清洁卫生。

3. 猪舍的内部设备　一般猪舍内均需设置隔栏，隔栏所需的材料，应根据当地情况就地取材，降低生产成本。种用雄性猪和育肥猪的隔栏，应建造矮墙形式，避免彼此互相干扰。其他猪群所用隔栏，纵隔栏应为固定栏栅式，横隔栏可做活动栏栅式，以便进行栏圈面积调节，视生产需要，既可以单圈饲养，又可以进行群体饲养。为了便于管理，规模化养殖场把猪栏进行细分，一般都有种用雄性猪栏、种用母猪配种栏、妊娠母猪栏、分娩母猪栏、仔猪保育栏和生长育肥猪栏等。

(1) 公猪和种用母猪配种栏　这种猪栏的配置应考虑有利于香猪配种和猪舍的充分利用。一般都为单列式猪舍，可分成前后两列，中间为配种区，其特点是可以相互诱导发情，便于对发情香猪的发现和检查。

(2) 妊娠母猪栏　妊娠母猪栏的形式较多，养殖方式多样，可多头母猪（2～5头）饲养1栏，也可1头母猪单独饲养1栏。单独妊娠母猪1栏饲养，可避免母猪相互咬斗，挤撞，强弱争食，减少妊娠母猪流产的风险，提高产仔成活率。猪栏采用钢管或木制材料，其缺点是耗用材料多，建设投资大，母猪活动受限制，运动量小，容易产生腿部和蹄部病，也会缩短母猪的使用年限。

(3) 分娩母猪栏　分娩栏分为产仔架和产床两部分，产仔架安装在产床上面。产床底部的网可用网眼面积为0.5 cm^2 的钢铁丝编织。分娩栏的中间部分为母猪限位区，两侧为仔猪活动区。限位区的前端设有母猪食槽和饮水器，尾端应装置横栏，防止母猪后退。同时仔猪的活动区还应设有保温装置，如保温箱、红外线灯、电热地板等措施，并备有饲料槽和饮水器。

(4) 仔猪保育栏　刚断乳的仔猪各种生理机能不健全，适应性较差，而又处于生长发育的旺盛阶段，因此需要一段时间的保育期，为其提供洁净、温暖的生长环境。保育栏一般多采用钢筋焊接网床。保育栏一般长1 m、宽0.8 m，面积约为0.8 m^2，网底网眼面积一般以0.5 cm^2 为宜。这样的保育栏可饲养断乳仔猪10头左右。保育栏焊接好后再安装上食槽和饮水器即可使用。

(5) 生长育肥猪栏　生长育肥猪栏的建筑形式多种多样，有投资较大的铝合金隔板、水泥地面与金属漏缝地板相结合的形式，此种方式维修、消毒较方便；也有金属隔栏、水泥隔板、水泥地面与水泥漏缝相结合的形式，此种方式维修较麻烦。各地区差异较大，可根据养殖规模、当地的情况，因地制宜，选择适合自己的养殖模式。

4. 猪舍建筑与猪舍的保暖和隔热　猪舍的保温及隔热性能主要取决于其建筑结构和建筑材料。在我国北方地区尤其应采用单列式猪舍的饲养方法，这样冬季可采用日光温室的形式，既经济又实用，保温性能好。日光温室猪舍主要适用于单列式猪舍。在寒冷季节，单列式猪舍的运动场部分用塑料薄膜搭架覆盖，形成日光温室，从而使舍内温度提高，达到增温保暖的目的。一般运动场部分覆盖薄膜的面积为从前栏墙的舍顶至前栏最低处。

此外，温度太高也不利于香猪的饲养，夏季的热源主要来自太阳热辐射，可在舍顶采取隔热措施，如在猪舍顶棚填充一层玻璃纤维或其他轻质的麦秸、碎稻草、锯末等隔热材料。同时，在舍内吊装顶棚来增设空气隔热层，也可起到较好的隔热效果。

5. 香猪的生物学特点与猪舍建造

（1）妊娠母猪的生物学特点与猪舍建造　为了提高猪舍利用率和劳动效率，一般倾向于妊娠母猪小群饲养，然而群居等级习性对母猪的群饲也有严重影响。如果群居等级问题不能得到很好解决，则母猪会出现争食打斗现象，这不但使部分母猪因抢不上食而营养不良影响胎儿发育，而且打斗、碰撞往往会造成流产和死胎。由此原因所造成的流产主要也是通过猪舍设计加以解决。妊娠母猪群养、单饲的方法可解决这类问题，即在大圈内设计一个饲喂小栏，一次只让一头母猪进入小栏吃料。为方便起见，可在妊娠母猪群饲圈里，建立简单分槽喂饲架，即用砖头或钢栏将食槽连同采食区隔成长 90 cm、高 80 cm 左右的几个饲喂架，每头妊娠母猪在一个分槽饲喂架内采食，这样即可避免采食时的争斗。

（2）仔猪的生物学特点与猪舍建造　仔猪大脑皮层发育不完善，体温调节机能不健全，应设立产房以及加强猪舍保温设施。仔猪的死亡率约为 20%，而死亡的仔猪中，约有 33%属于被母猪踩死和压死，约有 39%是死胎和弱仔，约有 28%是因猪舍寒冷而冻死、病死。因此，为提高仔猪成活率，最大限度地减少仔猪死亡，最好的办法是设计专用产房。将临产母猪转入产房养在限位栏内，母猪只能站着采食和躺下睡觉休息及哺乳。每次躺下时，不能侧身倒下，而只能是先腹部着地，然后伸出四肢，再躺下，这样仔猪有个逃避机会，而不会被压死。限位栏的两侧还可作为仔猪补料间。尤其是工厂化、集约化养猪，产房必不可少。

（3）育肥猪的生物学特点与猪舍建造　育肥猪生长发育快，脂肪沉积增强，是保证养殖效益的关键时期。在育肥阶段，猪需要合适的温度、湿度条件，适宜的温度能够促进育肥猪的生长，在提高饲料利用率的同时，能提升育肥猪的猪肉品质。育肥猪适宜的养殖温度为15～22℃，相对湿度要稳定，维持在50%左右。因此，育肥猪猪舍建设应做到保温、控湿、空气流通和排污畅通。育肥猪猪舍有单列式、双列式两种，单列式布局场地利用率低，不经济，一般只在小规模猪场使用；双列式布局场地利用率高，比较经济，实际运用较多，中央为饲喂通道的单走道双列式，猪栏面积占全舍面积的比例最高，排粪沟沿两侧墙布置，也有利于排除臭气。在育肥阶段饲养密度较大，需要有足够栏位面积并保证排污道畅通，排污沟设计应有利于干湿分流，便于清粪，保持猪舍清洁干燥。

（4）种猪的生物学特点与猪舍建造　为了提高香猪的配种质量，种猪不易过肥。在工厂化猪场的种猪舍最好配有运动场，单体猪栏采用3个栏共用1个运动场，每头猪分早、中、晚轮流运动。地面要求防滑，使用漏缝地板的猪场须根据猪生长的不同阶段确定缝隙宽度（过宽易卡猪蹄），以减少肢蹄病的发生，同时考虑其防滑性和安全性。

第三节　养殖场防疫

一、兽医机构建设

工厂化猪场领导对防疫工作的重视程度以及兽医机构的设置直接关系到猪场疫病防治工作的好坏，从而直接影响工厂化养猪效益。因此，规模化的猪场都要建立综合防疫的领导机构和兽医室。

工厂化猪场应成立以领导带头的兽医综合防疫领导小组，下设兽医室。防疫领导小组由场内主要领导或本场兽医权威人士担任组长，若场较大，一般有几万头生产规模的，则每条生产线负责人应是小组成员，此外应有诊断室主任及各生产线兽医组组长等。因此，应该动员全场员工树立重视防疫工作的思想，并且制定和实施全场的总体防疫方案。

二、基础性防疫设施

基础性防疫设施即起一般性防疫作用的防疫设施。一般规模化的养殖场都应具有基础性的防疫设施，包括进入猪场大门入口的消毒池、紫外线消毒区、兽医室、病死猪处理室及装猪台等。

1. 消毒池　猪场大门入口处应设车辆消毒池及洗手台，车辆消毒池深度应在0.3～0.5 m，宽度应大于门宽，车辆消毒池长度应大于大型货车车轮1.5倍周长，通常为6～10 m，而人员消毒池长度以2.5 m为宜。车辆消毒池边应高出消毒液0.05～0.10 m，以免车轮进入消毒池时消毒液溢出。消毒池上方须建顶棚，并设有对车辆实施喷淋消毒的装置。规模化的养殖场内部还应配备高压冲洗枪和移动消毒设备，这样可以对局部污染地进行消毒，高压冲洗枪用于粪便等污物的清洗，利于充分清除传染源。

猪场生产区入口和各栋猪舍门口也应设立相应的消毒池供人员消毒鞋底，消毒池与门等宽，长约2.5 m。外来人员在门口换鞋，进入生产区需淋浴、更衣，本场职工进入生产区也需换鞋更衣。

2. 紫外线消毒区　生产区门口设换鞋及更衣室或淋浴室，更衣消毒室设于人员入口处一侧，内设更衣柜、热水器、洗衣间、紫外线灯等。换鞋及更衣室上方、前后、左右应分别安装紫外线灯。

3. 兽医室　兽医室位于生产区下风向，用于兽医办公、放置药品器械、病死猪诊断和化验。兽医室应配置相应的防疫器材和检测设备，如冰箱、消毒锅、分析药品、检测仪器、药品柜、消毒喷雾器、治疗和解剖用具、档案柜等。必要时应在场内选择一定的地方饲养实验动物，以用于动物实验等。为了保证诊断工作开展的实效性，应专门建立隔离诊断室，病理剖检及死尸无害化处理设施等。

4. 病死猪处理　猪场应设有病死猪处理的专门场所，对病死猪采取焚烧或深埋措施进行无害化处理，将病死或剖解猪进行无害化处理。

5. 装猪台　装猪台主要用于育肥猪外输的装车，应设在生产区墙外，猪运输车辆不准进入生产区，与外界车辆接触的装猪台设在生产区围墙外，防止外界车辆进入或污染生产区，将病原体带入养殖场内。

三、养殖场内区域性防疫及防疫设施

大型猪场内的建筑群需要进行不同的功能分区，这样可以提高对疾病的防疫效能。生产区要与其他的区域有明显的区分，至少分成生活和生产区两大部分。生活区和生产区应独立成体系，互不交叉，两区域之间应有一段隔离带，一般可种植花草、树木或挖成水塘等，这样既可美化环境、净化空气，又可起到隔离防疫的作用。

为了能更进一步增加防疫，猪场可以细分为生活区、生产管理区、生产区、隔离饲养区及废弃物处理区，各区分开且相距均在 50 m 以上。生产区应布置在生活区的下风向或侧风向处，隔离饲养区和废弃物处理区的上风向或侧风向处。生产区应分设母猪繁殖区、断乳仔猪保育区、育成区三个区域，每个区域间距离 50 m 以上。

1. 生活区　生活区是外来人员或本场员工的生活区域，也是对外开展业务活动的区域，时常有场外人员入内。该区易被外来病原体等污染，环境会受到一定程度的破坏。生活区应设在猪场生产区的大门外，该大门必须设立水泥结构的车辆、人员消毒池。

2. 生产管理区　生产管理区为对香猪饲养管理的综合区域。在生产管理区靠近生产区围墙处设立兽医室和兽医化验室，根据猪场规模配置相应设备，如根据需要配置大小不同的消毒灭菌锅、药品柜及其他仪器设备等。

3. 生产区　生产区包括各类猪舍和生产设施，是猪场饲料加工、猪群育种、繁殖、生长的区域，是猪场的核心部位。该区需要保持清洁卫生，定期消毒，灭鼠除蝇。生产区内不允许场外人员进入，且区域内不得饲养其他畜禽。因此，外来污物较难传入该区域。

生产区须有围墙和防疫沟，并在围墙外种植荆棘类植物，形成防疫林带，只留车辆和人员入口、饲料入口和装猪台，车辆及人员入口亦须有与猪场大门同样的消毒池。若生产区设有饲料厂，饲料厂的建设应设有两个大门。原料从一侧门进，然后从另一侧门出，单向流动。此外，运送入生产区的饲料车禁止外出，每次进入生产区前都要经过喷雾消毒。

生产区的出猪台，要考虑其实用性、科学性和防疫性。实用性即猪称重后到装车的距离控制在 10～20 m，中间可设一个过渡猪栏，缓冲应激。上猪台坡度约 15%，设计有可调节高度的装猪设施，方便装猪。科学性和防疫性即对外界和猪车消毒便利，防止外界污水倒流回场内。外界人员不能进入出猪台，场内人员不能接触外界猪车。猪上车以后则不能返场。如果是销售淘汰猪和肉猪，饲养员必须更衣换鞋消毒后才能回到猪舍岗位工作。如果从场外引种在此换车运入场内，则将猪赶到出猪台或拉到中转站，换车拉走，禁止外界猪车进场。

4. 隔离饲养区　隔离饲养区处于猪场下风向地势低处 50 m 以外，以避免疫病传播和环境污染，该区是卫生防疫和环境保护的重点。它应包括隔离猪舍、尸体剖检室（配备尸体解剖器械等）和尸体处理设施、粪污处理及储存设施等。

一般猪场的污染物处理区包括病死猪处理区和粪尿污水处理区，距离生产区 50～100 m，用围墙或绿化带隔开。病死猪必须及时清运出猪舍和场区，不可随意抛弃，必须置于专用的尸体处理坑内深埋，并用消毒液或生石灰处理。粪尿污水处理区可采用沼气池发酵、有机堆肥等方式在养殖场下风向处集中无害化处理。

四、场内道路和排水

道路是猪场总体布局中一个重要组成部分，它与猪场生产、防疫有重要关系。场内道路应分设清洁通道、污染通道，清洁通道与污染通道互不交叉。清洁通道用于运送饲料、产品等，污染通道则转运粪污、病猪等。场内道路要求防水防滑，生产区不宜设置直通场外的道路，以利于卫生防疫。

场区排水设施是为了排除雨、雪水而设置。一般可在道路一侧或两侧设明沟排水，也可设暗沟排水，但禁止场区排水管道与舍内排水系统的管道通用，防止杂物堵塞管道影响舍内排污，防止雨季污水池满溢，污染周围环境，加大污水处理量。

第四节　场舍环境卫生

猪生长发育的潜力由遗传因素决定，而环境则决定了遗传潜力的表现程度。各地的地理区位的不同，四季的气温变化也存在一定的差异性，因此不同品种、不同功用、不同日龄的猪对环境要求也存在一定的差别。温度、湿度、光照、风速、猪舍空气等微小气候环境对猪的生产都产生重要的影响。猪场猪舍的结构和工艺设计也都要围绕温度、湿度、通风、光照等因素来考虑。

一、猪舍内部环境的控制

香猪耐热耐潮湿，极不耐寒，喜洁净的空气和一定的光照。因此，规模化猪场猪舍的结构和工艺设计均要考虑这些问题。这些因素既相互影响又相互制约，如冬季为了保持舍温将门窗紧闭，但会造成空气污浊；夏季向猪体和猪圈冲水可以降温，但也要注意控制空气湿度。因此，猪舍内的小气候调节必须综合考虑，以创造一个有利于猪群生长发育的环境条件。

（一）温度

1. 温度对香猪生长的影响　温度是猪舍环境控制的先决条件，是满足猪当前正常生理活动的必需条件，短期内（一昼夜、1 d、1 周内）浮动不宜过大，否则就会产生不良应激反应，如临产母猪和哺乳仔猪对短期内温度变化的不适应性非常强烈。

妊娠母猪的适宜温度是 18～22 ℃，产仔母猪的适宜温度是 15～20 ℃，哺乳仔猪的适宜温度为 20～24 ℃，育肥猪的适宜温度为 15～22 ℃，种公猪的适宜温度是 15～20 ℃，防寒临界温度为 6 ℃，等热区为 20～23 ℃。在等热区内猪体不需要增加产热就能维持正常体温，猪体在此温度范围内代谢率最低，产热量最少，抗病力最强，维持需要量最少，饲料利用率最高，生产性能最佳，养猪的效益最好。

当气温在防寒临界温度以下时，气温每降低 1 ℃，猪的采食量增加 0.31%，增重反而减少 0.77%。猪在舍温 12～24 ℃时，日增重为 530 g，料重比为 2.86∶1。在舍温 3～14 ℃时，日增重为 443 g，料重比为 3.32∶1。舍外最低温度为－36 ℃时，塑料暖棚内可保持在 6 ℃左右，与敞圈相比，敞圈日增重仅为 150 g，而塑料暖棚圈日增重则为 438.3 g。由此可见，温度对猪的增重有很大的影响。另外也有研究表明，保育猪若生活在 12 ℃以下的环境中，其增重减缓 4.3%，饲料转化率降低 5%。

香猪对低温环境较敏感，低温对新生仔猪的危害最大，若裸露在 1 ℃环境中 2 h，便可被冻昏甚至被冻死。成年猪长时间在－8 ℃的环境下生活，其也可冻得不吃不喝，浑身发抖。瘦弱的猪在－5 ℃时即冻得站立不稳。因此在寒冷季节，成年香猪的舍温要求不低于 10 ℃，保育舍温度应保持在 18 ℃，2～3 周龄的仔猪需要保持 26 ℃左右，而 1 周龄以内的仔猪则需要维持 30 ℃。同时，寒冷是仔猪黄、白痢以及传染性胃肠炎等腹泻性疾病的主要诱因，同时还能诱发呼吸道疾病。

春秋季节昼夜温差较大，有时可达 10 ℃以上。体弱个体对较大的温差变化较难适应，因此易引发各种疾病。在这期间要求适时关启门窗，缩小香猪舍内昼夜的温差变化。

成年猪耐热，当气温高于 28 ℃时，成年的育肥猪可能出现气喘现象。若气温超过 35 ℃时，香猪采食量明显下降，饲料转化率降低，此时香猪长势缓慢。当气温高于 35 ℃，应采取防暑降温措施。

2. 高温季节的饲养管理　在炎热夏季，要对成年猪进行防暑降温，如加大通风，加以淋浴，加快热散失，降低猪舍中猪的饲养密度等。防暑降温工作对妊娠母猪和种公猪尤为重要。若为开放式猪舍，要搭凉棚遮阳，不让日光直射。夏季时还应调整饲料比例，如减少日粮中的能量饲料，增加青绿饲料，一般情况下能量饲料为日粮的 50%～70%，在盛夏时应改为 40%～50%，青绿饲料要由每餐 0.5～1.0 kg 增加到 1.0～1.5 kg。

3. 寒冷季节的饲养管理　香猪不耐低温，冬季天气寒冷，猪会被迫动用体内的脂肪抵抗严寒，增重减缓或者体况下降。或者由于管理不到位，寒冷天气易造成仔猪、弱猪、病猪冻死，严重影响养殖效益。在没有取暖设备的养殖场，热源主要靠猪体散发和日光照射。热量散失与猪舍结构、建材、通风设备和管理等因素有关。

新生仔猪及断乳仔猪对低温特别敏感，因此它们的保温则较为重要，如在农村等条件简陋的地方，冬季可对新生仔猪和断乳仔猪猪舍铺垫稻草，条件较好者也可用保温箱、保温灯等设施提高猪舍温度。育肥猪对低温的耐受程度比仔猪强一些，冬季可适当提高育肥猪的饲养密度以提高舍内温度，但增加幅度不宜超过 10%。猪舍保暖一般可采用如下措施：①用木板、草帘、塑料布、草捆或草袋子等遮盖物堵住猪舍各处的漏风处；夜间在猪窝前挂上帘子，防止冷风入侵；在猪舍的北墙外堆积玉米秸秆或设置防风墙。②在猪床上加铺15～20 cm 厚的软干草、软秸秆以保暖、吸湿、除潮、干燥。③中午高温时段，打开门窗通风，排出舍内潮气和有害气体。④晴暖天气，将猪驱赶到外面晒太阳，加强户外运动，提高猪对寒冷天气的抵抗力。⑤将分散饲养的猪合群饲养，增加饲养密度，增加散热量，提高舍温。⑥增加饲喂次数，并适当增加高粱、玉米等能量饲料的比例。⑦条件较好的养殖场，可在猪舍安装空调、空气过滤器等，或者在猪舍采用自动温控系统调节舍温。

（二）湿度

湿度是指空气中水汽含量的多少，一般用相对湿度表示。一般妊娠母猪适宜的相对湿度为 55%～60%、哺乳仔猪适宜的相对湿度为 65%～70%、种公猪适宜的相对湿度为 60%～65%、生长育肥猪适宜的相对湿度为 55%～60%。试验表明，温度 11～23 ℃、相对湿度 50%～80%的环境较适合猪生存，猪生长速度快、育肥效果好。

猪舍内湿度过高影响猪的新陈代谢，也是引起仔猪黄、白痢的主要原因，还可诱发肌肉关节等方面的疾病。潮湿引发猪患病主要与温度有关，如夏季猪舍潮湿，包括空气、地面及保温箱内等方面潮湿，地面在干燥过程中，需要吸收空气中的热量，使周围环境温度降低，温度首先降低的即是距地面 25～30 cm 的网床，这正是仔猪躺卧和活动的地方。这样，表面上空气温度较高，但仔猪所感受的有效温度则不足，因温度不适造成仔猪消化机能降低、消化道抗病力减弱，从而引发疾病。如果保温箱内潮湿，则直接影响与之相接触的仔猪，亦会引起仔猪患病。

为了防止湿度过高，要减少猪舍内水汽的来源，适量用水冲刷猪圈，保持地面平整，避免积水，设置通风设备，经常开启门窗以降低室内湿度。

（三）空气质量

猪舍既是猪群的生活环境，又是饲养人员的工作环境，我国北方冬季气温较低，为了维持舍内较高的温度，多采用封闭式猪舍，有时仅由自然通风或小型排风扇抽风换气，因此易造成舍内有害气体（主要是氨气、硫化氢、二氧化碳和一氧化碳四种气体）蓄积。如果猪舍内有害气体浓度超标，不仅对猪呼吸系统造成刺激性伤害，导致猪体免疫力下降，影响猪的生产性能，还会威胁饲养人员身体健康，严重时导致猪死亡或者人员中毒。为了探索解决猪舍内空气控制方案，利用舍内吊顶，上进风、小抽风，效果比较理想，不仅有效改善了舍内空气质量，同时也保证了室内温度。

1. 恶臭气体的产生与管理 恶臭气体是影响养殖场空气质量的首要原因，不仅气味令人厌恶，而且伴随着病原微生物、悬浮颗粒、寄生虫卵以及养殖场废弃物（包括粪尿、溢洒饲料、废水和垫料，如稻草、锯末等）在一定的条件下降解产生的挥发性化合物（如酸类、醇类、胺类、酚类、醋类、卤代烃、含氮化合物、含硫化合物等）混合而成。恶臭严重污染空气，威胁人畜身体健康。养殖场的恶臭污染源有猪舍、粪污储存与处理场所堆肥车间、污水池等。不同季节恶臭的排放会有变化，夏季温度较高时，恶臭的排放率是冬季的 2～

4 倍。每天用水冲洗猪舍粪便，可以有效地降低恶臭空气的排放，冲洗的频率越高，恶臭的排放越少。

饲料的组成也影响着恶臭的排放，饲料粗蛋白质的含量越高，恶臭排放率越高。粪氮、尿氮、总氮、氮吸收和氮沉积量均随日粮粗蛋白质水平的降低而降低。减少饲料中粗蛋白质的含量，可以减少猪舍中恶臭气体的排放，研究表明，日粮粗蛋白质水平每降低 1 个百分点，猪粪尿散发的氨气就减少约 8%。因此，降低日粮中粗蛋白质的含量能够从源头上减少有害气体的产生，但必须合理添加合成氨基酸（如赖氨酸、蛋氨酸等必需氨基酸），以保证猪繁殖与生长发育的需要。此外，猪舍中粉尘还会吸收恶臭化合物，加剧恶臭污染，当粉尘随风扩散，恶臭也随之扩散，因此降低畜舍粉尘浓度也是控制恶臭扩散的一种有效措施。

2. 饲养密度对空气质量的影响　猪群饲养密度是猪场有效管理的一个关键指标，猪群饲养密度能对猪舍空气的清洁程度产生负面影响。当饲养密度增加 10%时，舍内有害气体含量增加 20%～25%；当饲养密度增加 30%时，舍内有害气体含量增加 70%～100%。

规模化养殖场中猪的饲养密度大，猪舍容积相对较小而密闭，猪舍内蓄积了大量二氧化碳、氨、硫化氢和尘埃。因此，养殖场中可适当降低饲养密度而提高空气质量，一般最佳的饲养密度为仔猪 0.3～0.4 m^2/头，种猪 0.7～0.8 m^2/头，大猪 1.0～1.2m^2/头。

3. 猪舍空气与猪的健康　微生物种类和数量随空气湿度、温度等的差异而变化。当猪舍内温度、湿度适宜时，极易促进微生物的繁殖和生长。猪若长时间生活在这种环境中，其上呼吸道极易遭受微生物侵袭，极易感染或激发呼吸道疾病，如猪气喘病、传染性胸膜肺炎、猪肺疫等。污浊空气还会引起猪的应激综合征，表现为食欲减退、泌乳减少、狂躁不安、昏昏欲睡或者咬尾嚼耳等现象。

在通风不良或者不透阳光的圈舍中，空气中还会存在大量尘埃。尘埃是大量感染性病原微生物的重要载体，尘埃能吸附大量微生物，能使空气中细菌达 100 万个/m^3 以上，如大量的黄曲霉菌、毛霉菌以及较多的腐生菌、放线菌等。因此猪的很多病菌都可以通过尘埃传播。除此之外，尘埃本身对猪的健康也有直接影响，尘埃落在猪体表后会形成皮垢，阻止皮肤对外散热，导致皮肤发痒，甚至发炎、干燥、破裂等。不仅如此，大量尘埃落至眼结膜处易引起结膜炎。

4. 猪舍污染空气的处理　尽可能减少猪舍内的有害气体，是提高猪生产性能的一项重要措施。通风是消除猪舍内有害气体的重要方法。全封闭式的猪舍全部依靠排风扇换气，一般冬季所需的最小换气率为每 100 kg 猪体重每分钟 0.14～0.28 m^3，夏季最大换气率为每 100 kg 猪体重每分钟 0.7～1.4 m^3。生产中除了要注意通风换气外，保持猪舍清洁干燥也是减少有害气体产生的主要手段。搞好猪舍内的卫生管理，及时清除粪便、污水，防止在猪舍内腐败分解。在冬季，要调教猪，使其养成在运动场或猪舍一隅排粪尿的习惯。此外，可向猪舍内定时喷雾过氧化物类的消毒剂，过氧化物类消毒剂释放出的氧气能氧化空气中的硫化氢、氨，起到杀菌、降臭、降尘、净化空气的作用。

（四）光照

光照对养猪生产同样重要，适宜的光照度和时间有助于猪的生长发育、繁殖等。

1. 光照对猪生物学特性的影响

（1）对仔猪的影响　光照可以显著影响仔猪的免疫功能和机体的物质代谢功能。延长光照可以提高仔猪免疫力，其机制是通过光刺激引起内分泌系统及神经系统发生变化，促进免疫力的发育。此外，断乳仔猪在黑暗的环境下不进食，而延长光照时间可以使仔猪的平均日采食量增加，从而使仔猪的平均日增重增加。同样，光照也影响着饲料的转化率，光照通过视神经系统刺激仔猪的兴奋系统，减少仔猪的褪黑素和其他神经抑制递质分泌，使仔猪处于清醒的状态，增加采食活动，从而延长采食时间。光照还可以刺激与生长相关的激素分泌，提高血液中生长激素的浓度，从而促进仔猪体内蛋白质和脂肪的合成。光照时间的延长或光照度的增加还可以降低仔猪患病的概率，提高仔猪的存活率和仔猪的增生速度。当光照由 10 lx 提高到 60～70 lx 时，仔猪的发病率可下降 9.3%；当光照由 10 lx 提高到 60～100 lx 时，新生仔猪窝重可增加 0.7～1.6 kg，仔猪的育成率可提高 7.7%～12.1%。

（2）对育肥猪的影响　光照对育肥猪的生产有一定的影响，但是不是特别大。适当提高育肥猪的光照度可以在一定程度上提高生长育肥猪的健康程度，增强其抵抗力。但是过高的光照度也会增加育肥猪的活动时间，相对减少其睡眠休息的时间。因此，在不影响猪采食和睡眠的情况下，生长育肥猪舍内的光线以便于饲养工作者正常工作即可。然而，适当增加育肥猪舍内的光照度可以增加日增重。当光照度从 5 lx 提高到 45 lx 时，育肥猪的平均日增重提高了5%左右，故建议生长育肥猪舍内的光照度为 40～50 lx，光照时间以 8～10 h 为宜。

（3）对母猪的影响　光照对雌性贵州香猪的影响较大，与其繁殖密切相关。雌性贵州香猪在持续黑暗或短光照的环境中生活时，其生殖系统发育受到了抑制，性成熟时间推迟，而延长光照时间能促进贵州香猪生殖系统发育，使性成熟时间提前。因此，由于圈舍内光照受到限制，一般舍内饲养的后备母猪的初情期较舍外饲养的后备母猪的初情期要晚。此外，延长光照时间也可缩短母猪重新发情的时间。光照时间也影响着母猪的生产性能，在母猪配种前和妊娠期延长光照时间，可以促进母猪孕酮和雌二醇的分泌，增强卵巢的排卵功能和子宫的机能，有利于母猪受孕和胚胎的着床及生长发育，从而提高配种受胎率，减少妊娠期胚胎死亡率，增加产仔率和初生重。然而，光照时间过长也会导致“光疲劳”，如在夏季时，母猪的繁殖机能下降，当人为缩短母猪光照时间后，母猪 7 d 内的发情率会有明显的提高。同样，光照还影响着母猪的繁殖性能，光照时间延长可以提高哺乳母猪血液中催乳素的水平，使泌乳量显著增加，哺乳频率提高，使仔猪的断乳体重有所增加，有效提高仔猪成活率。当母猪舍内光照度由 10 lx 提高到 60～100 lx 后，繁殖率可提高 4.5%～8.5%。一般情况下母猪猪舍的光照度应保持在 50～100 lx，每天光照时间以 14～18 h 为宜。

（4）对公猪的影响　光照在一定程度上可以提高公猪的性欲，增加光照度还可以提高公猪精液的品质。充足的光照可以刺激公猪下丘脑分泌促性腺激素释放激素，促性腺激素释放激素作用于脑垂体促使脑垂体分泌促性腺激素，而促性腺激素作用于公猪的睾丸，促使睾丸合成并分泌雄性激素，使公猪保持良好的性欲，生成品质优良的精液。长期光照不足会导致公猪性欲下降，精子活力、数量和密度也会下降。将公猪光照时间延长至 15 h 时，公猪的性欲显著增强。此外，在光照时间为 8～10 h 时，将光照度由 8～10 lx 提高到 100～150 lx 后，公猪的精子数量、精子密度都有所增加。因此，在养殖场猪舍管理时，可在舍内安装日光灯以保证光照时间，也可选择在晴天将公猪赶到运动场让其晒太阳，如夏季在 10:00 之前或 16:00 之后、冬季在 10:00 至 15:00 将公猪赶入运动场晒太阳。

（5）对猪性成熟的影响　光照时间对猪性成熟的影响效果非常显著，延长光照时间可以促进性腺系统的发育，使性成熟提前；而短光照、持续的黑暗可以抑制生殖系统的发育，使性成熟推迟。在持续黑暗下，母猪的性成熟和自然光照相比要晚。而对于公猪来说，延长光照时间，公猪比自然光照下的性成熟时间提前。除了光照时间，当光照度达到一定的阈值时对于猪的性成熟的影响也十分明显。

2. 猪舍照明设备安装及常见问题　目前猪舍灯具主要选用节能灯或T8型标准直管荧光灯，也有部分养殖项目使用LED灯。无论是节能灯、直管荧光灯或者LED灯都应配备可靠的三防（防水、防尘、防腐）灯罩。因使用三防灯罩不利于散热，可能会缩短部分灯具的使用寿命，因此要注意甄选使用的灯具类型。

3. 常见猪舍照明系统问题与改进建议

（1）光照度不足　大跨度全封闭猪舍自然采光量有限，却没有配备足够的照明设备。猪长时间得不到足够照明则会影响后备母猪发情、断乳母猪发情再配。此外，昏暗的舍内环境也不利于饲养人员观察猪群，无法及时发现问题，也不符合动物福利的要求，因此需要增加照明设备。

（2）光照时长不足　很多猪舍虽然配备了相应的照明设备，但没有为猪提供足够的光照时长，也会对后备猪发情、断乳母猪发情再配、分娩母猪采食及泌乳产生不利影响，因此可以直接增加相应的光照时间。

（五）猪场通风管理

通风换气是猪舍环境控制的重要部分，如果通风换气不良，舍内的氧气就会减少，有害气体就会蓄积。

1. 猪场通风管理的重要性　通风是猪舍环境调控的重要方式之一，猪舍通风换气的目的有两个，一是在气温高时加大气流量使猪体感到舒适，从而缓解高温对猪的不良影响；二是在猪舍封闭的情况下，通风可排出舍内的污浊空气，引进舍外的新鲜空气，从而改善舍内的空气质量。恰当的通风设计应该是在夏季能够提供足量的最大通风率，在冬季能够提供适量的最小通风率。高温季节，舍内通风可以使舍内温度不高于舍外温度，配合蒸发散热，可达到良好的降温效果，即在不同环境温度、湿度和风速的情况下，动物的体感温度（风冷效果）不同（表8-2）。

表8-2　不同环境温度、湿度和风速下动物的体感温度（℃）

湿度	风速	不同环境温度下的体感温度					
	(m/s)	35.00	32.20	29.40	26.60	23.90	21.10
相对湿度50%	0.00	35.00+	32.20+	29.4+	26.60	23.90	21.10
	0.50	32.20	29.40	26.60	24.40	22.80	18.90
	1.00	26.60	25.50	24.40	22.20	21.10	18.30
	1.50	24.40	23.80	22.80	21.10	20.00	17.70
	2.00	23.30	22.70	21.10	18.90	17.70	16.60
	2.50	22.20	21.10	20.00	18.30	16.60	16.10
相对湿度70%	0.00	38.30	35.50	31.60	28.30	25.50	23.30
	0.50	35.50	32.70	30.00	26.10	24.40	20.50
	1.00	30.50+	28.80	27.20	24.40	23.30	19.40
	1.50	28.80	27.20	25.50	23.30	22.20	18.80
	2.00	26.10	25.50	24.40	20.50	20.00	18.30
	2.50	24.40	23.30	23.30	19.40	18.80	17.20

另外，通风可以降低舍内湿度，避免病原微生物繁殖，有利于猪健康，从而提高生产成绩。猪舍内有害气体浓度高时，猪增重减慢，饲料利用率降低，小母猪持续不发情。也有研究表明，猪日增重随着猪舍内氨气浓度的升高而下降，料重比则随着猪舍内的氨气浓度的升高而升高，同时高浓度的氨气还可诱发其他疾病。

2. 猪舍主要通风方式　当前大部分香猪场猪舍采用的通风方式可分为屋顶通风、横向通风和纵向通风三种。

（1）屋顶通风　屋顶通风是指不需要机械设备而借不同气体之间的密度差异，使猪舍内空气上下流动，从而使猪舍内废气能够及时从屋顶上方排出舍外的通风方式。屋顶通风可大大降低舍内的废气浓度，确保猪舍内空气新鲜，减少呼吸道疾病等的发生率。对于采用了地脚通风窗和漏粪地板的猪舍，屋顶通风使外界新鲜凉爽空气从猪舍地脚通风窗进入直吹猪体，带走猪散发的热量和排出的废气，可起到明显的降温作用，在夏季冲洗猪圈后效果尤为明显。屋顶通风可以选择在屋顶开窗、安装屋顶无动力风扇或安装屋顶风机等方式。

（2）横向通风　横向通风一般为自然通风或在墙壁上安装风扇，主要用于开放式和半开放式猪舍的通风。为保证猪舍顺利通风，必须从场地选择、猪舍布局和方向以及猪舍设计方面加以充分考虑，最好使猪舍朝向与当地主风向垂直，这样就能最大限度地利用横向通风。横向通风的进风口一般由玻璃窗和卷帘组成，安装卷帘时要使卷帘与边墙有一定程度的重叠，这样在冬季能防止贼风进入。同时还要在卷帘内侧安装防蝇网，防止苍蝇、鼠等进入，以保证生物安全。卷帘最好能从上往下打开，在秋冬季节时，可以让废气从卷帘顶端排出，平衡换气和保温。

（3）纵向通风　纵向通风通常采用机械通风，分正压纵向通风和负压纵向通风两种。一般来说，正压纵向通风主要用于密闭性较差的猪舍，负压纵向通风则用于密闭性好的猪舍，通过风扇将舍内空气强行抽出，形成负压，使舍外空气在大气压的作用下通过进气口进入舍内。通风时风扇与猪体之间要预留一定距离（一般为 1.5 m 左右），避免临近进风口风速过大对猪造成不利影响。纵向通风猪舍长度不宜超过 60 m，否则通风效果会变差。

3. 猪舍通风管理的控制标准　猪舍的通风通常把通风换气量作为标准，猪舍的通风换气量是指单位时间内进入猪舍的新鲜空气量或排出的污浊空气量，其单位通常是 m^3/h，实际生产中常以每头或每千克体重所需通风量来表示，即 $m^3/(h \cdot kg)$ 或 $m^3/(h \cdot 头)$，并根据通风换气参数（表 8－3）来确定猪舍的通风换气量。

表 8－3　猪舍通风量控制参数

猪类型		最大风速（m/s）		最小换气量［$m^3/(h \cdot kg)$］		
		冬季	夏季	冬季	春、夏季	夏季
母猪	空怀期	0.30	1.00	0.35	0.45	0.65
	妊娠期	0.20	1.00	0.30	0.45	0.60
	哺乳期	0.15	0.40	0.30	0.45	0.60
仔猪	哺乳期	0.15	0.40	0.30	0.45	0.60
	保育期	0.20	0.60	0.30	0.45	0.60
育肥猪	生长期	0.30	1.00	0.35	0.50	0.65
	育肥期	0.30	1.00	0.35	0.50	0.70
种公猪		0.30	1.00	0.35	0.55	0.70

此外，在生产中也可根据换气次数来确定猪舍的通风换气量。换气次数是指在 1 h 内换入新鲜空气的体积为猪舍体积的倍数。一般来说，冬季换气次数应保持在 3～4 次，一般不会超过 5 次，结合猪的年龄、饲养密度及饲养管理

方式等因素具体调整。

4. 猪舍通风的影响因素　包括猪舍选址，猪场的周边环境，猪场是处在上风口还是下风口；猪舍通风方向是否与当地主风向一致；猪舍的布局、猪舍的走向以及不同猪舍之间的间距是否达到 12 m；猪舍的结构是开放式、半开放式还是封闭式，猪舍长度和跨度及猪舍内构造；猪舍窗户的开窗方式是推拉式还是嵌入式，窗口有效面积大小及窗口的高度；猪舍周边是否有遮拦物等。风遇到阻力时会改变方向，风速会降低，遮拦物越多，通风量越小。猪舍内通风效果受猪舍朝向、面积、猪舍类型及结构等的影响非常大，最大影响可达到 67%。

猪生产中的有害气体排放问题已成为各国的研究热点，我国绝大多数猪舍都是自然通风，猪舍的有害气体浓度和通风量均无法直接测量。因此，通过有效合理的通风手段，降低有害气体的浓度，改善猪舍内的空气质量，对减少猪疾病发生、改善其健康状况、提高其生产成绩具有重要意义。

二、猪舍外部环境的控制

改善猪舍外部环境可起到改善气候、净化空气、减少尘埃、减弱噪声、防疫、防火、减少空气和水中细菌含量等诸多作用。

猪舍周围种植花草、树木，可以改善猪场环境的小气候，创建有利于猪群生长的舒适环境。实践证明，绿植覆盖率越大，尤其是树荫遮蔽猪舍屋顶，能在炎热夏季吸收地面和屋顶大量的太阳辐射热，平均气温可降低 10%以上，在寒冷的冬季可使场内的风速降低 70%～80%。因此，建议在猪舍旁边栽植高大的林木，但应距离猪舍 10 m 左右，这样既有利于庇荫，又不妨碍猪舍正常的采光及通风。此外，还可在猪舍屋顶种植攀缘植物如爬山虎等，其藤蔓覆盖屋顶，可有效降低猪舍内室温，一般可使室温下降 10%～20%。

猪舍排出的污浊空气中有很大一部分是二氧化碳。植物在进行光合作用时，吸收大量二氧化碳，同时释放大量氧气，不断蒸发水分，减少有害气体，净化空气。许多植物还可以吸收空气中的有害气体，使氨、硫化氢等有害气体浓度大大降低，减少恶臭。此外，某些植物对铅、铜、汞等重金属元素有一定的吸附力，植物叶面等还可吸附空气中的大量灰尘、粉尘而净化空气。许多绿色植物还有杀菌作用，场区绿化可使空气中的细菌减少 22%～79%。绿色植物还可降低场区噪声，调节场内温湿度、气流等，改善场区小气候状况。

第九章
贵州香猪的开发利用与品牌建设

第一节　香猪的开发利用

从江香猪是我国畜禽遗传资源保护品种之一，是从江县一大特色优势资源。从江香猪产业一直是月亮山区群众主要经济收入来源的一项传统产业。近年来，在省、州各级部门的关心和支持下，通过项目带动，从江香猪产业得到了较快发展，取得了较好的成效。

一、从江香猪产业发展规划

从江县政府组织多方力量讨论和研究，制定完成了2017—2020年香猪产业发展规划及全产业链项目实施方案。到2020年以健全良种繁育体系为基础，以发展规模养殖为重点，以强化疫病防控为保障，以建设肉类加工销售企业为龙头，建立健全香猪产业化服务体系，推行“政府平台公司＋实体龙头公司＋合作社＋农户（贫困户）”的“2＋N”订单生产经营模式，从“种苗—饲料—养殖—环保—屠宰加工—分销—餐桌”的全过程进行从江香猪全产业链打造，全面推进从江香猪农产品地理标志产品的保护、利用和开发，打造从江香猪农产品地理标志品牌，壮大香猪产业龙头企业，做大做强从江香猪特色优势产业。到2020年，从江县将累计投入11.66亿元，建成5万头的香猪繁育基地、年出栏量60万头的香猪育肥基地，产品加工销售率将达到70%，带动宰便、加鸠、加勉、加榜、刚边、秀塘、东朗、丙妹、停洞、高增等乡镇经济发展。

（一）项目运营模式

按照从江香猪的产业发展模式，从江香猪全产业链将分成基地建设、产品加工、市场营销三大板块，通过产业链的方式带动地区经济发展。

通过组织各原种场、养殖场、家庭农场、养殖专业合作社承担从江香猪生产基地建设任务，签订养殖生产订单合同，并对香猪产品进行保价回收。实行“统一种猪标准、统一饲料供应、统一技术规程、统一监督管理、统一标识追溯，统一回收销售”的“六统一”管理体系，建立从江香猪溯源和质量追溯体系，确保从江香猪品种和品质的唯一性。

组织相关加工企业，形成产业合作联盟，依据生产订单合同收购从江香猪。按照分工协作，饲料生产加工、香猪屠宰加工、有机肥生产等实行全产业链统一管理。

通过建设冷链物流配送中心、线上线下营销网点、美食体验连锁店等设施，结合产品目标市场，有针对性地开展香猪文化、产品推介、媒体宣传策划等系列推广活动，提高从江香猪的经济效益。

（二）乡镇经济连接机制

全产业链项目建设完成后，可带动从江县西部主产乡镇和东部部分乡镇项目，直接解决 5 680 人就业问题，项目参与家庭直接增收 18 238 万元，平均每户年增收 6.40 万元，平均每人年增收 1.40 万元。

（三）产销对接机制

通过订单式生产，对全产业链的香猪产品进行收购、加工、包装及销售，立足广东、广西、江苏、浙江市场，面向北方市场进行销售，已与贵阳信宜佳连锁超市、天津市生宝农业科技发展有限公司、贵州从江粤黔香猪开发有限公司等签订意向性协议。

二、从江香猪产业发展概况

（一）生产基地建设情况

截至 2016 年，从江县已建成 1 000 头以上种猪规模养殖场 2 个，200～500 头种猪标准化养殖场 8 个，50～200 头种猪示范养殖小区 17 个，10 头以上种猪适度规模养殖户 385 户，香猪收购、销售中转场 4 个，标准圈舍 50 760 m^2。2016 年末全县香猪存栏 29.08 万头，其中种猪存栏 4.74 万头，累计出栏

55.15 万头。香猪养殖、加工销售总产值达 6.10 亿元，销售收入 3.10 亿元。产业发展模式覆盖丙妹、宰便、加鸠、加勉、加榜、刚边、秀塘、东朗 8 个乡镇 84 个行政村 2.38 万户，8.84 万人。目前从江县香猪存栏 28.70 万头，其中种猪存栏 4.96 万头，累计出栏 41.50 万头。

（二）企业发展情况

从江县有香猪产业相关企业 11 家，其中注册资金 500 万元以上的企业 9 家，省级重点龙头企业 3 家。2016 年 11 家企业加工销售从江香猪 16.60 万头，加工产品 4 200 t，产值 2.70 亿元，总销售收入 2.42 亿元。

（三）养殖专业合作社发展情况

从江县发展成立了香猪养殖专业合作社 41 家（加勉乡 20 家），其中拥有注册资金 500 万元以上的公司 2 家。2016 年，有 12 家专业合作社发展成绩突出，参合农户数为 2 920 户，其从江香猪鲜活产品及初级加工产品销售额 0.32 亿元，销售收入 0.29 亿元。各专业合作社发展势头好，其中秀塘乡诚信香猪养殖专业合作社（州级示范合作社、州级龙头企业）、东朗镇天鹏香猪养殖专业合作社、宰便镇引东村香猪养殖专业合作社、加勉乡污俄村香猪养殖专业合作社 4 家合作社存栏种猪均达 700 头以上。

（四）产品开发及品牌建设

从江香猪在 2004 年获得原产地标志证书，2011 年获得农业部农产品地理标志证书，2014 年获得从江香猪原产地证明商标。从江香猪相关肉制品主要有调理肉制品（香猪冷鲜肉）、香猪腌腊系列、香猪酱卤制品、休闲食品、香猪油辣椒系列，其中“月亮山”牌系列腊制品连续被认定为贵州省名牌产品。

（五）技术培训与技术支撑

2017 年从江县政府下拨 430 万元用于香猪产业技术培训，共开展香猪产业技术体系技术培训 1 期 48 人次，香猪遗传资源保护核心保护区技术培训 1 期 354 人次，企业、合作社、养殖场、养殖大户香猪养殖技术培训 1 期 70 人次，乡镇农户技术培训 3 期 220 人次。

从江县诚信香猪养殖专业合作社与贵州大学动物科学学院合作开展“从江香

猪高产种群资源保护与创新利用”课题研究，建立高产香猪保护区 1 个，建立从江高产香猪基础群（100 头）。在贵州大学研究团队的指导下，应用分子标记辅助选择技术，选择优良基因型高产香猪核心群（60 头），建成窝产 10 头以上优质高产香猪群（1 000 头），建立高产香猪养殖示范点 1 个，产值达到 700 万元。

（六）从江香猪遗传资源保护

为能使从江香猪遗传资源得到有效保护，从江县政府在香猪原产区建立从江香猪遗传资源保护核心区。核心区域包括宰便镇引东村、宰便村、宰近村，加勉乡污扣村、污俄村，加榜乡加榜村、下尧村 7 个村。从江香猪遗传资源保护核心区有保种农户 339 户，存有种猪 1 159 头。同时在香猪遗传资源保护核心区对香猪进行保种和品种选育。

（七）新建和扩建的规模养殖场和养殖小区

2017 年，从江县新建和扩建多个规模养殖场或者养殖小区。主要有：在东朗镇摆啊村新建 1 000 头种猪规模的香猪原种繁殖场，并于 10 月底竣工投入使用；新建刚边乡宰别村香猪养殖小区，并新注册成立了从江县龙塘生态香猪养殖专业合作社；贵州高速公路集团有限公司在加勉乡的污俄村、高山村、党港村建设了 3 个集中养殖示范点，并已竣工投入使用；新建污俄村 10 000 头香猪育肥猪场；扩建从江县立泓林下畜禽生态养殖专业合作社的香猪标准化养殖场；扩建东朗镇万辉香猪养殖场；建设完成了 3 个家庭农场。

（八）香猪产品质量控制体系有序推进

各香猪产品生产实体积极开展无公害产品认证，有 7 家合作社或企业取得农业部无公害产品认证，其中包含 1 个有机食品认证。香猪产品抽检未发现不合格产品，没有消费者投诉的现象。按“行业协会＋公司＋合作社＋基地＋农户”的订单生产管理模式和质量控制技术规程，强化香猪质量控制体系建设，建立产品质量溯源体系，规范市场管理。

第二节　食品开发及利用

香猪是我国稀有的优良微型地方猪种，贵州省近几年对香猪进行肉类制品开发，应用现代食品加工技术较好地解决了腊香猪、烤香猪的腌制、烘烤、烟熏、贮藏上的关键问题，香猪已走出“养在深山从未识”的困境。香猪具有体型矮小、肉质香嫩、皮薄骨细、早熟、乳猪无腥味等优良特点，是加工制作色、香、味俱佳的高质量肉品的优质原料，2006 年 2 月贵州从江香猪养殖基地和香猪加工均获得南京国环有机产品认证中心认证，准许将“野香”牌商标用于已获南京国环有机产品认证中心认证的香猪和腊香猪。其耐粗饲、抗病力强的特征亦受众多生物科技工作者的高度关注。

一、香猪肉质产品

1. 腊香猪　腊香猪是传统的高档香猪肉食品，要实现产业化的生产必须要将传统工艺与现代肉食品加工技术相结合。朱秋劲和贺承渊等总结了低温腌制、烟熏烘烤、抗氧化处理、真空包装等全套工厂腊香猪的加工技术。感官评定筛选制作腊香猪的香猪体重以 6～8 kg 为最佳。烟熏炉具有良好的热风强制循环干燥功能，适合腊香猪批量生产。

腊香猪原材料来自健康、无疫病的香猪，6～8 kg 香猪制作的腊香猪质量最佳；体重太轻、失水多、成品率低的香猪个体也不宜制作整体腊香猪；体重过大，脂肪层增厚，增加油腻感，且烘干质量下降，不宜保存。腊香猪的加工工艺包括原料处理、腌制、漂洗、造型、烘干、下架烙印、涂油、切分、包装、成品等，合格腊香猪成品感观指标见表 9－1。

表 9－1　腊香猪的感官指标

项　目	内　容
色泽	鲜明、均匀，肌肉呈鲜红色
香气	具有腊香猪固有的香味，无其他异味、臭味
滋味	口味丰满、醇厚、咸味适中、油而不腻
组织状态	体表光洁，肉身干爽、结实
体态	腊香猪整体造型美观，体表无伤痕、无开裂

2. 腊火腿　成年香猪体重小，其体躯短、矮小、丰圆、肥盈，做传统中式火腿的加工应选择体重较大的香猪个体作为原料，体重较小的香猪分割的腿坯肌肉层薄，造型不美观，且含盐量高，风味不突出，火腿成品不理想，用 32～45 kg 香猪分割的腿坯制作的火腿腿心较丰厚、风味突出、造型良好、色

泽好，尤其是40～45 kg香猪是制作小型中式火腿的最佳原材料。香猪火腿的加工工艺包括腿的选择、修割腿坯、腌制、洗晒与整形、发酵鲜化、下架、刷霉、涂油保存、包装和成品。从江香猪的火腿加工工艺参数见表9-2；腿坯及成品基本数据和食盐及水分含量见表9-3、表9-4。标准质量的香猪火腿切面色泽呈玫瑰红色，脂肪呈白色或微红色、有光泽，肌肉致密结实、切面平整，盐味适中，有火腿特有的味道，形态美观，外表平滑，腿心饱满。

表9-2　从江香猪小型火腿加工工艺参数

基本参数	宰杀至腌制	腌制	漂洗	晾晒	发酵
温度（℃）	10～18	4～8	8～12	25～28	18～25
相对湿度（%）	75～85	90以上	—	65～75	70
盐（%）	—	8.5	—	—	—
时间控制	24 h	30 d	6～10 h	6～8 d	90 d

表9-3　香猪的腿坯及成品基本数据

体重（kg）	腿坯重（kg）		成品重（kg）		成品率（%）	
	前腿	后腿	前腿	后腿	前腿	后腿
8～12	1.09±0.21	0.83±0.19	0.69±0.26	0.41±0.11	63.30±0.33	50.60±0.20
14～18	1.85±0.23	1.47±0.28	1.22±0.33	0.76±0.23	65.95±0.10	51.70±0.02
20～30	2.77±0.41	2.31±0.43	1.88±0.41	1.43±0.22	67.87±0.01	61.91±0.14
32～36	3.92±0.34	3.78±0.27	2.67±0.21	2.53±0.19	68.11±0.08	66.93±0.42
40～45	4.38±0.21	4.21±0.24	3.07±0.37	2.87±0.47	70.09±0.09	68.14±0.17

表9-4　各体重火腿的食盐及水分含量

体重（kg）	食盐含量（%）	水分含量（%）	体重（kg）	食盐含量（%）	水分含量（%）
8～12	9.35	27.51	32～36	7.41	38.58
14～18	9.01	30.45	40～45	6.73	41.93
20～30	8.57	34.62	—	—	—

3. 香猪腊排肠　腊排肠是以分割带有完整肋肌的成年香猪肋排骨为原料，经过切段、腌制、灌肠、烘烤得到的风味肉制品。香猪腊排肠选取新鲜且肉质

好的猪排，经过一系列的加工工艺，最终形成香猪腊排肠成品。

4. 香猪腊肉　香猪腊肉是我国古老的腌腊肉制品之一，是指用较少的食盐配以风味辅料腌制后再经干燥等工艺加工而成的一类耐贮藏、具有特殊风味的肉制品。香猪腊肉的种类很多，即使同一品种也因产地不同，其风味、形态等各具特点。

5. 香猪香肠、香肚　香肠俗称腊肠，是指以肉类为主要原料，经切、绞成丁，配以辅料，灌入动物肠衣经发酵、成熟干制而成的肉制品，是我国肉制品中品种最多的一大类产品。香猪香肠是以猪肉片、食盐、高度白酒、花椒等辅料拌匀灌入天然肠衣，腌制之后经过熏干而成，蒸熟或爆炒食用，切面色泽明亮，风味独特，香滑不腻。

香肚是指以鲜（冻）腊肉切碎或绞碎后加入辅助材料，灌进加工的肠衣或膀胱，再晾晒或烘焙而成的肉制品。香肚形似苹果，小巧玲珑，肥瘦红白分明，皮薄而弹性强，不易破裂，便于贮藏和携带。香肠和香肚的感官指标见表 9－5。

表 9－5　香肠、香肚的感官指标

项　目	一级鲜度	二级鲜度
外观	肠衣干燥完整且紧贴肉馅，无黏液及霉点，坚实或有弹性	肠衣稍有湿润或发黏，肉馅易分离，但不易撕裂，表面稍有霉点，但抹后无痕迹
组织状态	切面坚实	发软而无韧性，切面齐，有裂隙，周缘部分有软化现象
色泽	切面肉馅有光泽，肌肉灰红色或玫瑰红色，脂肪白色或稍带红色	部分肉馅有光泽，肌肉深灰色或咖啡色，脂肪发黄
气味	具有香肠固有的风味	脂肪有轻度酸败味，有时肉馅带有酸味

二、香猪烤、炸制品

烧烤制品是原料肉经预处理、腌制、烤制等工序加工而成的一类熟肉制品。烧烤制品色泽诱人、香味浓郁、咸味适中、皮脆柔嫩，是深受欢迎的特色肉制品。烤香猪是我国传统的烧烤制品，久负盛名，享誉海内外。

1. 烤香猪　早在1 400多年前，《齐民要术》一书中就已有烤香猪的记载。至清乾隆年间，烤香猪已很盛行，后来许多地方逐渐绝迹，只有广东盛行不衰。至20世纪30年代，广东烤香猪亦盛行，中等以上的城市乃至较大的县镇均有烤香猪供应。烤香猪加工工艺包括原料的选取、宰杀、修整、腌制、定形、上色、烘烤和贮藏等。从江香猪因仔香猪宰杀后无腥臭味，且肉质鲜美，成为烤香猪的优质原料，远销广东，有着悠久的历史。

2. 烤乳猪　烤乳猪有两种制作方法：一种为俄式烤乳猪方法；另一种为中式烤乳猪方法。选活重为5 kg左右的仔猪，按照放血、处死、褪毛、取内脏和整形的顺序处理，不仅能使烤猪具有独特风味，还能保持完整和美观的外形。

3. 香猪什锦　将香猪内脏包括心脏、肝脏、小肠、肾脏、碎肉、舌经过预煮、卤煮、切分整形、油炸、装袋、封口及检验等工序加工而成。

三、香猪食品加工与副产品

1. 香猪火锅套装　香猪具有肉嫩、味鲜等优良品质特性，其副产品也具有极高的利用价值，尤其适合于开发以火锅为主的系列产品。以香猪为原料，向餐饮业或民众提供优异的香猪火锅原料，必将对香猪产业发展及丰富人们饮食做出贡献。

香猪火锅套装制品是指以健康香猪为原料，经过严格的屠宰后，精选精瘦肉、五花肉、肋排、心、肝、肚、肾、肠、脑花、脊髓、血等经处理好的构件为原料，分别组合包装，或搭配不同风味的火锅底料，再经外包装，冷藏销售的制品。香猪火锅套装配方和感官指标见表9-6、表9-7和表9-8。

表9-6　香猪火锅套装清汤料袋配方（g）

食盐	姜粉	胡椒粉	白糖	花椒粉	鸡精	猪油	可兑水
10	5	1.8	2	2	10	50	2 000 mL

表9-7　香猪火锅套装酸辣料袋配方（g）

糟辣椒	番茄	猪油	色拉油	姜粉	食盐	姜油	蒜油	鸡精	每200 g可兑水
1 500	500	300	100	40	160	10	10	40	2 000 mL

表 9-8 香猪火锅套装制品的感官指标

项　目	内　容
色泽	肌肉、内脏、血块有光泽，红色或稍暗，脂肪白色
气味	具有猪肉、内脏、血块固有的气味，无异味
组织状态	肉质、内脏、血块紧密，有坚韧性，指压凹陷立即恢复
体态	整合产品搭配叠放美观、外观完整
煮沸肉汤	澄清透明或稍有混浊，脂肪团聚于表面

2. 香猪辣酱类制品　油辣椒制作是在贵州民间传统加工的基础上结合现代工艺技术发展起来的，并在许多加工企业已形成规模化生产。先进的加工设备不断地取代手工作业，生产效率大大提高，产品质量逐渐标准化。香猪肉丁辣椒是在油辣椒中加入香猪肉丁，使风味得以改善，口感更丰厚，该产品加工中需使用大量植物油，经较高温度煎、炸制而成。高品质的香猪辣酱类制品为红色或棕红色，质地较均匀，有酥脆感，辣味不重，咸味适中，有辣椒鲜香滋味。香猪辣酱类制品调料配方和理化指标见表 9-9、表 9-10。

表 9-9 香猪麻辣酱调味配方

糍粑辣椒（kg）	盐（g）	菜籽油（kg）	姜（kg）	葱（kg）	蒜（kg）	花椒粉（g）	白胡椒粉（g）	鸡精（g）	山梨酸钾（g）
2.5	100	1	0.25	0.25	0.2	90	90	25	5

表 9-10 香猪麻辣酱理化指标

项　目	标　准
水分	30%
食盐	1.0%～2.5%
汞（以 Hg 计）	0.1 mg/kg
砷（以 As 计）	0.5 mg/kg
铅（以 Pb 计）	1.0 mg/kg

3. 香猪西式肉卷　香猪西式肉卷是以仔香猪白条肉剔骨处理后的肉坯为原料制作肉卷的包材，再经填充肉条或肉糜制成香猪肉卷。利用带有皮、脂肪

层的香猪肉坯，通过填充肉料加工成肉卷。香猪西式肉卷产品色泽粉红，均匀一致，内容物紧致，富有弹性，切片性好，咸鲜美味，既符合人们日常已接受的肉制品风味，又体现了香猪皮薄肉嫩、鲜香适口的特点。香猪西式肉卷成品水分含量60%，含盐量1.0%～2.5%，蛋白质含量高于25%，脂肪含量低于40%，pH以6.12为宜。

第十章 贵州香猪的实验动物化培育工作及贵州小型猪的育成

香猪体型小、性成熟早、繁殖周期短，经过在交通闭塞的深山封闭繁殖，遗传性能稳定，具有实验动物化培育的独特优势。香猪是在长期自繁自养下形成的封闭群，人们通过长期的自然选择和人工选育，增加优势等位基因的频率，使之更加纯合，形成"体小、早熟、品质纯"的品种特点。香猪饲养管理粗放，适应能力强，饲养成本低，是一种十分理想的实验动物，具有极高的科学价值。研究表明，猪在解剖、生理、病理等方面与人类相似。因此香猪可以作为多种人类疾病的天然模型，如中医舌象模型，血友病、心血管病、皮肤烧伤、口腔医学、糖尿病和肿瘤等疾病的模型。香猪作为实验动物，符合人类社会动物保护意识、道德、观念、法律法规及实验动物福利要求。香猪器官在功能、形状、大小方面与人类十分相近，其繁殖速度快，饲养管理费用低，繁殖量大，完全可以满足生命科学研究的需要。所以香猪完全可以作为实验用动物和理想的异种器官移植供体。有研究显示，香猪 8～10 月龄时肝、肾、心脏等器官的重量、大小与成年人接近，香猪作为一个优良的地方小型猪种，在生物医学领域具有广阔的应用前景。20 世纪 80 年代以来，专家们对从江香猪、巴马香猪和贵州白香猪的选育连续不断，其中以从江香猪为原始种群选育出了新品系贵州小型猪。

第一节　贵州小型猪的选育研究

实验香猪的育种目的和方法与家畜育种有诸多不同之处。家畜育种的遗传目标主要按畜牧生产的目的分类，如泌乳力、育肥力、产毛能力，分别培育不同的品种。家畜中猪的育种要求主要是生长快、积脂多、长肉多，其多选用杂交优势的育种方法，尽量避免近亲交配，按生产要求择优去劣，排除、淘汰低生产性能的遗传性质。个体小、体重轻、生长速度慢的个体属于淘汰之列，因此香猪就因个体小、体重轻被一些单位认为无经济效益而淘汰。

实验动物育种的目标并非如此，家畜中很多遗传性质均可作为实验用，除了培育高产优质性能外，凡是在实验动物中发现同人类相似的疾病，都要通过遗传手段积极地把它们培育后保留下来，建立实验动物疾病模型。实验香猪的选育方式从畜牧生产和家畜育种的角度看则是反向选育。

香猪是世界上著名的小型猪种，但要使同一类型香猪更加标准化，就需对其选育。1978 年，贵州中医药大学（原贵阳中医学院）甘世祥教授团队开始提出开发贵州小型香猪作为实验动物的科研设计。1985 年，在积累资料、查阅文献的基础上正式展开研究。贵州香猪原产地偏僻、交通闭塞，与外界交流极少，以致形成一个近亲繁殖的自然封闭群。甘世祥教授等按照小型化、早熟化的两个要求，对其进行定向选育，使之成为我国第一种实验动物化的小型猪，完成了作为实验动物应用研究的驯养繁殖工作、质量检测。在 1987 年贵州省科学技术委员会主持的科研成果鉴定会上，上海实验动物研究中心余家璜先生，著名生物学者贵阳医学院金大雄先生、李贵贞先生，贵州农学院余渭江先生等 20 余名有关专家经过鉴定，将其定名为贵州小型猪（*Sus scrofa domestica* var. *mino* Guizhounensis Yu）。著名科学家谈家桢教授给予高度评价：该动物的研究开发“在国内首先培育出一种实验用小型猪，填补了我国实验动物研究的一个空白”。历经 30 年的培育，其生物学特性更加稳定，全身被毛黑色，体型微小，6 月龄体重小于 15 kg，12 月龄体重小于 25 kg，遗传稳定，性情温驯、耐粗饲、抗病力强、繁殖力强、适应性好，在生物医学等多学科、多系统中被研究应用，并被纳入中国实验小型猪资源保护品种（彩图 10、彩图 11）。

第二节　贵州小型猪的饲养管理规范

随着动物保护主义运动兴起及实验动物学“3R”［reduction（减少）、replacement（替代）、refinement（优化）］原则的实施，犬、非人灵长类实验动物的应用受到越来越多的限制，而小型猪是用食用猪品种经过小型化、实验动物标准化培育而成的实验动物，在生物医学研究中将逐渐代替犬和非人灵长类实验动物。贵州小型猪具有体型小、性情温驯、遗传稳定、实验耐受性强、抗病力强等优点，在形态学、生理学、代谢、疾病发生等方面与人类相似，被广泛应用于高血脂、高血压、糖尿病、烧伤整形、骨科、口腔外科等实验研究。一般用于动物实验的6～12月龄贵州小型猪体重多为10～20 kg，但是由于小型猪力量较大，实验操作如采血、肌内注射给药等均需要数人保定，给实验猪带来较大的刺激和恐惧，造成严重的应激反应。因此，为了给医学研究提供方便，贵阳中医药大学吴曙光教授等在长期实践中，基于动物福利要求及“3R”原则，建立了一套既能保护动物、减少实验操作时的刺激和痛苦及恐惧，又简单方便的小型猪饲养管理及常用动物实验方法，现介绍如下。

一、实验小型猪环境设施的要求

根据《实验动物　微生物等级及监测》（GB 14922.2—2011）规定，实验动物的微生物控制等级分为普通级动物、清洁级动物、无特定病原体动物、无菌动物，适用于小鼠、大鼠、豚鼠、地鼠、兔、犬和猴。目前中国农业科学院北京畜牧兽医研究所、哈尔滨畜牧兽医研究所及重庆市畜牧科学院等单位已成功培育了无特定病原体小型猪和无菌小型猪，用于疫苗等研究。

根据《实验动物　环境及设施》（GB 14925—2010）要求，实验动物环境分为开放环境、屏障环境、隔离环境。开放环境用于饲养普通级小型猪；屏障环境用于饲养无特定病原体小型猪；隔离环境用于饲养无菌小型猪。小型猪开放环境生产饲养设施参照实验动物环境及设施建设要求，普通级小型猪生产饲养建筑设施符合其居住基本要求，区域布局按照前区、饲养区、后区分区建设及管理。前区包括办公室、库房、维修室等；饲养区包括生产区、动物实验区、辅助区；后区主要是废弃物的处置区域，应有独立的污水处理设备，废弃物品及实验动物尸骸无害化处理设施。小型猪生产饲养屏障环境的建筑要求设置清洁走廊、饲养间（实验室）、污染走廊、清洗消毒间以及辅助区。通过屏蔽环境和外界联通，空气通过高效过滤装置；进入系统内的物品需经过消毒灭菌；系统内的人员和动物、物品流向独立，且单向流动。小型猪隔离环境完全与外界隔离，进入环境内的所有物品均经过消毒，空气经过高效过滤装置进入环境内，人通过固定在环境壁上的乳胶手套伸进系统内操作。

二、贵州小型猪猪场规章制度及操作规程

贵州小型猪属体型较大的实验动物，其环境设施的标准化难度大，饲养管理要求高，在饲养管理过程中充分考虑小型猪的基本生存要求，确保其五大福利自由，对其实验动物标准化具有重要意义。经过长期的实践探索，初步建成了一套贵州小型猪饲养特有的疫病防控要点。

（一）贵州小型猪饲养管理制度

（1）贵州小型猪饲养人员必须经过培训，考核合格后方可从事贵州小型猪饲养管理工作。

（2）贵州小型猪需每日饲喂 2 次，按猪群数量、猪大小定时定量投喂，不喂发霉变质饲料。

（3）每日打扫卫生 2 次，保持猪圈卫生清洁。

（4）每天观察自助饮水器是否正常出水，排气扇是否正常运转。

（5）饲养场每周消毒 1 次，饲养场外环境每月消毒 1 次，饲养场出入口处消毒池每周至少更换消毒液 2 次，并保持有效浓度。

（6）每年春、秋季进行猪群防疫，按要求注射猪瘟、猪蓝耳病、猪口蹄疫疫苗，每种疫苗接种间隔 7～10 d，并做好免疫记录。

（7）树立“预防为主，防重于治”的猪病防治观念。贵州小型猪饲养场疫病控制主要内容包括免疫接种、药物防治、生物安全防护。严格执行兽医防疫制度，限制人员出入。进入饲养场人员应进行彻底消毒，控制病原体进入。

（8）每天仔细观察猪群情况，贵州小型猪安静静卧时需观察是否有呼吸道疾病，打扫卫生、清洗圈舍时观察是否有消化道疾病，喂料后观察贵州小型猪食欲是否正常，并及时发现疑似病猪。

（9）后备公猪单栏饲养，做好后备母猪发情记录。

（10）每天观察母猪发情情况，发情鉴定方法为：用试情公猪对待发情母猪进行试情。鉴定发情母猪后，选择公猪与之配种，每天配种 1 次，连配 3 d，并做好配种记录。

（11）种公猪单栏饲养，保持圈舍与猪体清洁；工作时与公猪保持一定距离，注意工作安全，健康公猪休配期不得超过 2 周，以免发生配种障碍；夏季做好防暑降温工作；冬季做好防寒保暖、控湿工作。

（12）妊娠母猪单栏饲养，投放饲料要准、快，以减少应激。根据母猪的体况调整投料量。妊娠诊断：配种后 21 d 左右不再发情的母猪即可确定妊娠。其表现为贪睡、食欲旺、易上膘、被毛光泽柔软、性情温驯、行动缓慢、阴门下裂缝向上缩成一条线等。做好配种后 18～65 d 的复发情检查工作。

（13）准确计算好妊娠母猪生产日期，做好接产工作。分娩征兆：阴道红肿，频频排尿；乳房有光泽、两侧乳房外涨，用手挤压有乳汁排出，初乳出现后 12～24 h 分娩。仔猪出生后，应立即将其口鼻黏液清除、擦净，用抹布将猪体抹干，发现假死猪及时抢救，帮助仔猪吃上初乳、固定乳头。产房温度控制在 25 ℃左右，相对湿度 65％～75％。

（14）仔猪及时打耳号，2 月龄断乳，断乳后按强弱、大小分群，保持合理的密度。

（15）及时隔离病猪、处理死猪，污染过的栏舍、场地彻底消毒。

（16）猪场员工及外来人员入场时，均应通过消毒门岗消毒后进入。

（17）禁止外来人员进入猪场，确有需要者必须经主管领导或主管兽医批准并经严格消毒后，在场内人员陪同下方可进入，只可在指定范围内活动。

（18）饲养员不得进入屠宰场或其他猪场逗留。

（19）需要处死的病猪、实验猪应安乐死，尸体需无害化处理。

（二）后备种猪饲养管理技术操作规程

（1）做好免疫计划、限饲优饲计划、驱虫计划。限饲优饲计划：母猪 5 月龄以前自由采食，6 月龄适当限制，配种使用前 1 个月或半个月优饲。后备母猪配种前体内外寄生虫驱虫 1 次。

（2）每日喂料 2 次。

（3）做好后备猪发情记录，并将该记录移交配种舍人员。母猪发情记录从 5 月龄时开始。仔细观察初次发情期，以便在第二、三次发情时及时配种，并做好记录。

（4）后备公猪单栏饲养。后备母猪小群饲养，3～5 头一栏。

（5）以下方法可以刺激母猪发情：和不同的公猪接触；饲养圈尽量靠近发情母猪；进行适当运动；限饲与优饲。

（6）进入配种计划之后超过 60 d 不发情的母猪应淘汰。

（7）对患有气喘病、胃肠炎、肢蹄病等病的后备母猪，应及时淘汰。

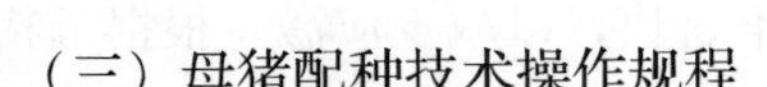

（三）母猪配种技术操作规程

1. 发情鉴定　母猪喂料半小时后表现平静时进行发情鉴定，每天进行2次，上、下午各1次，检查采用人工查情与公猪试情相结合的方法。配种员所有工作时间的1/3应放在母猪发情鉴定上。母猪的发情表现有：

① 阴门红肿，阴道内有黏液性分泌物。

② 在圈内来回走动，频频排尿。

③ 食欲差。

④ 压背静立不动。

⑤ 互相爬跨，接受公猪爬跨。

2. 配种

（1）配种程序　先配断乳母猪和返情母猪，然后有选择地配种后备母猪，后备母猪和返情母猪需复配1次。

（2）配种间隔　正常发情的经产母猪：发情第三天，配种第一次，次日上午配种第二次；断乳后发情较迟（7 d以上）及复发情的经产母猪、初产后备母猪，要早配（发情即配第一次），应配2次。

（3）配种方法

① 本交选择大小合适的公猪，将公母猪合至配种间。

② 一旦公猪开始爬跨，立即给予帮助，防止公猪抽动过猛母猪承受不住而终止配种，辅助公猪阴茎插入母猪阴道（使用消毒手套，将公猪阴茎对准母猪阴门，使其插入，注意不要让阴茎打弯）。在整个配种过程中配种员不得离开。

③ 观察配种过程，保证配种质量，射精要充分（射精的基本表现是公猪尾根下方肛门扩张肌有节律地收缩，力量充分），每次配种射精2次即可，有些副性腺液体会从阴道流出。在整个配种过程中不要有过多的人为干扰。配种结束之后，母猪赶回原圈，填写记录卡。

④ 配种时，公母猪体型大小比例要合理。部分第一次配种的母猪不愿接受爬跨，利用性欲较强的公猪可完成配种。

⑤ 参照“老配早，少配晚，不老不少配中间”的原则配种。

⑥ 高温季节避开中午炎热时段，宜在上午8:00前、下午17:00后进行配种。最好饲前空腹配种。

⑦ 做好发情检查及配种记录。发现发情猪，及时登记耳号、栏号及发情时间。

⑧ 公猪配种后不宜马上沐浴和剧烈运动，也不宜马上饮水。如喂饲后配种必须间隔半小时以上。

（四）公猪饲养管理操作规程

1. 饲养原则　提供所需的营养以保证公猪精液品质佳；为了配种方便，公猪体格不应太大，每日喂 2 次，每餐不得饲喂过饱，以免公猪饱食贪睡、不愿运动而过肥。

2. 公猪的管理与利用

（1）单栏饲养，保持圈舍与猪体清洁。

（2）训练公猪。将后备公猪放在配种能力较强的公猪附近隔栏观摩；第一次配种时，公母猪大小比例要合理，母猪发情状况要好，禁止母猪爬跨新公猪，以免影响公猪配种的主动性。不得干扰正在配种中的公猪，更不可推攘、敲打公猪。

（3）与公猪保持一定距离，不可背对公猪。用公猪试情时，如果需要将正在爬跨的公猪从母猪背上拉下来时，不可推其肩、头部以防遭受攻击，更不可粗暴对待公猪。

（4）后备公猪 6 月龄开始使用，使用前先进行配种训练和精液质量检查。健康公猪休息时间不得超过 2 周，以免发生配种障碍。患病公猪痊愈之后在 1 个月内不安排配种。

（5）本交公猪每月须进行 1 次精液品质检查，夏季每月 2 次，若连续 3 次精检不合格或连续 2 次精检不合格以及睾丸肿大或萎缩、性欲低下、跛行或后肢无力等情况，予以淘汰。

（6）防止公猪热应激，做好防暑降温工作，天气炎热时应选择在早晚较凉爽时配种，并适当减少使用次数。

（7）经常刷拭冲洗种猪体表，及时清除体外寄生虫，注意保护公猪肢蹄。

（五）妊娠母猪饲养管理操作规程

（1）母猪配种后按配种时间（周次）编组排列。

（2）每次投放饲料要准、快，以减少应激，并根据母猪的膘情调整投料量。

（3）不喂发霉变质饲料，防止中毒。

（4）在正常情况下，配种后 21 d 左右不再发情的母猪即可确定妊娠。其表现为贪睡、食欲旺、易上膘、皮毛光、性温驯、行动稳、阴门下裂缝向上缩成一条线等。做好配种后 18～65 d 的复发情检查工作。

（5）定期评估妊娠母猪，确定其饲料投喂量，按需投喂。

（6）预防烈性传染病的发生，预防中暑，防止流产。按免疫程序做好各种疫苗的接种工作，妊娠母猪临产前 1 周转入产房。

（六）分娩母猪饲养管理操作规程

1. 产前准备

（1）空栏彻底清洗，检修产房设备，用次氯酸钠、甲酚皂等消毒药连续消毒 2 次，晾干后备用。

（2）产房温度控制在 25 ℃左右，相对湿度 65%～75%。

（3）确认预产期，母猪的妊娠期平均为 114 d。

（4）产前及产后 3 d 母猪减料，以后自由采食，分娩前检查乳房是否向外分泌乳汁，以便做好接产准备。

（5）准备好碘伏、抗生素、保温灯等。

2. 判断分娩

（1）阴道红肿，频频排尿。

（2）乳房有光泽、两侧乳房外涨，凸出于膨隆的腹部形成明显的分层状，若挤压乳头有乳汁排出，初乳出现后 12～24 h 分娩。

3. 接产

（1）专人看管，做好母猪和仔猪护理。

（2）仔猪出生后，应立即将口鼻黏液清除、擦净全身，检查是否有假死猪，若有应及时抢救，产后检查胎衣是否全部排出，如胎衣不下或胎衣不全可肌内注射催产素。

（3）帮助仔猪吃上初乳并固定乳头，将弱小的仔猪固定在前 3 对乳头。

4. 产后护理和饲养

（1）哺乳母猪每天喂 2 次，产前 3 d 开始减料，渐减至日常量的 1/3～1/2；产后 3 d 恢复正常自由采食，直至断乳前 3 d。

（2）哺乳期内应保持环境安静、圈舍清洁干燥，保持冬暖夏凉。随时观察母猪的采食量及泌乳量变化，并针对具体情况采取相应措施。

（3）仔猪初生后 2 d 内注射铁制剂 1 mL，预防贫血。

（4）补料：仔猪出生后 5～7 日龄开始补料，保持料槽清洁。

（5）仔猪 2 月龄断乳，一次性断乳，不换圈，不换料。

（七）生长保育猪饲养管理操作规程

（1）转猪前，空栏要彻底冲洗消毒。

（2）及时调整猪群，按强弱、大小分群，保持合理的密度。

（3）保持圈舍卫生，训练猪群吃料、睡觉、排便“三定位”。尽量避免用水冲洗有猪的圈舍。注意舍内湿度。

（4）清理卫生时应注意观察猪群的排粪情况；喂料时观察食欲情况；休息时检查呼吸情况，及时发现疑似发病个体。

（5）随季节温度变化做好通风换气、防暑降温及防寒保温工作。注意排出舍内有害气体。

（6）每周消毒 2 次，每周消毒药更换 1 次。

（八）兽医临床技术操作规程

（1）认真做好防疫工作，严格执行猪场卫生防疫制度。

（2）认真做好消毒工作，严格执行消毒制度。

（3）认真做好免疫工作，严格执行猪场免疫程序。

（4）认真做好驱虫工作，严格执行驱虫程序。

（5）加强饲养管理，严格按技术操作规程进行日常工作。提高猪群的抗病能力。

（6）随时了解、调查当地猪疫情，掌握流行病的发生发展等相关信息，及时提出合理化建议，并提出相应的综合防治措施。

（7）定期检疫，定期进行抗体检测工作。

（8）及时隔离病猪、处理死猪，受病死猪污染过的圈舍、场地等应彻底消毒。

（9）病死猪需无害化处理；解剖病死猪需在解剖室进行，操作人员操作前需要消毒；剖检后需要撰写报告存档，临床检查、剖检不能确诊时需要采集病理组织化验。

(10) 对病猪必须做必要的临床检查，检查内容包括体温、食欲、精神、粪便、呼吸、心率等，检查后做出正确诊断。

(11) 诊断后及时对症用药，对伴有并发症、继发症的发病个体要采取综合措施。

(12) 勤观察猪群健康情况，及时发现病猪，及时采取治疗措施，严重疫情及时上报。

(13) 做好病猪病志、剖检记录、死亡记录，定期总结临床经验、教训。

(14) 兽医技术人员要根据猪群情况科学地提出防治方案，并监督执行。

(15) 做好药品、疫苗的采购计划，及时了解新药品、新技术。

(16) 正确保管、使用疫苗与兽药，禁用有质量问题或过期失效的疫苗、药品。

(17) 注射疫苗时，每头猪需更换一个针头。

(18) 接种活菌苗前后 1 周停用各种抗生素。

(19) 严格按说明书或遵兽医嘱托用药。

(20) 用药后应观察猪群反应，出现异常不良反应时要及时采取补救措施。

(21) 有毒副作用的药品要慎用，注意配伍禁忌。

(22) 免疫和治疗器械使用后消毒。

(23) 对猪场有关防治新措施等技术性资料、信息，要严格保密，不得外泄。

(九) 贵州小型猪饲养场卫生防疫制度

为做好猪场卫生防疫工作，确保生产顺利进行，向用户提供优质健康的实验用猪，必须贯彻“预防为主、防治结合、防重于治”的原则，杜绝疫病的发生。

(1) 外来人员禁止进入猪场，确有需要者须经所长或主管兽医批准并经严格消毒后，在场内人员陪同下方可进入，只可在指定范围内活动。

(2) 猪场大门应设消毒门岗，全场员工及外来人员进入猪场时，均应通过消毒门岗，消毒池每周更换 2 次消毒液。

(3) 每月对猪场环境进行 1 次彻底清洁、消毒、灭鼠、灭蚊蝇。

(4) 饲养员不得去屠宰场或其他猪场逗留。

（5）疫苗保存及使用制度

① 各种疫苗应按要求保存，禁止使用过期、变质、失效的疫苗。

② 免疫接种必须严格按照免疫程序进行。

③ 免疫注射时应严格按操作要求进行。

④ 做好免疫计划、免疫记录。

（6）制定完善的圈舍消毒制度。

（7）杜绝使用发霉变质饲料。

（8）对常见病做好药物预防工作。

（9）做好员工的卫生防疫培训工作。

（十）贵州小型猪饲养场免疫程序

为做好贵州小型猪饲养场卫生防疫工作，确保贵州小型猪生产的顺利进行，向用户提供优质实验猪，必须贯彻“预防为主、防治结合、防重于治”的原则，杜绝疫病的发生。

（1）准备碘伏消毒、脱脂棉、镊子、口罩等。

（2）注射器、针头等非一次性器械用高压蒸汽灭菌锅消毒灭菌。

（3）根据疫苗接种说明接种。

① 猪瘟　无菌条件下，加入灭菌生理盐水，稀释成标准混悬液（每头注射 1 mL）。于耳根背后皮下或肌内注射。无论个体大小，用量均为 1 mL。

② 猪口蹄疫疫苗　耳根后肌内注射。体重 10～25 kg 猪每头 1 mL；体重 25 kg 以上猪每头 2 mL。

③ 猪蓝耳疫苗　无菌条件下，加入灭菌生理盐水，稀释成标准混悬液（每头注射 1 mL）。耳根背后皮下或肌内注射。无论猪只大小，用量均为 1 mL。

（4）接种完后器械用高压蒸汽灭菌消毒，废弃物消毒处理后，交专业人员处理。

（5）不同疫苗接种间隔 7～10 d。

（6）接种完后注意观察猪群情况，查看个体是否有疫苗反应，如过敏反应、高热反应、腹泻、肿块化脓等。

（7）完成免疫记录。

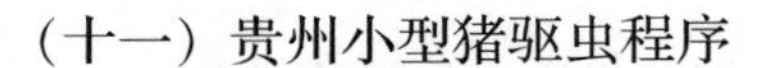

（十一）贵州小型猪驱虫程序

寄生虫分为体内寄生虫（如蛔虫、结节虫、鞭虫等）和体外寄生虫（如疥螨、血虱等）。主要危害猪群的寄生虫种类有蛔虫、鞭虫、疥螨等。为此，要针对猪场的实际情况，有效地制定驱虫、灭蝇措施，减少猪场的损失。

1. 科学选用驱虫药　养猪场应选用新型、广谱、高效、安全的驱虫药物，如聚维酮碘溶液。常见的药品有多拉菌素、伊维菌素、左旋咪唑等。在大面积使用驱虫药时，要尽量避免使用左旋咪唑、敌百虫等驱虫药，以免用药不当（过量）引起猪群中毒。

2. 驱虫方法和时间　见表10-1。

表10-1　贵州小型猪驱虫方法及时间

猪　群	驱虫时间
成年母猪	产前2周体内、外寄生虫1次
成年公猪	每半年体内、外寄生虫1次
后备猪	配种前
仔猪	42～56日龄

驱虫后要及时采取堆积发酵、焚烧或深埋处理的方法清洁猪舍内的粪便，并用10%～20%石灰乳或漂白粉液对舍内地面、墙壁、饲槽进行消毒，及时杀灭寄生虫虫卵，减少二次感染的机会。

（十二）贵州小型猪饲养场消毒制度

消毒是贯彻预防为主的一项重要措施，其目的在于消除被传染源散播于外界环境中的病原体，以切断传播途径，防止疫病蔓延。根据消毒的目的，可结合平时的饲养管理对猪舍、场地、用具和饮水等进行定期消毒，以达到预防一般传染病的目的。

1. 消毒一般注意事项

（1）要正确使用消毒药物，按消毒药物使用说明书的规定与要求配制消毒溶液，药量与水量的比例要准确，不可随意加大或减少药物浓度。

（2）不准任意将两种不同的消毒药物混合使用或消毒同一种物品，因为两种消毒药物合并使用时常因物理或化学性的配伍禁忌而失效或毒性增强。

（3）消毒时要严格按照消毒操作规程进行，消毒后要认真检查，确保消毒效果。

（4）消毒药物应定期轮换使用，不能长时间使用同一种消毒药物消毒，以免病原体产生耐药性，影响消毒效果。

（5）消毒时消毒药物现配现用，短时间内一次性用完。

（6）消毒操作人员要戴防护用品，以免消毒药物刺激眼、手、皮肤及黏膜等。同时，也要防止消毒药物伤害猪群及物品。

（7）人员进入猪场必须穿戴胶鞋、白大褂、口罩、帽子，在消毒池站立15 min 方可进入猪场。

（8）消毒池中的消毒水1周更换1次。

2. 消毒药物

（1）苯酚对消毒猪舍、猪圈、猪栏、卡车和猪场中的仪器设备的消毒效果较好，它有很强的杀菌能力和渗透力，经济实惠，其作用较石灰的效力高1倍，以1%～5%的溶液使用。

（2）生石灰制成20%的溶液是最廉价的消毒剂，用来粉刷物体表面进行消毒，将提供一个好的消毒效果，用于猪舍建筑物消毒也有很大好处。石灰粉末可以撒在院子里或者撒在水泥地面上，用作普通的消毒。

（3）含氯消毒剂有强大的杀菌能力，是经常使用的消毒剂，按说明书与水混合后喷洒。

第三节　贵州小型猪动物福利与动物实验伦理

根据《实验动物福利伦理审查指南》（GB/T 35892—2018）要求，在贵州小型猪生产繁育过程中，充分保证其“五大福利”：生理福利，即免受饥饿、营养不良的自由；环境福利，即免于因环境而承受痛苦的自由；卫生福利，即免受痛苦及伤病的自由；行为福利，应保证动物表达天性的自由；心理福利，即免受恐惧和压力的自由。小型猪属体型较大的实验动物，标准化难度大，饲养管理要求高，在饲养管理和实验过程中充分考虑小型猪的基本生存要求对其实验动物标准化具有重要意义。贵州中医药大学实验动物研究所经过长期的实践探索，多方位考虑动物保护主义理念，注重动物福利，初步建立一套基于动物福利要求的小型猪饲养管理方法。在30年的实践中，根据实验动物国家标准及相关规定不断地改进饲养管理。

（一）成立实验动物伦理委员会

组织实验动物研究所专业技术人员、管理人员、饲养管理员，成立实验动物伦理委员会，定期开展相关理论学习和业务培训，指导每个饲养管理员和实验人员在生产一线和动物实验过程中，关注实验动物的五大基本福利，实行实验动物“3R”原则；监督实验动物研究所实验动物福利和“3R”原则措施实施情况。

（二）饲养员和技术员与动物构建良好的信任关系

贵州小型猪是由贵州丛江香猪实验动物化培育而成。丛江香猪在驯养过程中，与人类已形成了密切的信任关系。所以在贵州小型猪的饲养管理工作中，饲养管理员根据要求，密切接触每个动物，通过气味、声音、饲喂、抚触等方式建立良好的信任关系。相互信任关系形成以后，猪对饲养员的操作警觉性降低，会主动给予配合，给饲养管理操作带来极大的方便，有利于饲养管理工作的实施。

（三）环境设施管理

1. 建筑要求　贵州中医药大学实验动物研究所贵州小型猪繁育场是开放环境，建筑物为东西走向的长方形建筑环境，层高 4.7 m，采光良好，通风顺畅，排污畅通。设施内分为种用公猪单圈饲养区、后备公猪饲养区、种用母猪群养区、妊娠母猪及哺乳母猪单圈饲养区、仔猪饲养区，不同生理期动物分区饲养；实验前后观察监护区独立于生产区之外建设，以此减少实验操作及观察监护对整个种群的不利影响。

2. 饲料和饮水　贵州小型猪饲养房内设置自动饮水器，合理分布于不同高度，随时供应符合城市自来水标准的饮用水，有利于不同年龄段、不同体型的猪随时饮用。

给贵州小型猪饲喂全价营养颗粒饲料，长期以来委托贵阳台农种养殖有限公司配制加工贵州中医药大学实验动物研究所的贵州小型猪全价营养颗粒饲料，有稳定的饲料配方，定期加工配送。颗粒饲料投喂于隔栏式食槽内，每头猪分栏定位采食，不仅清洁卫生，又可防止猪之间的抢夺，确保每头猪正常采食。

3. 冬季取暖　贵州小型猪耐热而不耐寒，当环境温度低于 16 ℃时应对幼龄猪采取取暖措施。取暖措施包括地面铺设木板垫床、增加玻璃纤维电热垫、安装红外灯等方式。成年猪采用安装红外灯方式取暖；幼龄猪主要铺设木板垫床、增加玻璃纤维电热垫、安装红外灯等方式取暖。

4. 饲养密度　猪属于群居性动物，除了种用公猪和临产及哺乳母猪单独饲养以外，一般均为合群饲养。成年贵州小型猪饲养密度 0.6～1.0 m^2/只，长期饲养时不低于 0.8 m^2/只，种用公猪单间饲养，饲养密度为不低于 2.0 m^2/只，确保有足够的活动空间，合群饲养时要求将同一性别、同一年龄段的猪一起饲养。

第四节　贵州小型猪动物实验方法

（一）肌内注射给药方法

贵州小型猪的肌内注射给药由饲养员或者与猪群有良好的信任关系的技术员完成。选用兽用钢制短针头，饲养员手持注射器，一边用言语与猪交流，一边缓慢靠近猪，待猪安静等候的时候，迅速进针、推药，完成肌内注射给药的全过程。关在实验笼内的贵州小型猪肌内注射给药更加轻松，由操作者一只手固定猪耳朵，另一只手持针在颈部肌内注射给药。在此过程中，应避免过多的陌生人在场并避免大声喧闹。

（二）麻醉方法

实验动物麻醉常用静脉或腹腔给药方法，小型猪的皮肤和皮下脂肪较厚，除耳静脉以外其余浅表静脉不明显，在小型猪完全清醒状态下，进行耳静脉注射给药麻醉需强行保定，对猪的刺激较大。贵州中医药大学实验动物研究所在参考其他麻醉方法的基础上，建立了肌内注射给药的麻醉方法：将 3%的戊巴比妥钠生理盐水溶液（0.5 mL/kg）配合速眠新Ⅱ（2，4-二甲苯胺噻唑、乙二胺四乙酸、盐酸二氢埃托啡、氧哌啶醇复方制剂）（0.5 mL/kg）不同点肌内注射给药，10 min 左右即可获得良好的麻醉效果，肌肉松弛，呼吸和心律及体温稳定，呼吸道分泌物少，整个麻醉诱导期、麻醉期、苏醒期过程中猪没有异常行为，保障了猪和人的安全，实验结束后，给予猪苏醒剂使其快速苏醒，减少麻醉造成的不良反应。

（三）采血方法

猪的前腔静脉为引导头、颈、前肢和大部分胸腔的血液注入右心房的静脉干，在胸腔前由左、右颈静脉和左、右腋静脉汇合而成。贵州小型猪的前腔静脉采血需进行轻度麻醉，3%戊巴比妥钠生理盐水溶液0.3 mL/kg 配合速眠新Ⅱ 0.3 mL/kg 肌内注射，待猪进入麻醉状态，由 3 个助手将猪固定在仰卧位，充分暴露前肢前缘与胸骨之间形成的胸前窝，操作者取 20 mL 一次性注射器，在胸前窝处搏动最明显的部位与猪躯体长轴和仰卧水平面各夹角 45°，进针 2～3 cm，血液由于压力自动涌入针管，固定好针管抽到需要的血液量即可拔出，干棉球压迫止血，进针深度视猪体型大小灵活操作（彩图 12、彩图 13）。

（四）灌胃给药方法

贵州小型猪的灌胃给药需进行轻度麻醉（麻醉方法同“采血方法”），待猪进入麻醉状态后，助手扶住猪的两前肢，将猪直立保定，用开口器打开口腔并固定，操作者用胃管沿着舌根缓慢推进至 45 cm，初试者可以将胃管的一端伸入水中观察是否随着猪的呼吸冒气泡，检测胃管的插入是否误插入肺部。确定胃管准确插入胃内后，将药物缓慢推入，并用一定量的生理盐水冲洗胃管。

（五）静脉给药方法

贵州小型猪的静脉采血需进行轻度麻醉（麻醉方法同“采血方法”），待猪进入麻醉状态后，在贵州小型猪耳静脉部位给药，选取5 mL 一次性注射器，由耳静脉远心端刺入，缓慢推入药物。

（六）贵州小型猪的心电监护

1. 清醒状态下的心电监护　采用美国 VMED 公司 PC-VetGard 动物遥测多参数监护分析系统，对清醒状态下的贵州小型猪进行心电监护：给猪穿上特制的可调式马甲，以此固定电极和信号发射装置，通过电脑接收信号，并记录及分析，在此过程中，猪在圈舍内自由活动，不受外界干扰。

2. 麻醉状态下的心电监护　在浅表麻醉状态下，将贵州小型猪仰卧固定在手术台上，将心电图机各导联逐一连接好，记录心电图，实验结束后给予苏醒剂，将猪放回观察室。

（七）贵州小型猪安乐死方法

国际实验动物科学理事会要求动物安乐死方法应该避免死亡所造成的极度

痛苦和应激反应。在符合实验目的的情况下，尽早终止生命。在达到实验目的的前提下，实验设计应尽量减少动物在实验过程中受到的痛苦和应激反应，引起痛苦和应激反应的研究过程应该降到最低。实验动物安乐死方法有物理性安乐死、二氧化碳吸入法、过量麻醉结合放血等方法。

小型猪属大型实验动物，生命力较强，抗逆性强，不易处死，不恰当的处死措施会延长死亡过程，会对猪造成痛苦和恐惧，所以对其实行安乐死术尤为重要。在实验结束后，不能继续保留的猪或者猪已不可能恢复正常生命活动的时候，需采取安乐死。贵州小型猪的安乐死主要用麻醉结合放血方法，先给予麻醉剂量的麻醉药物，待其进入麻醉状态，心脏放血或股动脉放血致死。

第五节　贵州小型猪在医学研究中的应用

英国 John Authe 教授早在 1700 年提出，猪可作为人的循环系统研究模型，因此猪在很早以前就被用作实验动物。用普通商用猪作为实验动物时其体重较大、生长过快，实验操作不方便。小型猪的一般生物学特征基本上与普通家猪相同，但主要的不同点是小型猪成年体重较小。小型猪成熟时体重通常稳定在 40～60 kg，大致相当于人的体重。小型猪在解剖学、生理学、疾病发展等方面与人有较大的相似性，是理想的实验动物模型，在探索人的生命活动规律以及研究人类疾病的病因、病机、治疗、预防、药物筛选等方面均显示出独特的优势。我国具有丰富的小型猪资源，自 20 世纪起已培育了贵州小型猪、五指山小型猪、西藏小型猪、版纳微型猪、巴马小型猪等。

小型猪在生物医学研究中应用主要集中于以下方面：①烧伤研究；②肿瘤学研究；③免疫学研究；④心血管及糖尿病研究；⑤畸形学和产期生物学的研究；⑥遗传性和营养性疾病的研究；⑦人类组织异种供体研究；⑧牙科及骨科的研究；⑨外科手术方面研究；⑩其他疾病研究，如小型猪亦是老年病学、婴儿病毒性腹泻、支原体关节炎、血友病、十二指肠溃疡、胰腺炎等疾病研究中的理想动物模型。除了以上应用，贵州小型猪在药理学、毒理学特别是药物代谢方面也逐渐被用来建立相应的动物模型，进行临床前药代动力学的相关研究。

小型猪在生物医学研究领域的应用数量明显增加，其应用增长的可能原因如下：一方面是由于对犬、猴等大型实验动物的应用有来自社会的压力和限制；另一方面是基于猪与人类在解剖和功能方面具有极高的相似性。猪在心血管系统的解剖、生理和对致动脉粥样硬化食物的反应方面与人类高度一致，使其成为动脉粥样硬化、心肌梗死和一般心血管系统研究的通用标准模型。猪的消化道虽在解剖结构上与人类有一定差异，然而它们的消化生理过程却与人类十分相似，因此，小型猪是消化系统疾病研究很有价值的动物模型。猪的泌尿系统与人类在很多方面相似，尤其在肾脏的解剖和功能方面几乎是人类的复制品。猪也是皮肤和整形外科手术的标准模型，而且人类已经建立了经皮给药的毒理学模型。基于肝脏、胰腺、肾脏和心脏在解剖和生理上与人类的相似性，猪已成为异种器官移植手术供体器官的潜在来源。因此小型猪是生物医学研究发展过程中非常可靠的实验动物。

贵州小型猪是我国最早原创培育成功的实验小型猪品种之一，也是最早由医学院校培育的实验小型猪，在培育成功之初，开展了大量的医学应用研究，均获得了良好的研究成果。贵州小型猪主要应用于心血管疾病、皮肤病、口腔医学、消化系统疾病、泌尿系统疾病、微生物学、免疫学、新生儿疾病、内分泌疾病、中医学理论和疾病模型等方面，是生物医学研究的理想的实验动物。

一、贵州小型猪在心血管系统疾病研究中的应用

与其他实验动物相比较，猪在解剖结构和生理学方面与人类具有更为相似的心血管系统，其心脏在解剖上与人类相似，心肌血供、冠脉系统在解剖和功能上与人类有 90%的相似性。猪的大动脉具有与人类相似的组织解剖结构，也发生先天性心血管异常、老龄动物动脉硬化，如卵圆孔未闭等。贵州小型猪心脏的结构解剖、大小、疾病反应与人类相似，广泛应用于心血管系统疾病的研究。近年来，对贵州小型猪在心血管疾病模型的研究方面进行了诸多探讨，分别建立了房颤模型、心律失常模型、心肌梗死模型，并在冠状动脉支架评价实验中也取得了良好效果。

（一）贵州小型猪房颤模型的建立及其复律的研究

选取健康成年贵州小型猪，雌雄不限，禁食 10 h 后以戊巴比妥钠每千克体重 30～40 mg 行腹腔麻醉。使用改装的 XJJ－Ⅱ型心脏急救监视仪做连续心电图监测记录，并用之提供复律电能脉冲。用 1/10 万～4/10 万的乙酰胆碱持续静脉滴注，经口置特制六极导管入食管。将远端两个电极连接 LFYC－Ⅱ型心律失常治疗仪，以略快于其自身心律的起搏频率刺激心房并调整起搏电压及

导管位置，找到能1∶1夺获心房而起搏阈值最低的导管插入深度后固定导管，数分钟后用800～1 000次/min的高频脉冲刺激心房，复制出房颤模型（Af），观察记录其自动复律时间，反复诱发Af。在短于自动复律时间的间期内以最远端电极为阴极，次远两个电极为阳极，从1 J能量开始，依次递增1 J做直流电同步电击复律。刚能转复Af的电能计为复律电能阈值。结果显示，模型组小型猪经食管低能量同步电击转复Af的电能阈值（5.87±2.02）J，持续时间为（3.02±1.59）min，显著短于自行转复的（8.33±8.48）min（t=4.240，P<0.000 5）。并进行了犬和贵州小型猪的Af复律比较，贵州小型猪复律电能阈值（6.33±2.14）J，犬复律电能阈值（5.49±1.93）J，两者间无显著差异。贵州小型猪复律电能阈值与体重关系的观察结果显示：12.50 kg的猪复律电能阈值为（6.15±12.39）J，小于12.50 kg的猪复律电能阈值为（5.43±1.93）J，两者间无显著差异。实验结果提示，经可用于心脏起搏的同一食管电极导管进行低能量心脏点击复律是可行并有效的，且可推断，经食管低能量心脏电击复律可能有希望用于室上性心动过速、心房扑动、室性心动过速甚至心室颤动的转复，因此本实验探索有望成为一种处理快速性心律失常的新方法。

（二）贵州小型猪心律失常模型的建立

选取成年贵州小型猪常规麻醉乙酰胆碱持续静脉滴注，数分钟后经食管电极用800～1 000次/min的高频脉冲刺激心房，复制出房颤模型（Af），在Af的基础上将食管电极推进2 cm，以远端1～2电极组合为阴极，其余4～5电极组合为阳极，在心电图上T波顶峰前40 ms左右经食管电极发放10～20 J能量做非同步直流电击复制室性快速性心律失常（VTA），之后转复室性心动过速（VT），以0.25 J能量起点逆档递增做同步电击转复；以5 J能量递增做非同步电击转复室扑（VF）、室颤（Vf）。本方法复制室扑、室颤、室性快速性心律失常等室性心律失常猪模型无创、成功率高（97.96%），且可重复多次，转复猪行动自如，采食正常，无吞咽困难及呃逆现象。

（三）贵州小型猪心肌梗死模型的建立

1. 微创方法制备贵州小型猪心肌梗死模型　选择成年贵州小型猪，雌雄不限，禁食12 h，每千克体重以戊巴妥比钠（3.5%）0.55 mL、鹿眠宁0.11 mL肌内注射进行复合麻醉，取仰卧位固定在介入室手术台。无菌条件下结扎左侧颈总动脉远心端，经动脉鞘穿刺动脉，置入右冠状动脉造影导管，分别行左、右冠状动脉造影，观察猪冠状动脉的分布情况。继将6F3.0R右冠脉大腔指引导管置于左冠状动脉开口，造影后置入PTCA导丝，在导丝指引下置入20 mm的球囊导管至左冠状动脉第二对角支开口的远端部位，以6个大气压充盈球囊预处理3～5次，每次球囊充盈时间依次为30 s、60 s、120 s、150 s和3 min，每次间隔时间均为5 min。最后以6个大气压打开球囊堵闭左冠状动脉，造影示球囊远端血流中断，60 min后撤除球囊及鞘管。该模型的成功率能达90%，病理学观察可见明显的心肌梗死（MI），出现率为100%，梗死区位于心尖、左室前壁和前间隔部，梗死区颜色变白，界限清晰，与周围心包粘连。心肌组织苏木精-伊红染色光镜下可见MI区心肌细胞肿胀，肌浆呈颗粒状凝聚而分布不均匀，呈嗜伊红染色，横纹模糊不清或消失，可见中性粒细胞在心肌组织中浸润。微创法应用造影剂可能会有一过性肾功能损伤。微创法对实验结果干扰小，与临床条件相近，是一种更好的造模方法。

2. 开胸手术方法制备心肌梗死模型　选择成年贵州小型猪，雌雄不限，禁食12 h，常规麻醉后，将小型猪右侧卧位固定在手术台上，气管插管后机械通气。无菌条件下以左侧第4肋间为手术入路，分离肋间肌肉，暴露心包和肺。纵向切剪开心包，并用7号手术线做心包吊床以固定心包，分离左冠状动脉中段，以无创线缝扎左冠状动脉。造模成功率70%，形成心肌梗死模型，心肌组织病理学观察结果显示MI区心肌细胞肿胀，肌浆呈嗜伊红染色，呈颗粒状凝聚而分布不均匀，横纹模糊或消失。开胸法造模后出现通气性呼吸功能障碍，心肌酶升高水平与临床患者心肌梗死衍变有差异。

（四）冠状动脉支架评价

选择成年贵州小型猪，雌雄不限，常规麻醉动物，行冠状动脉造影，目测冠脉直径，以过膨胀方式植入支架，再次行冠脉造影观察支架贴壁情况。术后常规饲养动物，饲喂阿司匹林和氯吡格雷抗凝。于支架植入第26周，根据冠状动脉造影图像分析冠脉分型、血管弯曲度，采用图像分析软件测量植入支架段冠状动脉的最小直径和参考直径，受试猪能完成支架植入实验并存活至实验终点，死亡率为0。利用活体、动态的冠状动脉造影分析，成年贵州小型猪冠状动脉分型均一且与人类一致；血管弯曲度小、易于进行介入导管操作；主要分支直径适合植入直径2.75 mm或3.0 mm规格的冠脉支架。在慢性实验饲养过程中，成年猪的体重变化不大，适合冠脉支架评价研究。

二、贵州小型猪在消化系统疾病研究中的应用

（一）呕吐模型

成年贵州小型猪，雌雄兼用，每千克体重顺铂 3 mg 和 4 mg 一次性腹腔注射。小剂量组（3 mg）猪在 382 min 出现恶心而未有呕吐，大剂量组（4 mg）全部猪均出现恶心和呕吐，恶心出现的平均时间为 68.25 min，平均时间 138 min出现呕吐。贵州小型猪对顺铂引起的恶心和呕吐反应呈显著的剂量反应关系，反应均一，因此贵州小型猪可作为该疾病模型的一种新型的实验动物，用于呕吐机制、药物和针灸抗呕吐的研究。

（二）贵州小型猪复合因素所致肝纤维化模型

选择成年贵州小型猪，雌雄各半，每千克体重腹腔注射 40％的四氯化碳（CCl_4）橄榄油和兔血清各 0.5 mL，连续给药共 9 周。第 6 周开始出现肝血窦轻度扩张，间质纤维组织轻度增生，少许慢性炎细胞浸润，中央静脉周围肝细胞变性、坏死，肝细胞索结构破坏，肝小叶结构基本完整。第 9 周腹腔有异味，部分有腹水，肝脏色灰白、被膜增厚、局部有粘连、表面凹凸不平、质硬；血清谷草转氨酶、谷丙转氨酶比对照组明显增高，血清白蛋白、血液阴离子间隙比对照组明显降低；肝小叶结构不完整，间质纤维组织明显增生，增生纤维将肝小叶分割成大小不等、形态不规则的假小叶；肝细胞质中出现大小不一的脂滴和密度极低的空泡状膜包结构，粗面内质网扩张，线粒体嵴减少、排列不齐或消失，嵴间腔扩张；肝细胞核膜明显肿胀，核内外膜之间出现密度不一的间隙或核膜消失，核内可见均质状的低密度空泡状膜包颗粒，有的肝细胞出现完全分离的大小核；在成纤维细胞内或细胞周围，有数量不等、排列紊乱、具有周期性横纹的胶原纤维。

（三）肠道菌群失调模型

选择无便秘、厌食等异常现象的健康成年贵州小型猪，未使用抗生素饲料，常规饲养，大黄组用大黄水煎剂 100 mL 灌服，每天 1 次，连续 10 d；氨苄青霉素组用氨苄青霉素溶液 100 mL 灌服，每天 3 次，连续 3 d 之后改为每

天1次，持续到第10天，连续监测，分别检测双歧杆菌、乳酸杆菌、肠杆菌、肠球菌数量。给药第5天时，大黄、氨苄青霉素均引起菌群变化；停药后第10天（实验第20天）时，氨苄青霉素组的4种检测菌数量仍不能恢复；大黄组在停药后第5天（实验第15天）时恢复到正常水平。连续给药氨苄青霉素、大黄水提液方法均可制备贵州小型猪肠菌群失调模型。

三、贵州小型猪在皮肤病及皮肤移植等方面的应用研究

猪的皮肤在形态学、生理学、药理学方面与人类相似度极高，被毛相对较少，毛囊形态、被毛疏密、皮肤组织脂肪层、皮肤增生动力学、皮肤血液供应、创口修复机制及烧伤损伤的体液代谢和变化机制等均与人类相似，小型猪表皮的结构外形、真皮乳头层、网状层和皮下组织结构、血管分布、机械性等与人类结构十分相似。小型猪不仅是人类皮肤病、毛发相关研究的理想实验动物，也是人类皮肤组织移植的理想异种供体之一。

（一）贵州小型猪全阴囊Ⅲ度烧伤及其重建阴囊模型

选择2月龄贵州小型猪为实验动物，雄性，阴囊皮肤Ⅲ度烧伤，进行植皮、皮瓣重建，重建1年后其生精功能均受到不同程度的抑制，生精上皮明显变薄，仅1～2层生精细胞，抑制凋亡蛋白（Survivin蛋白）减少，导致生精细胞凋亡增加，B淋巴细胞瘤-2（bcl-2）蛋白表达降低，模型复制成功（彩图14）。

（二）皮肤移植

1. 皮肤组织工程材料的制备及检测　在冰浴条件下依次按比例加入浓缩的DMEM、酸溶性鼠尾胶原、壳多糖、6-硫酸软骨素、透明质酸、肝素复合液、弹性蛋白Tris溶液，每一步都充分搅拌混匀。用1 mol/L浓度氢氧化钠调pH至7.2～7.4后，迅速加入2 mL浓度为10^6/mL传代培养的小型猪第3代成纤维细胞悬液并混匀。将该混合液吸入培养皿中，室温下静置15 min左右形成凝胶，然后在凝胶表面加入2 mL浓度为10^6/mL传代培养的小型猪第3代角质形成细胞悬液，并加入角质形成细胞培养基10 mL，置37 ℃、5%二氧化碳孵箱中培养。6 d后做气液界面培养，14～17 d后移植给同体或异体动物，组织工程皮肤均存活，外观较平整，呈粉红色，苏木精-伊红染色病理切片镜下可见良好的表、真皮结构。表皮可明显区分基底层、棘层和角化不全的

角质层，共有6～10层细胞，并可见角质形成细胞向真皮基质中生长。真皮和表皮连接呈波浪状，真皮中可见较多的成纤维细胞，真皮支架结构紧密。

2. 皮肤组织工程材料的同体和异体移植　将传代培养的小型猪第7代角质形成细胞悬液加入由酸溶性鼠尾胶原、壳多糖、硫酸软骨素、透明质酸、肝素复合液、弹性蛋白组成的凝胶中，制备用于供移植的贵州小型猪皮肤复方壳多糖组织工程材料，进行自体及同种异体移植实验，动态观察移植的猪组织工程皮肤的存活及创面愈合情况，自体及同种异体移植的组织工程皮肤均存活，外观较平整，呈粉红色。移植后第7天，移植的复合皮颜色变暗，术后创周皮肤无一例出现红肿、渗出，所有创面愈合良好，移植物下无出血、积脓、坏死等不良反应。无一移植区出现过敏反应，同种异体移植无急性排斥反应。实验结束时无一例移植区皮肤坏死，移植创面平整，弹性好，与周围皮肤融为一体，无明显瘢痕形成，颜色与正常皮肤相似。贵州小型猪自体及异体移植后8周组织学检查显示移植皮肤生长良好，表、真皮均发生重新构建，表皮增厚，表皮突变明显，表皮层次结构清楚，可见分化明显的基底层、棘层、颗粒层、角质层，基底层细胞排列规则；真皮中部可见较多新生小血管，血管周围个别单个核细胞浸润，成纤维细胞数量较多，呈梭形，胞质丰富。

猪组织工程皮肤自体及同种异体移植后均存活，创面达到理想的愈合效果，组织学检查显示新生血管丰富；免疫组化染色显示Ⅷ因子免疫组化染色阳性，构建的猪组织工程皮肤自体及同种异体移植后，可获得理想的创面愈合效果，猪组织工程皮肤血管形成良好，与正常皮肤相似。

3. 人-猪间异种皮肤移植及复方冬虫夏草制剂对移植的影响　选择成年贵州小型猪，通过复方虫草制剂（CS）在人-猪间异种皮肤移植中孵化皮片和局部外用，观察其对皮片存活时间的影响并探讨其作用机制。方法：①以环孢素A（CsA）和生理盐水（NS）做对照，孵化人皮片后移植于贵州小型猪侧胸腹部并局部用药；②术前术后行外周血和皮肤的相关免疫指标检测。结果：①CS能延长皮片移植后存活时间（21.20±3.19）d，与NS组（10.17±1.94）d相比 $P<0.05$，与CsA组相比 $P>0.05$；②CS及CsA组移植局部炎性细胞浸润少，而NS组有大量炎性细胞浸润；③术后CS组T淋巴细胞CD4、CD8以及白介素-2（IL-2）、IgG表达明显低于NS组，而白介素-10（IL-10）表达明显高于NS组，但与CsA组相比 $P>0.05$。结论：局部应用CS可明显延长皮片存活时间，其机制与CS抑制细胞免疫及体液免疫有关。

（三）严重烧伤早期肠道营养对肠道脂肪吸收的影响的研究

选择健康成年贵州小型猪，做术前准备，行颈静脉、肠系膜下静脉、门静脉、髂动脉及髂静脉插管，再做胃造口。于术后1周，在麻醉下状态致30%Ⅲ度皮肤烧伤，环境温度25℃，将猪固定在特制笼中，用平衡液（复方乳酸林格氏液）进行抗休克治疗，观察早期肠道营养和延迟营养对门静脉血流量，肠道损伤，肠道结构、吸收、分泌、运动、屏障功能，能量消耗介质，肠道吸收功能的影响。结果显示，烧伤引起门静脉血流量减少，肠道吸收葡萄糖、脂肪、氨基酸受到明显抑制；小肠组织尿酸、丙二醛水平升高；早期肠道喂养能效地改善门静脉系血循环状况；降低小肠组织尿酸、丙二醛含量，减轻肠道损伤；维护肠道结构及改善肠道吸收、分泌屏障功能，增加肠绒毛高度及肠黏膜厚度、湿重、氮量、DNA和RNA量；促进小肠吸收葡萄糖、脂肪、氨基酸，升高门静脉血清胃泌素、胃动素水平；减少内毒素移动，降低门静脉血浆内毒素水平；降低烧伤引起的高代谢水平，有利于正氮平衡。

四、贵州小型猪在口腔疾病研究中的应用

比较解剖学观察结果表明，与其他实验动物相比较，贵州小型猪唾液腺的重量、大小、主导管长度、直径及解剖形态与人类更相似，均为典型的浆液性腺泡。

贵州小型猪具有乳齿和恒齿两副齿列，乳齿与人类恒齿大小相似。贵州小型猪牙齿发育与人类有较大相似性，牙齿结构亦与人类相似，分为牙釉质、牙本质、牙骨质及牙髓组织，6月龄以上贵州小型猪亦患牙龈炎，可见牙菌斑、牙龈红肿、牙结石等，牙龈疾病随着月龄增长逐渐加重。贵州小型猪唾液pH为7.5～8.0，碱性环境能促进磷酸钙沉积和牙结石的形成。贵州小型猪乳齿牙龈细菌以球菌为主，亦存在卟啉菌、螺旋体，并能使牙周致病。患牙龈炎的成年贵州小型猪能检出黑色素类杆菌、双歧杆菌及放线菌。贵州小型猪牙龈炎与人类相似，具有相同的致病菌，疾病发展过程中的菌群变化也一致。此外，贵州小型猪乳齿牙龈龈沟液中天冬氨酸水平、蛋白质含量亦与人类牙龈炎类似。

（一）贵州小型猪腭裂动物实验模型的建立

选取成年贵州小型猪，速眠新、戊巴比妥钠联合麻醉，仰卧固定，过上颌

第二门齿做交叉固定，尽可能地使猪头后仰，以利于其分泌物及相关液体流出，以确保呼吸道通畅。在即将进行的手术区域注射含有肾上腺素的生理盐水，用刀片自上颌犬齿远中腭中线向后做切口至软腭，再用骨膜剥离器翻起两侧的腭黏骨膜瓣，手术中应注意不要伤及腭大神经血管束，自上颌犬齿远中腭中缝两侧腭骨水平板向后间断打孔，连线呈槽沟状。用骨凿沿槽沟凿除中间的腭骨，宽度为 0.4～0.5 cm，用小弯刀自软腭向前切开裂隙中的鼻腔侧黏膜，切开鼻腔侧黏膜的同时把缺损两侧的腭黏膜与鼻腔侧黏膜缝合起来，使骨创面包裹在两黏膜之间。剪开软腭后，加以缝合，形成呈 V 形、口鼻相通的裂隙。术后给予每头猪肌内注射青霉素抗感染。伤口在 15 d 后愈合良好，9 个月后观察结果表明，骨面包裹良好、裂隙保持完整，均有呛食、腭裂音等症状，饲喂流性饲料时可见食物从鼻腔中溢出，无感染及死亡，贵州小型猪腭裂疾病动物模型建立成功，模型稳定、可靠，能更好地模拟先天性腭裂并进行相关研究（彩图 15）。

（二）贵州小型猪下颌骨缺损模型的创制及牛松质骨植骨体复合骨形态发生蛋白修复

选取成年贵州小型猪，雌雄各半，每千克体重速眠新Ⅱ 0.15 mL、3.5% 戊巴比妥钠 0.5 mL 复合麻醉，用骨凿沿下颌骨下缘凿成约 0.5 cm×0.6 cm×2.5 cm 的骨缺损，随机分为 2 组，分别为单纯牛松质骨组、复合骨形态发生蛋白牛松质骨组，将单纯牛松质骨、复合骨形态发生蛋白的牛松质骨材料修剪后嵌入缺损处，分层严密缝合软组织，肌内注射青霉素抗感染。将 2 组各分成 4 个小组，按不同时间依次用二甲酚橙、荧光素钠静脉给药，四环素肌内注射进行荧光标记。在术后第 4、6、8、10 周分别处死猪取植骨区下颌骨段，拍摄 X 线片，做组织切片，进行激光共聚焦显微镜观察，经苏木精-伊红染色及马松（masson）染色后在光学显微镜下观察。连续观察结果表明，复合材料组较单纯材料组骨缺损区有新骨生成，植骨区和宿主骨连成片，成骨细胞丰富，新骨改建良好。贵州小型猪下颌骨缺损模型的方法可控，模型可靠有效，能客观评价植骨及骨生成水平。

五、贵州小型猪在泌尿系统疾病研究中的应用

贵州小型猪的泌尿系统结构和功能与人类相似，两肾位于第 1～4 腰椎横

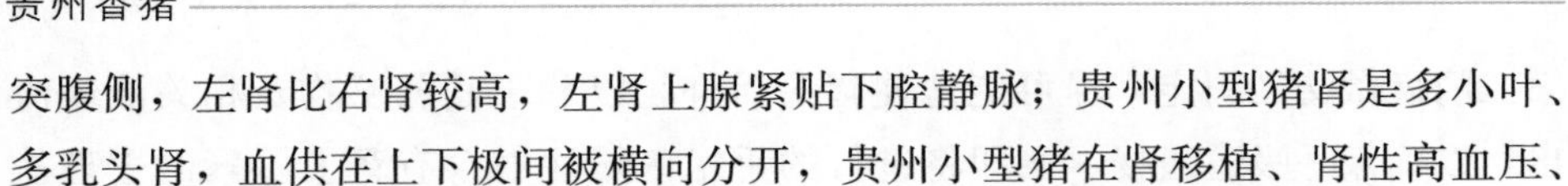

突腹侧，左肾比右肾较高，左肾上腺紧贴下腔静脉；贵州小型猪肾是多小叶、多乳头肾，血供在上下极间被横向分开，贵州小型猪在肾移植、肾性高血压、泌尿外科、肾缺血再灌注等方面均有较好的应用。

贵州小型猪急性肾衰模型：选择健康成年贵州小型猪，每千克体重一次性腹腔注射 4.0 mg 顺铂，通过膀胱插管在固定的时间点收集尿液，测定不同时段的尿量、尿液肌酐（Cr）及尿素氮（BUN）浓度，计算 Cr 和 BUN 的排出量。模型组从注射顺铂后第 3 小时时段起，尿量开始减少，Cr 和 BUN 排出量急剧下降。在第 3～96 小时时段内与正常对照组比较，Cr、BUN 排出量明显减少，差异显著；光镜下观察肾脏，肾小球结构清楚，但可见明显充血，肾近曲小管上皮细胞严重肿胀，胞质内可见大小不等的空泡，管腔内出现大量蛋白管型，此时急性肾衰模型已成功成立。

与其他实验动物相比较，贵州小型猪急性肾衰模型具有以下优点：本实验采用一次性腹腔注射造模，操作简便，剂量精确，有利于吸收；可以连续取血检测，利于动态观察药物的作用时间；贵州小型猪耐受性强，对手术创伤、麻醉耐受的能力优于其他动物，能耐受长时间的连续麻醉，术后恢复也较快。

参 考 文 献

蔡运昌，范寿年，1989. 经食管低能量同步直流电击转复房颤的动物实验研究 [J]. 天津医药（7）：421-422.

蔡运昌，冯端兴，范寿年，1989. 经食管低能量同步直流电击转复快速性室上性心律失常的初探 [J]. 中国急救医学（9）：2-3.

曹乾大，2010. 猪疥螨病的防制研究进展 [J]. 山东畜牧兽医（8）：88-89.

陈敏，2011. 小型猪的特点、饲养管理与利用 [J]. 养殖技术顾问（4）：35.

陈顺友，2009. 畜禽养殖场设计与管理 [M]. 北京：中国农业出版社.

陈旭高，2011. 饲料产品的分类 [J]. 湖南农业（10）：20.

陈永择，1993. 贵州省畜禽品种志 [M]. 贵阳：贵州科技出版社.

陈自峰，2006. 猪的常用饲料有哪些 [J]. 饲料世界（2）：20-23.

程代薇，邹勇，钱宁，2006. 复方虫草制剂延长猪同种异体移植皮存活期的实验研究 [J]. 中西医结合学报（2）：185-188.

程代薇，邹勇，吴曙光，2007. 复方冬虫夏草制剂对人-猪异种皮肤移植免疫排斥反应的影响 [J]. 中国病理生理杂志（2）：345-347.

崔恒宓，经荣斌，张牧，等，1989. 香猪生殖器官的发育及血浆雌二醇和睾酮含量变化 [J]. 中国畜牧杂志（5）：12-15.

戴志俊，陶勇，邵明清，等，2008. 猪卵母细胞冷冻保存效果的评判 [J]. 中国畜牧兽医（12）：92-96.

邓锦，毕朝斌，2014. 规模猪场标准化养殖技术规范 [J]. 广西畜牧兽医（5）：244-245.

邓章明，1995. 工厂化养猪场综合防疫体系建设初探 [J]. 中国兽医杂志（8）：53-54.

丁后超，2014. 猪场的选址与建设 [J]. 生产指导（11）：20-22.

丁卫星，2003. 中国香猪养殖实用技术 [M]. 北京：金盾出版社.

丁元花，兰新军，王玉良，2005. 常用的猪饲料 [J]. 吉林畜牧兽医（6）：18-19.

董日辉，2013. 规模化猪场选址与布局 [J]. 四川畜牧兽医（11）：39-40.

董小君，丁斗，吴曙光，2011. 顺铂致小型猪急性肾衰模型 [J]. 实验动物科学（5）：26-28.

杜淑清，刘炳才，2004. 无公害生猪饲养管理及疫病的综合防制 [J]. 兽药与饲料添加剂（1）：30-32.

范宏刚，钟亚方，卢德勋，2007. 浅谈小型猪的饲养管理 [J]. 饲料博览（技术版）(8)：41-43.

冯济凤，舒树芳，1993. 贵州小型猪全血中镁及 11 种微量元素的测定 [J]. 微量元素与健康研究 (4)：33.

冯麟，吴大梅，2011. 寒凝血虚血瘀证贵州小型猪模型的建立 [J]. 贵阳中医学院学报 (5)：15-19.

冯琰，朱洪建，张新德，2008. 浅谈猪浓缩饲料的使用 [J]. 养殖技术顾问 (8)：54-55.

甘世祥，冯济凤，董菲洛，1996. 贵州小型猪：实验用小型猪 [M]. 贵阳：贵州科技出版社.

甘世祥，纪令望，1989. 开发贵州香猪作为实验动物的研究 [J]. 上海实验动物科学 (4)：227-229.

高青松，刘源，2009. 实验用小型猪营养需要研究进展 [J]. 中国比较医学杂志 (2)：74-78.

高岩，2015. 猪舍光照指标及照明系统的建议 [J]. 猪业科学 (12)：42-43.

耿青水，2013. 猪常见胃肠道疾病的诊断与防治 [J]. 中国畜牧兽医文摘 (12)：155.

巩国才，2010. 简议给猪打针的基本方法 [J]. 畜牧兽医科技信息 (5)：82-83.

顾绍锋，吕思思，付兆金，2016. 猪免疫抑制的常见因素与预防措施 [J]. 兽医导刊 (15)：46-47.

顾宪红，杨红军，2009a. 小型猪营养需要量研究 (2) 消化能、赖氨酸及蛋白质需要量的计算方法及其说明 [J]. 中国比较医学杂志 (2)：57-61.

顾宪红，杨红军，2009b. 小型猪营养需要量研究 (3) 氨基酸、矿物质和维生素需要量计算方法及其说明 [J]. 中国比较医学杂志 (2)：62-66.

管岩峰，2016. 光照对养猪生产的影响 [J]. 现代畜牧科技 (3)：17.

滚双宝，王克健，龚大勋，2007. 种猪选育利用与饲养管理 [M]. 北京：金盾出版社.

何岑臻，刘培琼，1998. 贵州剑河白香猪的胴体性状测定（初报）[J]. 贵州畜牧兽医 (6)：3-5.

黄桂材，陈郁材，谢增勇，2007. 给猪打针的技巧 [J]. 现代畜牧兽医 (11)：42-43.

黄瑞康，2014. 谈猪场建设科学选址问题 [J]. 福建畜牧兽医 (2)：23-24.

黄旭明，汤陈荣，2008. 福安市中小型养猪场防疫工作存在的问题与对策 [J]. 福建畜牧兽医，30 (S1)：89-90.

姜柯，2008. 猪不同饲养阶段疫病的发生与防治 [J]. 技术与市场 (6)：33-34.

李闯，2015. 猪主要传染病及其防治 [J]. 中国畜牧兽医文摘 (10)：180-181.

李桂华，2015. 无公害猪场的选址与布局 [J]. 中国畜禽种业 (9)：90-91.

李家模，2000. 浅谈集约化猪场的兽医工作 [J]. 现代养猪 (10)：28-30.

李俊，张勇，张雄，等，2016. 从江香猪 RARG 基因多态性与繁殖性状关联分析［J］. 基因组学与应用生物学（4）：820－826.

李俊清，2018. 保护生物学［M］. 北京：科学出版社.

李新建，吕刚，任广志，2012. 影响猪场氨气排放的因素及控制措施［J］. 家畜生态学报（1）：86－93.

李兴洪，2009. 规模猪场选址和设备设施配套技术要点［J］. 猪场建设（7）：29－30.

李雪，2016. 浅谈生态养猪场选址和猪舍建筑要点［J］. 饲养管理（5）：88.

梁巍，2002. 养猪常用蛋白质饲料及利用［J］. 河南畜牧兽医（3）：34.

刘德卓，1995. 从江香猪的保种与开发［J］. 贵州畜牧兽医（1）：25－27.

刘根杰，王兵启，2014. 防治猪主要传染病的策略［J］. 当代畜禽养殖业（6）：35.

刘继军，2008. 养猪场的建筑与设备、环境控制与环境保护［J］. 猪业科学（5）：80－82.

刘明山，2004. 香猪养殖与利用技术［M］. 北京：中国林业出版社.

刘培琼，2010. 中国香猪［M］. 北京：中国农业出版社.

柳尧波，凌泽春，2011. 猪胃肠道微生物菌群的研究现状浅析［J］. 山东农业科学（10）：90－94.

罗锐，2014. 猪场改扩建时应注意几点事项［J］. 广东饲料（7）：37－39.

麻山河，李长青，赵文峰，2010. 规模猪场几种常见寄生虫病的防制［J］. 现代农村科技（17）：38.

梅书棋，2011. 生猪标准化饲养技术讲座——生猪疫病综合防控技术［J］. 湖北畜牧兽医（7）：4－6.

倪律，1991. 工厂化养猪场的场址选择与总体布局［J］. 上海农业科技（6）：28－30.

潘华，王嘉福，何树芳，等，2016. 贵州从江香猪基因组中 CNVR36 的多态性与产仔数和体尺相关分析［J］. 畜牧与兽医（3）：54－58.

彭小兰，郭冬生，易康乐，等，2012. 猪精液品质评价与冷冻保存技术［J］. 畜牧科学（4）：54－55.

钱宁，董小君，郭科男，2008. 护肾Ⅰ号对顺铂致贵州小型猪肾损伤的预防作用及机制探讨［J］. 山东医药（24）：33－34.

钱宁，吴曙光，2005. 贵州小型猪精子显微结构研究［J］. 中国畜牧兽医（12）：29－31.

钱宁，吴曙光，赵菊花，2006. 顺铂致贵州小型猪呕吐模型［J］. 实验动物科学与管理（4）：18－20.

钱鑫，田毅，崔永春，2011. 巴马和贵州小型猪在冠状动脉支架评价中的应用［J］. 实验动物科学（4）：33－36.

秦玉昌，杨俊成，李志宏，2001. 几种不同类型饲料的加工方法［J］. 饲料广角（1）：27－30.

冉立英，2014. 猪饲料的分类与配制 [J]. 养殖技术顾问（6）：78.
任金强，梅宗香，薛翠云，等，2014. 规模猪场的科学选址与修建 [J]. 当代畜牧（7）：8-9.
沙洪波，2011. 种猪饲料配制应注意的问题 [J]. 养殖技术顾问（9）：54.
邵洪，尤忠义，1994. 严重烧伤早期肠道营养对肠道脂肪吸收的影响 [J]. 中华整形烧伤外科杂志（5）：378-381.
佘小明，田锟，钱宁，2007. 贵州小型猪腭裂动物实验模型的建立 [J]. 遵义医学院学报（1）：23-24.
申学林，杨秀江，2007. 从江香猪生长发育繁殖性能测定 [J]. 中国畜禽种业（11）：39-41.
史万玉，2014. 中药在猪场预防保健中的作用 [J]. 兽医导刊（13）：50-52.
宋瑞，王志恒，田梅，2011. 猪免疫抑制性疾病病因与预防方法 [J]. 今日畜牧兽医（S1）：184-186.
宋泽文，2008. 浅谈中小型猪场的选址与布局 [J]. 江西畜牧兽医杂志（4）：21-22.
宋泽文，欧阳顺根，2009. 中小型猪场的选择布局与设计 [J]. 猪场建设（8）：54-55.
孙忠斌，2015. 给猪投药的几种有效方法 [J]. 现代畜牧科技（3）：53.
唐修俊，魏在荣，孙广峰，2012a. 全阴囊Ⅲ度烧伤不同方式重建阴囊对生精功能的晚期影响的实验研究 [J]. 中华男科学杂志（4）：318-322.
唐修俊，魏在荣，孙广峰，2012b. 幼年猪全阴囊Ⅲ度烧伤创面早期植皮修复对睾丸 Survivin 蛋白表达的影响 [J]. 中国修复重建外科杂志（3）：326-329.
田锟，佘小明，钱宁，2007. 骨诱导活性材料修复腭裂骨缺损的动物实验研究 [J]. 中国口腔颌面外科杂志（6）：456-460.
汪仕良，尤忠义，黎鳌，1998. 早期肠道营养维护烧伤后肠道结构功能与降低高代谢的研究 [J]. 医学研究杂志（7）：14-15.
王楚端，陈清明，1999. 小型猪生产新技术 [M]. 北京：中国农业科技出版社.
王春波，牛晓平，赵宝华，2014. 我国猪主要寄生虫的种类、危害及防治研究进展 [J]. 河北省科学院学报（3）：71-78.
王宏辉，屯旺，琼达，2002. 林芝地区猪舍建筑类型及环境卫生评价 [J]. 畜牧兽医杂志（2）：5-6.
王庆碧，2014. 浅谈小型猪的饲养管理 [J]. 当代畜牧（8）：28-29.
王卫国，卢萍，2003. 小麦在猪饲料中的应用研究进展 [J]. 粮食与饲料工业（4）：24-26.
王文佳，田维毅，李海峰，等，2008. 贵州小型猪肠菌群失调模型的制备 [J]. 四川动物（4）：552-553，558.

王岩，王越，李宽阁，2013. 猪免疫抑制的预防措施及常用药物［J］. 养殖技术顾问（2）：156.

王艳杰，2016. 猪主要传染病的药物防治［J］. 畜牧兽医科技信息（11）：84－85.

魏拣选，袁明，2004. 种猪场寄生虫病的综合防制［J］. 畜牧兽医杂志（5）：26.

魏伟，韩影丽，邹成田，2009. 猪群寄生虫病的防制［J］. 现代农业科技（10）：196－199.

吴国选，伍津津，朱堂友，2005a. 猪组织工程皮肤自体及异体移植后血管重建的实验研究［J］. 实用医药杂志（10）：908－910.

吴国选，伍津津，朱堂友，2005b. 组织工程皮肤自体及异体移植后表皮分化及重建的动物实验研究［J］. 中国皮肤性病学杂志（6）：321－324.

吴曙光，詹新义，王明镇，2013. 基于动物福利的贵州小型猪饲养管理［J］. 黑龙江畜牧兽医（3）：135－136.

吴曙光，董小君，2010. 贵州小型猪血液生理指标检测［J］. 黑龙江畜牧兽医（19）：53－54.

吴曙光，董小君，2011. 贵州小型猪血液生化指标检测［J］. 黑龙江畜牧兽医（3）：44－45.

吴芸，李志惠，2007. 剑白香猪不同月龄肉质常规指标测定［J］. 黑龙江畜牧兽医（7）：124－125.

吴增坚，2003. 规模化养猪要重视猪场环境卫生体系的建设［J］. 畜牧与兽医（5）：29－31.

伍清林，金兰梅，周玲玲，等，2012. 规模化猪场舍内空气质量变化的研究［J］. 中国畜牧兽医（11）：220－225.

谢忠忱，尹明，荀鹏，2008 开胸与微创方法制备小型猪急性心肌梗死模型的对比研究［J］. 中国比较医学杂志（7）：46－49.

徐彦召，王青，2018. 育肥期香猪的饲养管理［J］. 农村新技术（1）：30－31.

许光锋，2012. 规模化猪场的建筑设计新思路［J］. 现代畜牧兽医（10）：24－28.

薛玉华，2010. 猪常用饲料的种类与饲喂注意事项［J］. 江西饲料（3）：41－42.

杨秀江，2002. 从江香猪［J］. 上海畜牧兽医通讯（2）：28－29.

杨秀江，韦吉胜，2006. 从江香猪提纯复壮技术措施［J］. 贵州畜牧兽医（1）：42－43.

杨在宾，李祥明，2003. 猪的营养与饲料［M］. 北京：中国农业大学出版社.

杨正德，刘培琼，1999. 贵州剑河白香猪营养需要初探［J］. 贵州农业科学（6）：31－33.

姚焕军，2011. 调制种猪饲料配方注意事项［J］. 农村新技术（10）：62－63.

叶国清，李海龙，马金凤，2005. 理智选择适合的猪浓缩饲料［J］. 饲料广角（21）：44－45.

于志勇，1994. 香猪的繁殖行为学特性 [J]. 生物学杂志 (2)：19-21.

俞沛初，郭传甲，华修国，等，2006. 香猪生长激素基因不同基因型对生长性能的影响 [J]. 上海交通大学学报（农学科学版）(4)：326-329.

俞沛初，华修国，郭传甲，2005. 香猪繁殖特性的测定研究 [J]. 养猪 (6)：13-14.

袁进，顾为望，2011. 小型猪作为人类疾病动物模型在生物医学研究中的应用 [J]. 动物医学进展 (2)：108-111.

袁树社，2015. 给猪打针要找准正确部位 [J]. 中兽医学杂志 (9)：90.

詹周平，2014. 规模猪场寄生虫病的防制 [J]. 中国畜牧兽医文摘 (4)：90.

张道中，刘元英，2014. 猪的饲养常识——猪饲料及饲料配方浅说 [J]. 今日养猪业 (11)：44-48.

张德福，鲍世民，马胜成，等，1997. 小型猪发情周期和妊娠早期外周血清孕酮含量测定 [J]. 上海农业院学报 (2)：147-150.

张德福，刘东亮，戴建军，等，2009. 实验小型猪发情周期和妊娠早期外周血清孕酮含量的变化规律 [J]. 上海农业学报 (1)：6-8.

张德福，朱良成，刘东，等，2006. 猪卵母细胞冷冻保存研究 [J]. 中国农业科学 (6)：1233-1240.

张丽娟，郭有宝，高峰，2011. 猪寄生虫病的危害及防制 [J]. 中国畜牧兽医文摘 (2)：71-72.

张慎忠，张果，张湘琪，等，2014. 猪场通风的管理 [J]. 饲养饲料 (11)：62-65.

张依裕，刘若余，刘培琼，等，2009. 剑白香猪生长激素基因多态性与部分生产性能的关联分析 [J]. 黑龙江畜牧兽医 (4)：107-109.

张艺，刘培琼，2008. 香猪肌肉中的脂肪酸分析及其营养价值评价 [J]. 养猪 (6)：39-40.

张云平，2011. 浅析猪配合饲料的科学使用 [J]. 山东畜牧兽医 (10)：21-22.

张芸，申学林，2007. 贵州香猪资源保护剂开发利用 [J]. 贵州畜牧兽医 (4)：12-13.

赵菊花，吴曙光，巫全胜，2007. 贵州小型猪复合因素所致肝纤维化模型的建立 [J]. 实验动物科学 (6)：74-74.

赵克平，杨住昌，陈涛，等，2009. 浅谈规模猪场的建筑规划及猪舍的设计 [J]. 猪场建设 (1)：54-55.

赵芷，2014. 给病猪喂药的四个方法 [J]. 农业知识 (24)：38.

郑丕留，1986. 中国猪品种志 [M]. 上海：上海科学技术出版社.

钟艳玲，郑宝莲，王凤霞，2006. 控制猪场环境卫生的主要措施 [J]. 动物保健 (3)：22-24.

周晓芳，2014. 猪免疫抑制性疾病的起因与防控 [J]. 畜牧兽医科技信息（12）：63-64.
朱和凤，赵国然，2012. 引起猪免疫抑制的主要因素及预防措施 [J]. 中国猪业（5）：30.
庄汝柏，张洁，李宝红，等，2014. 关于规模化猪场生物安全体系建设的几点体会 [J]. 广东畜牧兽医科技（5）：9-14.
邹睿，2004. 剑白香猪的临产征状观察 [J]. 山地农业生物学报（4）：364-366.

附　　录

《香猪》
（NY 808—2004）

1　范围

本标准规定了香猪的品种特征、特性、分级标准与鉴定规则。

本标准适用于香猪品种的鉴别和种猪等级评定。

2　规范性引用文件

下列文件中的条款通过本标准的引用而成为本标准的条款。凡是注日期的引用文件，其随后所有的修改单（不包括勘误的内容）或修订版均不适用于本标准，然而，鼓励根据本标准达成协议的各方研究是否可使用这些文件的最新版本。凡是不注日期的引用文件，其最新版本适用于本标准。

GB　16567　种畜禽调运检疫技术规范

3　外貌特征

香猪毛色遗传多样，包括从江香猪（全黑）、剑白香猪（两头乌）、久仰香猪（全黑、“六白”或“不完全六白”特征）3个类型。香猪以体小、肉香而著称。性成熟早，肌纤维直径小，肌束内纤维根数多，皮薄、骨细、肉嫩、肉味香浓、经济早熟。香猪体躯短，矮小，丰圆，肥腴；头大小适中，面直，额部皱纹纵行，浅而少；耳略小而薄，幼年时呈荷叶状略向前竖，成年后呈垂耳；背腰微凹，腹较大，四肢短细，后肢多卧系；成年母猪体重38.00 kg～46.00 kg；体长97.00 cm～106 cm；乳头5～6对；公猪体重24.00 kg～37.00 kg，体长61.00 cm～93.00 cm；香猪吻突呈粉红色或蓝黑色，毛稀，眼周有淡粉红色眼圈。

4　生产性能

4.1　繁殖性能

香猪母猪初情期在84日龄～120日龄，适宜配种日龄150日龄～200日龄；

适宜初配体重 22.00 kg 左右；母猪总产仔数：初产 5 头以上，经产 6 头～12 头，产活仔数 5 头～10 头，双月断乳窝重 24.00 kg～50.66 kg。

4.2 生长发育

6 月龄香猪肥猪平均体重 25.00 kg～27.00 kg。

4.3 胴体品质

6 月龄屠宰，屠宰率 60%～63%，瘦肉率 46%～52%，肌肉脂肪含量 3.5%～3.7%，肌肉嫩度 3.20 kg～3.30 kg（剪切力值）。

5 等级标准

种猪分别于 2 月龄、6 月龄、8 月龄进行等级评定。

5.1 种猪分级标准

5.1.1 种猪综合分级评定

种猪综合分级评定依据取决于体重、体长和产仔数三个独立参数。两个参数为一级、另一个参数为二级以上的综合评定为一级；两个参数以上为二级、另一个参数为一级的定为二级；两个参数为三级的定为三级；三个参数均为三级的定为等外级。

5.1.2 独立参数分级评定

5.1.2.1 香猪体重分级评定见表 1。

表 1 香猪体重标准（kg）

性别	月龄	一等	二等	三等
		标准	标准[a]	标准[a]
母猪	2	4.7～5.1	4.3～4.7 5.1～5.4	5.4～6.1 3.7～4.3
	6	21～22.4	21.0～21.7 22.4～23.2	23.2～24.5 19.6～21.0
	8	29.7～30.4	28.9～29.7 30.4～31.2	31.2～32.7 27.4～28.9
公猪	2	4.4～4.5	4.2～4.4 4.5～4.74	4.7～5.0 3.9～4.2
	6	20.3～21.0	19.5～20.3 21.0～21.8	21.8～23.3 18.0～19.5
	8	35.8～36.5	35.0～35.8 36.5～37.3	37.3～38.6 33.7～35.0

注：a. 因香猪种用选择的特殊性（既不能进行纯正向选择，又不能进行纯负向选择），该列参数中，上行表明为避免负向选择带来的弱体猪进入种群而设置的负向选择范围，下行为该等级正向选择范围。

5.1.2.2 体长分级评定见表 2。

表 2 香猪体长标准（cm）

性 别	月 龄	一等	二等	三等
		标准	标准[a]	标准[a]
母猪	6	62.7～63.4	63.4～64.2	64.2～65.5
			60.6～62.0	60.6～61.9
	8	77.8～78.5	78.5～79.3	79.3～80.6
			75.7～77.0	75.7～77.0
公猪	6	71.2～72.4	72.4～73.6	73.6～75.7
			67.8～70.0	67.8～70.0
	8	79.3～79.8	79.8～80.3	80.2～81.1
			77.9～78.8	77.9～78.8

注：a. 因香猪种用选择的特殊性（既不能进行纯正向选择，又不能进行纯负向选择），该列参数中，上行表明为避免负向选择带来的弱体猪进入种群而设置的负向选择范围，下行为该等级正向选择范围。

5.1.2.3 产仔数分级评定见表 3。

表 3 香猪产仔数标准（头）

项 目		等级		
		一级	二级	三级
初产	产仔数	8	6	5
经产	产仔数	12	8	6

5.2 种猪评定标准

a）2 月龄按本身体重、双亲等级评定；

b）6 月龄按体重、体长和双亲等级评定；

c）8 月龄按双亲、同胞、后代的繁殖性状、体重、体长等级评定。

6 种猪出场要求

a）香猪公猪体型符合本品种特征，外生殖器发育正常，无遗传疾患；

b）健康状况良好；

c）出场年龄：60 日龄，种源来源及血缘清楚，档案系谱记录齐全；

d）出场标准应三级以上；

e）种猪出场应有合格证，并按照 GB 16567 要求出具检疫证书，耳号清楚可辨，档案准确齐全，有质量鉴定人员签字。

彩图1　从江香猪种公猪

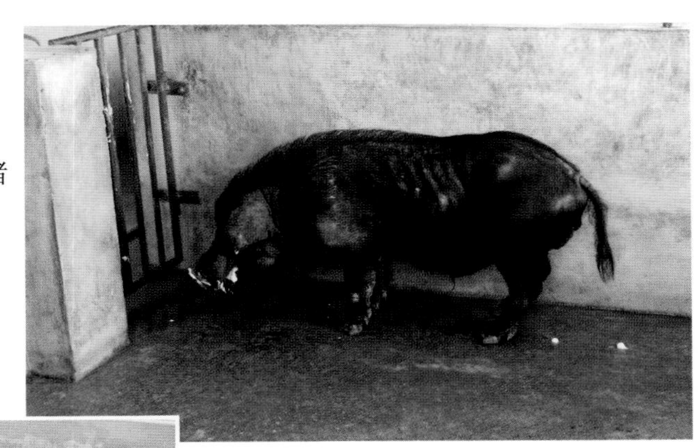

彩图2　从江香猪妊娠母猪

彩图3　剑白香猪

彩图4　从江香猪哺乳仔猪和母猪

彩图5　从江香猪育成猪

彩图6　从江香猪后腿肉

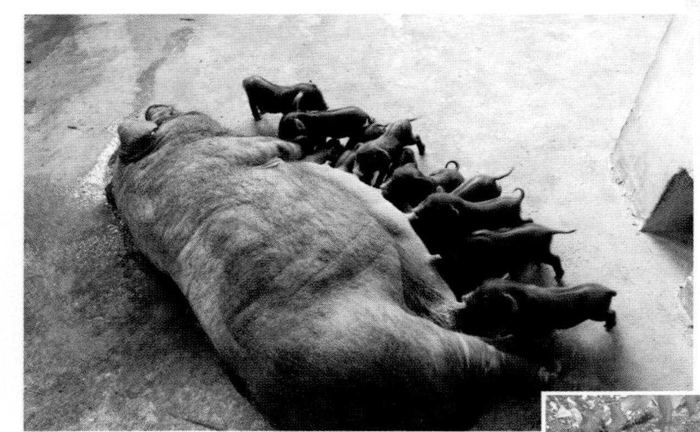

彩图7　从江香猪母猪和哺乳仔猪

彩图8　从江香猪母猪护仔行为

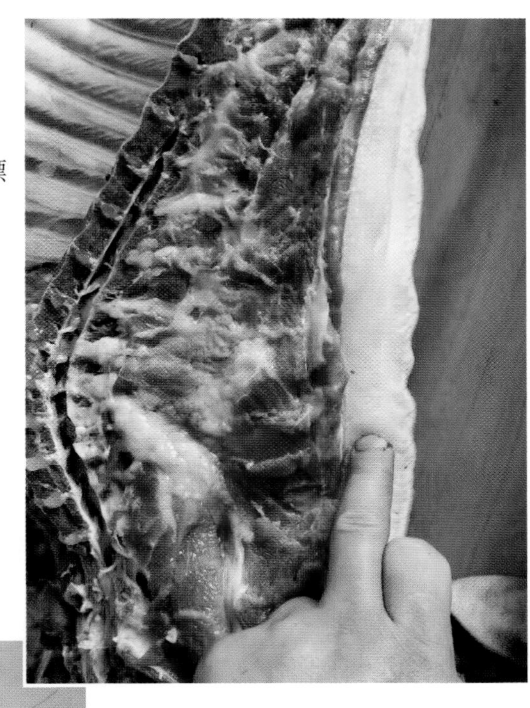

彩图9　从江香猪背膘

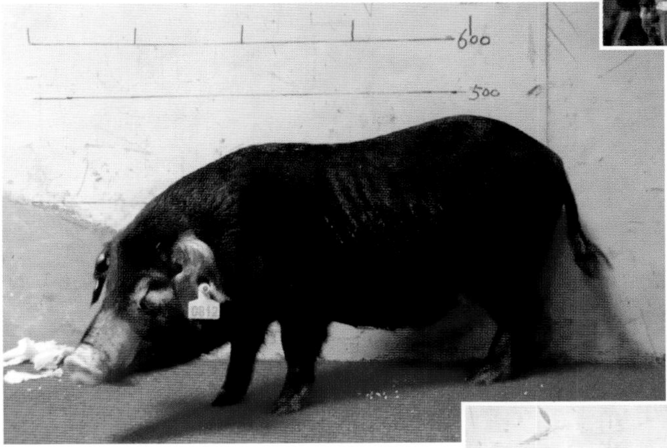

彩图10　贵州小型猪成年公猪

彩图11　贵州小型猪成年母猪

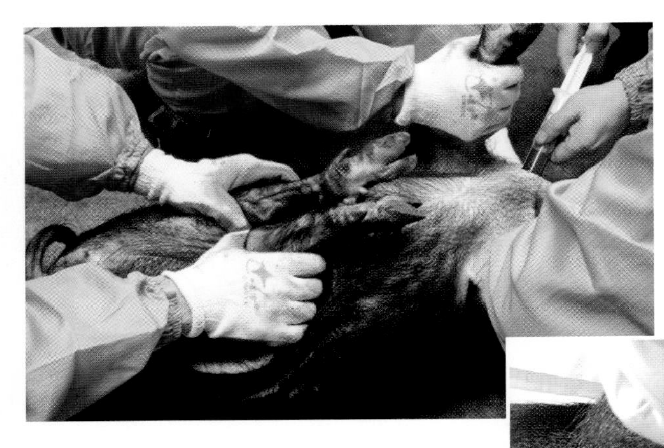

彩图12　贵州小型猪前腔静脉采血

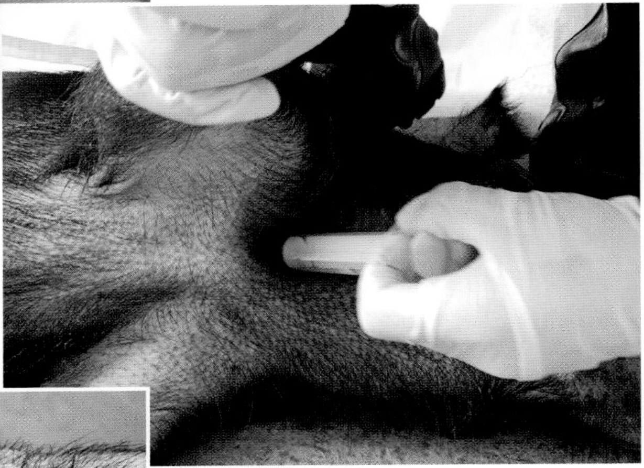

彩图13　贵州小型猪麻醉状态下采血

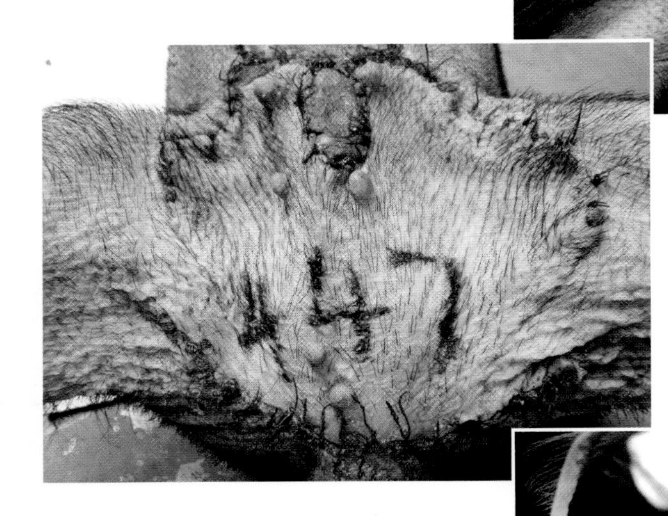

彩图14　贵州小型猪全阴囊Ⅲ度烧伤及其重建阴囊试验

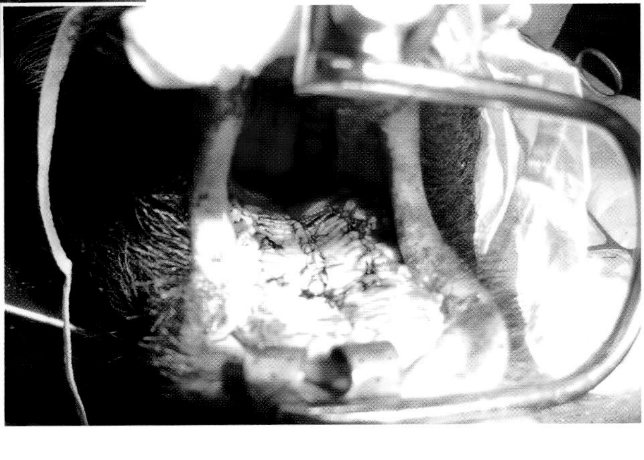

彩图15　贵州小型猪腭裂模型的建立